潘长宏　潘宝明　编著

鸣谢
扬州市商务局
扬州市文化广电和旅游局
扬州市旅游协会
扬州市儒商研究会
扬州市烹饪餐饮行业协会
扬州市淮扬菜厨师协会
扬州市工商联餐饮商会
扬州市淮扬菜美食文化促进会
扬州市食品产业园管理委员会

世界美食之都

SHIJIE MEISHI ZHI DU

扬州是个好地方

苏州大学出版社
Soochow University Press

图书在版编目（CIP）数据

世界美食之都 / 潘长宏，潘宝明编著. -- 苏州：苏州大学出版社，2024. 5
ISBN 978-7-5672-4789-5

Ⅰ. ①世… Ⅱ. ①潘… ②潘… Ⅲ. ①饮食-文化-扬州 Ⅳ. ①TS971.202.533

中国国家版本馆 CIP 数据核字（2024）第 085237 号

书　　名：世界美食之都

编　　著：潘长宏　潘宝明
策划编辑：刘　海
责任编辑：刘　海
装帧设计：吴　钰

出版发行：苏州大学出版社（Soochow University Press）
社　　址：苏州市十梓街 1 号　邮编：215006
印　　刷：镇江文苑制版印刷有限责任公司印装
E-mail：Liuwang@suda.edu.cn　QQ：64826224
邮购热线：0512-67480030
销售热线：0512-67481020

开　　本：700 mm×1 000 mm　1/16　印张：20　字数：379 千
版　　次：2024 年 5 月第 1 版
印　　次：2024 年 5 月第 1 次印刷
书　　号：ISBN 978-7-5672-4789-5
定　　价：98.00 元

凡购本社图书发现印装错误，请与本社联系调换。服务热线：0512-67481020

擦亮“世界美食之都”金字招牌

（代　序）

王玉新①

2019年10月31日，扬州加入联合国教科文组织全球创意城市网络，入选“世界美食之都”。

作家王蒙在苏州大学“汉语与文化”的讲演中认为，中国文化的三大支柱是中国文字、中华饮食、中国人思考问题的方法。扬州饮食文化是中国饮食文化的重要组成部分，其历史之悠久，品种之丰富，至今仍独具魅力，在省辖市中并不多见。“民以食为天”是儒家文化中民本思想的一部分，历朝历代统治者都将粮食和吃饭当成基本的社会问题。饮食是构成扬州人日常生活的一个要素，研究扬州饮食也是考察扬州文化传统的一种方法。所谓研究扬州饮食，就是研究在扬州文化系统内扬州人吃什么和怎么吃，研究如何在进食和人体代谢之间保持平衡，如何在与外国饮食习俗的相同和差异中不断创新。

如何擦亮“世界美食之都”的金字招牌？如何发挥美食在文旅产业中的作用？我们只有对扬州美食文化进行理智而不浮躁、深入而不肤浅的历史总结，科学分析，取其精华，去其糟粕，才能使扬州美食在现代化轨道上腾飞，使之成为扬州人的生活享受，也才能使“舌尖上扬州”与“脚尖上扬州”有机结合，成为最有吸引力的重要旅游产品。

一、传承社会化，将传统的扬州美食美誉转化为当下的市场活力

入选“世界美食之都”，意味着在评选联合国宜居城市的天平上，扬州又多了一枚重量级的砝码。美食的发展不应是在世外桃源中孤芳自赏，而应该探究其兴起的社会原因，并将之转化为市场活力，繁荣经济发展。回顾扬州美食发展的历史，我们不难看出以下几点。

（一）经济、文化与餐饮互相促进

淮扬菜的发展，得益于扬州的数度繁华，汉代的兴盛、唐代的鼎盛、明清的繁盛、现代的腾飞使这座古城为全国经济繁荣做出了自己应有的贡献，而它创造的饮食文化，无论是淮扬菜肴、富春细点，还是高邮禽蛋、宝应莲藕、四美酱菜，都使文人雅士闻香下马、知味停车。

---

① 作者系扬州市人民政府原副市长，扬州市人大常委会原副主任，扬州市旅游协会会长。

扬州美食文化开始于春秋战国，屈原《楚辞》、西汉刘濞《淮南王食经》、三国时吴普《神农本草经》中就有关于扬州菜肴的精细描写，可见其历史之悠久。隋炀帝三幸江都，带来了北方的厨师，将北方烹饪技术传到扬州，使南北饮食在扬州相会。在唐代，扬州是国本所系之区，空前的繁荣绵延了100余年。明代朱元璋在南京登基，曾将扬州美肴列为宫廷御膳，朱棣迁都北京后，扬州菜就顺理成章地在京师生根。清代康、乾二帝南巡给扬州带来各方美食，造就了扬州餐饮的兼收并蓄，促进了淮扬菜系的成熟。

以古鉴今，饮食文化的发展有赖社会经济的繁荣。官宦权贵往来于扬州，讲究“食不厌精，脍不厌细”；两淮盐商集中于扬州，奢侈无度，重金追求美食的极致口感；文人墨客雅集于扬州，用诗文传播美食，提升扬州菜系的文化品位；扬州市民生活安逸，乐于交流改进烹饪技艺，使粗料细做渐成时尚。

（二）商胡消费推动烹饪技艺提升

杜甫诗云：“商胡离别下扬州，忆上西陵故驿楼。为问淮南米贵贱，老夫乘兴欲东游。”在唐代开明的政策下，扬州成为天下商贾云集之地。在唐代，“胡”既包括中原及周边的少数民族，也包括来自阿拉伯、印度、柬埔寨、尼泊尔、日本，以及南非、东非乃至欧洲广大地区的人。当时，仅在扬州集聚的波斯商人就有5万~10万人。正如鲁迅先生所说，那时我们的祖先对自己的文化抱有极强的信心，决不轻易动摇他们的自信力。包容而不崇拜，抉择而不唾弃，这是博大的胸怀与气魄。扬州既无私地把自己成熟的文化输向天涯海角，又无餍地吮吸五湖四海文化的丰富营养。

清代大盐商生活讲究，他们往来于全国各地，不断给扬州带来各地的饮食习俗，人们这样形容他们的生活：“衣服屋宇，穷极华靡；饮食器具，备求工巧；俳优妓乐，恒舞酣歌，宴会游嬉，殆无虚日。金钱珠贝，视为泥沙。”《扬州画舫录》云：“烹饪之技，家庖最胜，如吴一山炒豆腐，田雁门走炸鸡，江郑堂十样猪头，汪南溪拌鲟鳇，施胖子梨丝炒肉，张四回子全羊，汪银山没骨鱼，江文密蛼螯饼，管大骨董汤、鮆鱼糊涂，孔讱庵螃蟹面，文思和尚豆腐，小山和尚马鞍乔，风味皆臻绝胜。”著名的《调鼎集》是清代扬州盐商童岳荐所著大型菜谱，该书对菜肴的选料、刀工、烹调都有精细的阐述。盐商的饮食文化是清时食文化的通用密码，其影响并不局限于扬州，而是遍及全国，是中华美食文化的渊源之一。

（三）美食竞技争奇斗艳

明清时期的扬州，药膳、素斋、僧厨宴、时令宴五花八门，甚至到了光怪陆离的程度。谈到厨行，除酒楼、茶肆之外，还有家庖、外庖之别，《扬州画舫录》云：“城中奴仆善烹饪者，为家庖；有以烹饪为佣赁者，为外庖。”市肆之中，瘦西湖的船宴堪称一景。当时扬州举办船宴的除了沙飞之外，尚有灯船、快船、小快船、逆水船之类，又以灯船最为奢华。明、清两代，文人对饮食文化倾注了极大的热情，著述颇丰。《扬州画舫录》《调鼎集》《随园食单》都很夺目，它们对中国传统烹饪经验的整理、归纳与总结非常独到，至今都被人们视为餐饮的圭臬，扬州高校的烹饪专业人士应当研究并讲解它们，扬州的餐饮行业诸协会亦要研究探索它们，将之转化为生产力并使其服务于市场。

二、彰显特色，凸显扬州美食在中华美食中的地位

美食从随意化走向特色化，原料、烹调手法是两大根本性元素，其中，原料是基础的、根本的、首要的元素。就地取材，把好原料关也是扬州餐饮行业当下和将来需要坚守的原则。

（一）发挥原料绿色优势

绿色餐饮、绿色消费、绿色营销已经成为餐饮消费的新热点、新趋势。注重“绿色”，一要抓“源头”，即从原料的种植、养殖、捕捞，到加工、储存、运输、烹饪，直到最后菜肴被端上餐桌，都要符合绿色食品的要求，形成一条“绿色链”；二要抓“出口”，即对烹饪加工过程中和就餐后废弃物的处理都要符合绿色环保的要求，形成一张“绿色网”。这是人类与自然环境协调发展的客观需求，也是餐饮业持续发展的内在需要。

扬州菜选料严格，有意无意地遵循着绿色之路，充分利用地产食材——易得、新鲜、食客易接受。扬州地处江淮要冲，沃野千里，气候温和，水系发达，是富甲一方的鱼米之乡，勤劳勇敢的扬州人民经过世代奋斗，使扬州成为旱涝保收的粮油基地，果牧副渔的广阔天地，鱼肉禽蛋的出产之地，为扬州美食制作提供了取之不尽、用之不竭的食材。

1. 江海河湖之鲜

扬州境内江河纵横，湖网密布，素有“鱼米之乡”的美称。境内食材物丰料美，量大质优，资源优势随着时间的推移愈显珍贵。高邮湖是江苏第三大湖，境内河湖交叉，特种水产和特禽养殖业发达，鱼、蟹、鳖、罗氏沼虾特种产品年上市量逾万吨。扬州又是我国螃蟹的重要产区，高邮湖、宝应湖的大闸蟹不输阳澄湖大闸蟹。据说，两湖的鲢鱼还是天目湖大鱼头这道名菜的原料，这也提醒扬州要保护自己的食材资源，打出自己的美食品牌。

2. 畜禽肉蛋之美

高邮的麻鸭是优良品种，知名度高，其为肉卵兼用型，以体大、肉美、蛋双黄著称。今以“红太阳”为商标的高邮双黄咸鸭蛋行销全国各地。

3. 干鲜蔬果之丰

水蜜桃树、枇杷树、樱桃树一直广为扬州人民所种植，有的树种在扬州已形成品牌。高邮市连标农家乐和扬州其他各县、市、区的特色种植以精品绿色葡萄种植为主，扬州人民还会自酿葡萄美酒。许多种植园不仅是扬州市乡村旅游示范点，还是各县独具特色的农业生态观光园。

4. 新鲜蔬菜之特

邵伯菱、扬州芹、宝应荷藕及藕粉都是寻常物，近年来宝应致力于打好荷藕牌，现已成为全国首批生态示范区之一。宝应以荷藕种植面积、荷藕产量、荷藕出口量均名列全国第一，被命名为“中国荷藕之乡”。宝应在挖掘荷藕的品牌文化、提升地产荷藕的深层价值上不断下功夫。2004年7月，国家质量监督检验检疫总局批准对宝应荷藕实施原产地域产品保护。当地一批藕制品的品牌逐步打响，被国内外消费者认同和接受。“雨之荷”牌速溶藕粉、“倾心”牌藕汁饮料已通过美国食品药品监督管理局的认定，为开拓欧美市场奠定了基础。

（二）彰显烹饪流派特色

我国是烹饪王国，美味佳肴、点心小吃难以尽述，如孙中山先生就曾惊叹，中国“饮食一道之进步，至今尚为文明各国所不及”。扬州是一座有着2 500年文字记载的历史文化名城，素来注重人们的吃饭问题。“以食为天”的扬州人不仅吃出了种种学问，也吃出了“烹饪流派”的名气。与其他城市的烹饪技艺相比，扬州烹饪无论是在原料选用上还是在烹饪技法上都有自己鲜明的特点。

传统的四大菜系烹调风格区别十分明显。长期以来，各地由于选用不同的原料、配料，采用不同的烹调方法，形成了各自的独特风味和不同的菜系。

扬州菜属文人菜，也是淮扬菜的集大成者，其用料考究，注重烹饪技艺，口味清雅恬淡，讲究原汁原味，擅用甜味调料，追求清香四溢、淡香扑鼻，注重色泽鲜艳、清爽悦目。

扬州作为“世界美食之都”，其可贵之处在于它的美食是立体的，是以面点、菜点、糕点为主体，以街头巷尾的小食为补充，以茶坊酒肆、庵观寺院饮食为陪衬的多层次食品结构，合称“淮扬风味”。其色、香、味、形的和谐配合、花式品种的丰富多彩、名厨技师的各显神通、操作技术的争奇斗艳为美食家所赞叹。如清代郑板桥就有很多诗文述及扬州的饮食及烹饪之事，如“江南大好秋蔬菜，紫笋红姜煮鲫鱼”“一塘蒲过一塘莲，荇叶菱丝满稻田。最是江南秋八月，鸡头米赛蚌珠圆”“三冬荠菜偏饶味，九熟樱桃最有名”等。

“天下珍馐属扬州”，扬州菜包容并蓄，至明清时期，扬州烹调技艺日趋精湛，不仅吸收鲁、粤、川名菜经验，择善而从，为己所用，菜、花、虫、鱼皆可入菜，还因地、因事、因人、因时而千变万化，使扬州菜五彩缤纷、花团锦簇，以选料严，制作精，香味佳，色、形、美著称，其烹饪技艺有口皆碑。扬州菜粗料细做、刀工精细，注重火工、擅长炖焖，造型优美、色泽艳丽，菜名讲究、文化味浓，故而有“吃在扬州”之说。

三、致力品牌建设，走出去以提升影响力，沉下去以惠及百姓

美食是从厨艺化走向品牌化的，一直有“百厨百艺，百菜百味”之说。近年来，扬州的餐饮界十分活跃，“美食之都示范店”评选、“十大名店”评比、“十大宴席”评比、“十大名厨”评比、“十大菜肴”评比等各种竞赛活动风生水起，推动了扬州餐饮业的进步，也促进了扬州餐饮业与世界其他各地餐饮业的交流。

餐饮品牌化比较典型的是以著名历史人物为依据的仿古菜，如北宋苏东坡的东坡肉、东坡鱼，至今多地均有流传，如江苏常州、浙江杭州都有“东坡宴”。高邮的少游宴、汪曾祺家宴也已多次在美食节上呈现，引起了食客的广泛兴趣。

在以古典文学作品为依据的仿古菜中，红楼宴当属典型，而将红楼宴名头打响的是扬州。

扬州红楼宴从20世纪70年代至今，在北京、广州、上海、香港、澳门等地引起轰动，在西欧、北美地区及新加坡、日本、澳大利亚飘香溢彩，不仅为扬州餐饮，而且为中国烹饪将传统文化与现代文明结合并使之品牌化开辟了一条新路。在专家学者和厨师的共同努力下，红楼宴已成为中国烹饪界的一朵奇葩。

近年来，扬州餐饮界创成了不少新的品牌，以“扬州宴”“趣园茶社”“冶春”为品牌的新店纷纷推出。“趣园”“富春”“冶春”“怡园”“香园”等早茶牌号已成一景。为了让普通市民能够品尝到“高、大、上”的美食，相关餐饮店将红楼宴中的一些菜肴进行细分，从中提炼出一些小菜、小点、小食，并以亲民的价格，组合出了红楼套餐——油炸骨头、金钗银丝、翡翠羽衣、宝玉锁片、太君酥饼、晴雯包子、姥姥鸽蛋、建莲红枣、鸭油炒饭，既有菜点羹汤，又有甜、咸、荤、素，食客既能吃好又能吃饱，如此平民化的红楼宴让食客更有记忆点。

四、致力国际化，在美食传承、连锁经营、人才培养等方面综合发力

美食是从本帮化走向国际化的，但国际化既不能靠揠苗助长、不切实际的求超越，也不能靠媒体炒作吸引眼球，国际化是一种知己知彼。知己，意味着要明确什么是自己安身立命乃至至死不渝的价值；知彼，意味着有能力用别人听得懂的语言、看得懂的画面去呈现自己的文化艺术。扬州美食的国际化不是把扬州美食变得跟别的地方的美食一样，而是用别人能理解的方式展示扬州美食的不一样。所以扬州美食的国际化是要找到那个“别人能理解的方式”，而这正考验着当代扬州人的眼界、魄力与干劲。

古往今来，许多文人墨客、达官贵人都为扬州美食的传播不遗余力，有案可稽的有欧阳修、苏东坡、秦少游、杨万里、蒲松龄、孔尚任、郑板桥、朱自清、曹聚仁、汪曾祺等，他们创作的与扬州美食有关的诗文脍炙人口，成为东渐西传扬州美食的高雅广告，“馋煞九州饕餮侯”。今天，我们在津津乐道他们事迹的同时，更应该看到他们致力将扬州菜与徽菜、鲁菜结合，在各地美食的借鉴、撷取、交融等方面所做的努力。

以伊秉绶为例。这位清代扬州知府是文章太守，在扬州任职期间，亲往高邮、宝应指导抗洪赈灾，整顿吏治、惩治奸猾，整顿秩序、校正世风，力持风雅、善待文人，对扬州文化的贡献很大。他在生活上也清廉耿介，杜绝声色，“每食必具蔬”。他是福建汀州（今福建省长汀县）人，其著作《攻其集》《留春草堂诗钞》都记载了扬州食品。今日市面上的伊面、伊府炒饭都是源自他家的美食。他改造和传播了扬州本土美食——在米饭中加入唾手可得的叉烧、火腿、豌豆等，形成了扬州炒饭。感谢这位大家，他把扬州的方便食品传到闽粤，且始终冠以发源地扬州之名。这一案例也启发了我们：一是方便食品最易传播；二是美食只有不断创新，兼容并蓄，方能永恒。现在世界各地都有扬州炒面、扬州炒饭，鲜贝、牛羊肉、火腿、香肠、胡萝卜、豌豆都可以与饭同炒，有人戏称：“面食是北方人的美馔，但‘扬州包子包打天下’。”米饭是南方人的专享，但“扬州炒饭炒遍全球”。美国介绍扬州的专题片并不是从扬州的地理历史讲起，而是开宗明义：“你一定吃过扬州炒饭吧，现在让我们来到它的家乡……”一下子就激发起了西方人对扬州的兴趣。

从中华人民共和国开国第一宴到现今的国宴都以淮扬菜为主，各国元首都钟情扬州美食。英国女王伊丽莎白二世来华访问，扬州籍厨师为其在人民大会堂制作柴把鸭子等菜。尼克松、希拉克、金日成、西哈努克等外国政要来中国甚至来扬州，无不称赞扬州菜点的精美。

世界名城如东京、巴黎、伦敦、纽约等都有扬州菜馆，扬州美食行销五大洲的几十个国家和地区。扬州还在海内外整体推出扬州菜肴，红楼宴在美国、新加坡等国和我国香港地区露面后引起轰动，被称为“扬州美食文化的极致”。

扬州的烹饪艺术早已走出扬州，跨出国门。自 1982 年开始，扬州烹饪大师应联合国邀请，为各国的高级官员掌勺，并在华盛顿、纽约做精彩表演，受到高度赞扬。

1987 年，扬州在日本东京闹市口开设中国扬州富春茶社，扬州一批批厨师赴日本献艺，使扬州菜在日本产生了一定的影响。近年来，日本不断组织烹饪代表团到扬州访问、进修，系统地学习淮扬菜系。

1997年6月17日，在法国巴黎市中心的明星酒家，中国技能工人访法观摩表演团进行中式烹饪、中式面点、刺绣三项技能表演。富春茶社总经理徐永珍作为江苏省唯一的代表、表演团唯一的面点师进行表演。徐永珍仿佛是一名魔术师，一块块普通面团经她之手都成了艺术品。其制作的草原玉兔、千层油糕、小鸡归巢、双麻酥饼名称动听，造型逼真，做工精细。活动结束后，温文尔雅的中外来宾面对香脆的面点竟一下子抛开绅士风度，将徐永珍制作的面点一抢而空。

扬州美食在国际上的影响力不可小觑，但如何有计划、有规划地走出国门，为“中餐走出去”做出贡献，任重而道远，需要进一步发挥政府引导、企业为主、全民参与的作用。

“食无定味，适口者珍”，烹饪文化的特殊性好比戏剧曲艺，往往通过口传身授进行传承，因此既要倡导名师带徒，发挥烹饪大师的影响力、传承力，也要适应时代的需要，发挥教育的作用，满足社会对烹饪人才的批量需求。高校是烹饪理论与实践的广阔平台，扬州此番成功申报“世界美食之都”，扬州大学旅游烹饪学院的智力和人才支持功不可没。我们深入扬州的高等学府、中等技工学校进行调查研究可以发现，烹饪专业的师生都十分可贵地突破了“君子远庖厨”的思想窠臼，扬州大学、江苏旅游职业学院、扬州市职业大学、江海职业技术学院都应时而动，扩大了烹饪技艺、营养服务等专业的办学规模。原本这些专业的毕业生就“皇帝的姑娘不愁嫁”，不仅受到本土宾馆饭店的欢迎，其就业地点甚至遍布中南海、人民大会堂、驻外使领馆，北、上、广、深星级宾馆，以及开设在国外的扬州餐馆和饭店。这不是初级的劳务输出，而是烹饪技艺的传承和弘扬。现在这些学校又接受教育部、国家乡村振兴局的委托，为西北部、东南部的少数民族地区定向代培专业人才，直接助力这些地区的乡村振兴、美丽乡村建设。同时，这些学校还招收国外的大学生、研究生来扬州学习。近年来，我们可喜地看到扬州的餐饮教育从招生、在校学习到实习分配已形成高校特色文化产业的链条，在全国有很大的影响。

五、筑牢食品安全底线，提高“舌尖上的安全”的监管水平

民以食为天，食以安为先。食品安全和食品行业高质量发展是对外交流、开拓视野的重要途径。扬州食品行业发展应服务国家食品安全治理战略的实施，推进科学技术与产业融合创新发展，深化食品安全领域的科学技术应用，推动食品行业高质量发展。

扬州市市场监管部门为守护好食品安全，时时绷紧食品安全之弦，全面落实最严谨的标准、最严格的监管、最严厉的处罚、最严肃的问责等“四个最严”要求，不断探索创新食品安全监管模式，全市上下高度重视，形成了部门联动、上下共创的良好氛围，构建了食品安全数据共享、食品安全风险分析研判、食品安全问题定期督查交办等多项工作机制。此外，扬州市市场监管部门还大胆探索，推动食品安全属地管理责任和企业主体责任“两个责任”落细落实，守护好“舌尖上的安全”，强化食品安全监管，筑牢食品安全底线，积极探索食品安全社会共治的有效路径。

扬州市还致力于食品安全科技创新。为了提升食品安全监管水平，相关部门构建起风险监测预警机制和检测体系，立足自身优势，以科技创新为引领，打造食品产业发展新高地，为全市食品产业高质量发展提供有力支撑。扬州市通过持续的科技创新，不断提升食品安全监管水平，为公众提供更安全、更健康、更优质的食品，以应对新挑战。

六、融入数字化，开启美食产业新时代

随着科技的不断发展，新科技逐渐为各个行业带来新动力，推动传统化发展向数字化发展转型，餐饮业的发展因此势如破竹，近年来餐饮行业出现了很多新的科技。在2022年北京冬奥会、2023年杭州亚运会上，令人惊艳的智能餐厅无疑是餐饮业数字化新发展的有力证明。智能化、数字化、自动化成为餐饮业发展的未来趋势。

传统餐饮技术与现代餐饮技术的结合是一个有挑战性但又充满潜力的领域。传统美食大多采用传统餐饮技术，此类美食烹饪方法的保护和传承可以为现代餐饮技术提供灵感与参考，使现代食品更具有传统文化的特色和魅力。同时，餐饮行业通过对传统美食原料和烹饪方法的解读与创新，可以开发出更加丰富多样的食品。而对传统美食配方的传承和探索则可以为餐饮行业带来新的商机和发展空间。

当下，餐饮业与文旅、休闲娱乐、健康养老、运动体育、交通等行业场景的深度融合，拓展了餐饮行业数字化发展的新场景。

（一）数字化服务

一是智慧收银系统支持多种支付方式，除了传统的信用卡支付、现金支付外，还支持微信、支付宝等第三方平台支付，满足了不同顾客的支付需求。二是很多餐饮店提供电子点餐系统，顾客可以在座位上选择菜品并完成支付，大大缩短了点餐时间。三是有部分餐饮店拥有菜品自动识别系统，系统可以自动识别菜品，并精准计量菜品克重进行扣费，从而有效减少食物浪费。四是随着现代科技的进步，外卖机器人逐渐出现在大众的日常生活中。在配送菜品的过程中，它们会利用算法规划出最快捷的路线，将菜品准确送到顾客手中。五是有的餐饮店由机器人穿梭其中进行服务。六是无人智能服务，有的餐饮店将自助点餐机、无人配餐等技术引入店里，顾客通过电子屏幕浏览菜单、选择菜品，甚至进行定制化点餐。借助数据分析和智能预测技术，餐饮店可以较为准确地掌握顾客需求和菜品销售情况，进行合理的工作规划。随着人工智能的迅速发展，智能厨房已成为餐饮行业的一大亮点。

（二）“数智化”经营

互联网营销便捷程度较高，餐饮店通过社交媒体如微信公众号等平台开展线上营销活动，以吸引更多的粉丝和顾客。“数智化”平台为餐饮店提供顾客的个性化需求，并通过大数据对顾客的喜好进行分析，从而提供定制化的服务，包括提供个性化菜单、个性化送餐服务和个性化用餐环境等，以提升顾客的用餐体验感和满意度。

（三）数字化消费与享受

基于现代科学技术，利用大数据、人工智能、物联网等手段，依托微信公众号、官方网站等媒体平台及 App，以当地特色文化为内核，为人们提供美食方面的个性化服务，可提高人们的餐饮满意度，最大化地共享美食资源，更系统化地进行管理。为此，餐饮行业要与时俱进，实现物联网、AI 技术、5G 传输等的综合应用。

（四）沉浸式体验

传统的享用美食的方式是食客对美食（色、香、味）的感知，随着时代的发展，这种方式已经无法满足消费者的需求，新兴的文化消费群体借助互联网技术已经实现了对美食的新型体验，目前的餐饮行业已经从单纯售卖门店美食转变为售卖综合体验感，沉浸式美食体验已经成为新的风向标。在沉浸式美食体验场景下，人们不再单纯品尝美食，而是将重点放在对美食及其环境的人文体验上——置身美境，品尝美肴。在扬州，沉浸式体验美食要体现扬州城市特色，为食客带来独一份的美食感受，通过搭建人文场景让消费者身临其境，将空间的体验与古城的人文特点结合，通过现代科技实现对美食风情的沉浸式体验。

（五）动态交互

扬州的多个餐饮场馆，如中国淮扬菜博物馆等，都很注重食客与经营者、与原住居民的互动。而体验变化也是享用美食的重要乐趣之一，没有状态变化的美食体验就像白纸一样单调。在数字化环境下做出非接触式美食并不是一件容易的事情，不但需要灵敏的食客动作捕捉技术，还要及时对食客的动作做出反馈。目前想要实现这一目标需要巨大的人力和设备投入，只有彻底解决食客和当地人的动态交互问题，非接触式美食才能真正实现餐饮核心理念的变革。

VR（virtual reality，虚拟现实）、AR（augumented reality，增强现实）技术也给餐饮行业带来了全新的体验。通过 VR 技术，顾客可以在餐厅里享受到不同国家、不同风格的美食，仿佛亲临其境；AR 技术将美食进行直观呈现，让顾客提前知道它的外观、口感等细节。这两种新科技的应用使得美食的享用过程更加有趣。

“世界美食之都”的金字招牌是耀眼的。如何将它擦亮，使之闪闪发光，需要政府和民间的共同努力。如果让传统得以坚守，让创新成为常态，扬州“世界美食之都”的称号就更名副其实了。我们在期待扬州美食不断推陈出新的同时，更期待扬州成为能使食客吃遍世界美食的美食之都。

荣膺“世界美食之都”

扬州美食简史

扬州美食内涵浅析

扬州美食举隅

扬州名宴撷英

扬州茶酒集萃

扬州食俗

扬州美食与名人

扬州美食文献

扬州美食与非遗

扬州烹饪群英谱

扬州美食名店实录

扬州乡村美食

扬州美食产业体系构建与提升

荣膺“世界美食之都”

功崇唯志　业广唯勤

——扬州成功申报“世界美食之都”

2019年10月31日，扬州加入联合国教科文组织全球创意城市网络，入选“世界美食之都”，成为我国继成都、顺德、澳门之后被列入“世界美食之都”的第四座城市。

扬州饮食文化是我国饮食文化的重要组成部分，其历史悠久且不断发展丰富，至今仍独具魅力，这在地级市中并不多见。当下，我们只有对扬州美食文化进行理智而不浮躁、深入而不肤浅的历史性总结，科学分析，理性扬弃，才能实现扬州美食事业在现代化轨道上的腾飞。我们不仅要使扬州美食成为扬州人的生活享受，还要促进“舌尖上扬州”与“脚尖上扬州”的有机结合，使美食成为扬州最有吸引力的旅游产品。

一、扬州申报“世界美食之都”的缘起

2004年10月，联合国教科文组织发起建立全球创意城市网络（UNESCO Creative Cities Network，简称“UCCN”），这是全球创意领域最高级别的非政府组织。截至2019年年底，全球共有246个城市加入全球创意城市网络。加入该网络的城市分别被授予“美食之都”“文学之都”“电影之都”“音乐之都”“设计之都”“媒体艺术之都”“民间艺术之都”等7种称号。2004年，我国已经拥有除了“音乐之都”之外六类主题的14个创意城市。其中“美食之都”和“设计之都”均有4个城市，数量并列全球第一。全球创意城市网络将文化创意视为推动城市可持续发展的主要动力，并将其作为加强城市之间合作的战略因素。

“美食”是UCCN的七大主题之一。到2019年，全球已有36座城市入选UCCN的“美食之都”。继2019年10月31日联合国教科文组织宣布扬州市入选“美食之都”后，2021年淮安入选，2023年潮州入选，截至目前，我国已有6个城市荣膺“世界美食之都”称号。

一般来说一个国家只有一个“世界美食之都”，但我国是烹饪王国，美味佳肴、点心小吃难以尽述，所以我国的“世界美食之都”数量突破了“唯一”的限制。

二、扬州申报“世界美食之都”的优势

申报“世界美食之都”必须满足具有高度发达的美食行业、活动积极的美食机构和厨师、本土特有的传统烹饪原料和配料、留存完好的烹饪诀窍和方法、传统食品市场和食品产业、美食节和烹饪比赛等节庆活动、推动当地传统产品的可持续发展、提高公众对传统美食的关注程度等 8 个条件。扬州申报“世界美食之都”有独特的优势，具体表现在以下两个方面。

第一，扬州有异于我国其他“世界美食之都”的美食特点。

扬州饮食文化历史悠久，烹饪文化、酒文化、茶文化独具魅力，美食是其最有吸引力的物质产品之一。扬州人讲究因时而食，一年四季饮食应时而变，海产、河鲜、蔬果、山货等物尽其用，因料而烹，味重调和，烹法多变，菜式丰富，形与色皆美。在扬州美食中，江海河湖渔获、四时干鲜蔬果、畜禽肉蛋、高山峻岭奇珍皆可入菜，清末徐珂在《清稗类钞·饮食类》中将扬州这样的地级市与他省并列：“肴馔之有特色者，为京师、山东、四川、广东、福建、江宁、苏州、镇江、扬州、淮安。”

扬州人不仅讲究菜肴的味美、形美、色美，而且讲究食器、食礼、食法、食趣，对食客而言，享用扬州美食是视觉、听觉、味觉、嗅觉等全方位的立体享受。无论是外宾到我国，还是国人到国外旅游，体验中餐时都会遇到扬州美食及相关饮食文化，如扬州的菜肴、点心、茶、酒，以及扬州特色的用餐仪式、用餐器具等，从多方面立体感受扬州饮食文化。

第二，扬州有活动积极的美食机构和烹饪专业人才。

多年来，扬州坚持把美食创意作为城市转型发展的重要驱动力，大力构建具有包容性、可持续和充满活力的城市生态。扬州拥有“冶春面点制作技艺”“富春茶点制作技艺”等 52 个饮食类非物质文化遗产项目，还有“共和春”等一批具有百年历史的餐饮类中华老字号和 60 多名中国烹饪大师。2019 年，全市美食产业收入达 65 亿美元，直接带动 20 多万人就业。

为推进扬州美食走向国际化，扬州市先后与意大利罗马市、法国奥尔良市合作，淮扬菜频频亮相各大美食节，扬州特色美食成功“出海”。百年名店冶春茶社先后在境内的北京、上海、南京和境外的新加坡等地开设多家连锁分店，中华老字号“富春茶社”的千层油糕、翡翠烧卖被誉为“扬州双绝”。

1983 年，扬州筹办烹饪高等教育课程并于 1984 年开课，是全国现代烹饪教育开始得最早的城市。扬州的烹饪高等教育从硕士研究生、本科、专科到中专，学历层次齐全；从食品科学与工程、烹饪制作技艺、食品营养、美食工程到餐饮服务营销，学科门类齐全。扬州大学旅游烹饪学院、江苏旅游职业学院烹饪科技学院、江海职业技术学院烹饪工艺与营养专业等有在校生数千人，加上其他学校烹饪专业的学生，扬州全市共有万余名烹饪专业学生在校，每年有数千名烹饪专业的学生毕业，到全国的各大宾馆、饭店、驻外使领馆就业。烹饪专业也有不少学生自主创业，有在北上广深创业的，也有跨洋越海在西欧、北美创业的，其所创企业中有不少已渐成规模，产生了一定的影响。

2010 年 4 月，时任中国联合国教科文组织全国委员会副秘书长的杜越认为，扬州申请“世界美食之都”的先决条件最为优越，扬州的美食为世界餐饮界所公认，全世界只要有华人的地方就有狮子头和淮扬菜，扬州作为“中国淮扬菜之乡”，申报“世界美食之都”是最有优势的。因此，他建议扬州尽快申报“世界美食之都”。此时中国已有不少城市积极行动进行申报，成都、顺德、澳门已捷足先登。2019 年 10 月 31 日，扬州入选“世界美食之都”，这是全民共享的金字招牌，是扬州“三个名城”（产业科创名城、文化旅游名城、生态家居名城）的精致名片。专家们一致认为：淮扬菜味道清鲜平和、咸甜适中，南北皆宜；扬州炒饭炒遍全球；扬州包子包打天下；扬州特色小吃类型独特——扬州的美食值得人们细细品味。

“世界美食之都”花落扬州，看似顺其自然、水到渠成，其实申报过程一波三折。申报城市的创建理念、内涵要求、标准把握、路径选择、保障措施等，要经过相关专家的细致考察与严格评审。认清申报的意义，在此过程中尤为重要。“世界美食之都”是联合国教科文组织授予全球创意城市网络成员扬州的称号，目的是通过美食推动城市可持续发展。在全球化、市场化、城市化的今天，扬州获此殊荣，是以淮扬菜历史为基础，通过打造中央厨房、推动创业创新、加强职业教育、强化文化交流等，促进城市转型升级，推动可持续发展的结果。

三、扬州“世界美食之都”揭牌

扬州荣获“世界美食之都”称号，并于 2020 年 4 月 18 日正式揭牌，这是世界对扬州美食的肯定。时任扬州市委书记夏心旻等扬州市领导与中国烹饪大师徐永珍、薛泉生共同为“世界美食之都”揭牌。夏心旻在致辞中说：“宜居离不开美食，宜业离不开产业，宜居才能乐业，‘舌尖上的扬州’已成为扬州招商引资独特的优势。”

在揭牌当天，联合国教科文组织文化助理总干事埃内斯

托·奥托内、中国联合国教科文组织全国委员会秘书处秘书长秦昌威分别发来连线视频，祝贺扬州当选联合国教科文组织全球创意城市网络美食创意城市，以及扬州“世界美食之都”成功揭牌。

揭牌仪式上，成都、顺德、澳门等三座“世界美食之都”通过“云端”与扬州共同发布《“世界美食之都”中国城市合作2020扬州倡议》，四座城市表示将以美食为媒介、以城市为舞台，践行“创意城市网络”宗旨，在创意美食产业、美食教育、文化旅游等领域进一步加强合作，展示“世界美食之都”中国城市的新形象，探索建立长期稳定、互惠互利的合作关系，共同推动城市健康与可持续发展。

与此同时，扬州“世界美食之都”的揭牌也让扬州老一辈烹饪大师们激动不已，他们表示一定会守正创新，擦亮这块金字招牌。中国烹饪大师徐永珍表示，要不断适应现在的需求，特别是年轻人的需求，应该在品种、口味、卫生上做得更好。中国烹饪大师薛泉生认为，要创新出一些好的东西，把菜品和点心做得更好、更美味，让世界人民都能够感受到“世界美食之都”扬州的魅力。

四、扬州获评“世界美食之都”后的展望

2020年4月18日晚上，中央电视台《新闻联播》栏目以“联合国教科文组织授予扬州‘世界美食之都’”为题，报道扬州又获世界级殊荣。从“烟花三月下扬州”到“商胡离别下扬州”，扬州宜居宜业的城市特质正得到越来越多人的认同，这也将成为扬州市新一轮发展的独特优势。

宜居离不开美食，宜业离不开产业，宜居才能乐业。赵先生现在是扬州一家餐饮企业的管理人员，此前曾在很多大城市工作和生活过，而最终，他在扬州找到了事业的新起点。他表示，扬州是一座旅游城市，也是“世界美食之都”，外地消费者到扬州，主要目的之一就是品尝扬州的淮扬菜。他来到扬州后发现，扬州的餐饮行业发展得非常好，他相信自己的事业也会发展得很好。

一块金字招牌，能为城市发展注入新动力，而“舌尖上的扬州”正成为扬州招商引资的独特优势。当下，就业、创业、生活环境和宜居指数正成为城市吸引力的重要因素，扬州宜居、宜业、宜创的城市生态使得越来越多的人愿意来到扬州、扎根扬州。客商表示，扬州是一座漂亮的城市，尤其在三月，扬州的经济发展也是有目共睹的，希望扬州能够发展得越来越好。一位游客感叹，扬州城市整洁，风景漂亮，扬州人也很热情、温柔。她特别希望能够嫁到扬州，感受慢节奏、安逸的生活。

为拉动扬州美食“触网腾飞”，扬州建成了首批电商直播学院、网红直播基地，引导富春、冶春、扬城一味等知名企业拓展直播带货、线上促销等营销新模式。据统计，冶春包子的电商销售2021年上半年就超过了2020年全年总额，2020年在网上销售的扬州包子超过1000万只。

扬州评选了数十家“世界美食之都”示范店，开通了“扬州世界美食之都”抖音号，举办了“我为扬州世界美食之都代言”抖音挑战赛，这一系列举措是扬州宣传推广“世界美食之都”的新尝试。

五、擦亮“世界美食之都”金字招牌

2020年10月，扬州出台的《市政府关于推进扬州“世界美食之都”建设的若干意见》正式实施。根据该意见的发展目标，到2023年，全市食品工业规模以上企业完成开票销售140亿元、开票销售5000万元以上企业达50家，评选“世界美食之都”示范店100家，并建成“世界美食之都”展示窗口。

（一）提高认识

对扬州而言，获评“世界美食之都”只是万里长征的第一步，庆贺之后，更应谋划后“世界美食之都”时代的发展，自觉地把美食用于推动城市的可持续发展，用于造福千家万户，用于提升城市能级，最终把落脚点放在“三个名城”的建设上。

一座好看、好玩又“好吃”的城市，一定是一座能吸引人的城市，也一定是一座充满生机和活力的城市。扬州摘得“世界美食之都”这顶桂冠，为弘扬淮扬菜文化和做强美食产业提供了新的动能，为扩大扬州的国际知名度和影响力提供了新的载体，为优化“三个名城”建设环境提供了新的支撑。争牌、保牌最终是为了用好牌。擦亮金字招牌、放大品牌效应、提高带动能力，关键是要形成“大合唱”，把“世界美食之都”建设放在扬州经济社会发展的全局之中通盘考虑，将之作为“三个名城”建设的重要内容来统筹谋划和统筹推进，强调总体规划与因地制宜，政府主导与市民参与。

“世界美食之都”建设任重道远。美食惠民离不开“双创”，创业、创新是城市可持续发展永远的底色。关键的一点是激发城市创意，让创新源流迸发。敬畏历史、敬重文化，是我们应有的态度立场；创业创新、发展城市，更应是我们的使命担当。

（二）政策激励

2020年，扬州专门研究制定了支持全市商贸服务企业平稳健康发展的12条具体政策，通过房租减收、税费减免、融资帮扶等措施，推动政企抱团、共渡难关，商务部全文转发了扬州的工作做法。

（三）兴旺产业

扬州美食产业在满足市民口福之余更应有大格局，努力成为推动城市可持续发展的内在动力，成为真正造福一方的支柱产业。

淮扬菜工程中心要紧盯产业化，扬州市拥有两万多家餐饮与食品加工制造企业，当借荣膺“世界美食之都”的契机，扩大美食产业的规模，提升美食产业的美誉度、竞争力与国际影响力，打造一批名店、名企、名街区、名菜、名厨、名企业家。第一，在扶植龙头企业方面，招引国内外同行业知名企业与扬州市食品生产企业、餐饮服务企业开展合作，打造一批销售过亿元的龙头企业。第二，鼓励企业自主创新，深化新一代信息技术与先进食品制造技术的集成应用，提升产品品质和价值，适时推出代表扬州、满足时代需求的食品新技术，让食品企业做大做强。第三，支持国有企业、老字号企业引进先进的经营管理理念，健全现代企业制度，发展集中采购、统一配送、网络营销等现代经营模式。第四，鼓励有实力的企业通过兼并、收购、参股、控股等方式大力发展连锁经营，积极开拓国内外市场，扩大市场占有率；支持企业参加行业内各类展会和权威榜单、优秀品牌企业评选，提高品牌知名度，引导企业加强诚信建设。第五，推动扬州食品产业园完善硬件设施、提升公共服务能力，打造集食品加工制造、冷链物流、工业旅游于一体的现代化复合型产业园区，支持各类农业开发园区招引有实力的企业落户园区，增加绿色优质农产品供给，加快建设华东地区中央厨房。第六，拥抱互联网，探索新模式，实现生产标准化、管理规范化、品质品牌化，在化解矛盾的过程中积累经验，在勇于竞争中树立口碑，在转型升级中做大、做强，让“四新”（新技术、新产业、新业态和新模式）成为扬州城市发展永恒的动力。

（四）建设场所

对“三把刀”特色步行街、东关街—国庆路老字号街区、486 扬州非物质文化遗产集聚区等场所进行环境整治，积极推动规模扩大、产业提升、服务升级。优化东关街沿街店铺的形象设计，招引和培育品牌餐饮企业，改良街区餐饮业态布局。实施 1912 街区改造提升工程，丰富街区业态，发展古运河夜间经济。

扶持百姓创业，让扬州美食成为百姓自食其力的“金饭碗”。“世界美食之都”是全民共享的金字招牌，是“三个名城”（产业科创名城、文化旅游名城、生态宜居名城）的精致名片。随着“三个名城”建设的推进，城市会吸纳更多的企业和人才，吸引越来越多的外地旅游者，美食创业者应抓住机遇，利用国家“双创”好政策，不断推出色、香、味俱全且让人放心和舒心的美食，在让大家享受口福的同时加快自身发展。

设立创意孵化示范工坊，打造就业见习基地，带动更多年轻人就业。

引导青年从事美食相关产业，鼓励年轻创业者发展线上营销、线下体验，打造一批“网红店”。

完善标准，围绕技艺传承、大众普及和创新发展，强化标准研制。综合运用标准、商标、地理标志等，推进“冶春”“富春”等老字号企业及“扬州宴”“狮子楼”等传统淮扬菜门店商标的注册及回购，全面提升扬州美食行业的品牌影响力。

县域联动，在全市范围内择优选择3~4个食品特色产业作为主攻方向，科学制定发展规划，打造一批竞争优势明显的县域特色食品产业集聚区。

（五）节庆引人

开展节庆活动能够实现社会效益与经济效益双赢，扬州要加强与国内外行业机构、世界运河城市、“一带一路”沿线城市及其他友城的合作，每年在中国扬州“烟花三月”国际经贸旅游节和淮扬菜美食节举办期间，利用各类美食交流推广活动，打造具有地域特色和国际影响力的美食节庆品牌。

倾力打造“中国早茶文化节”“中国淮扬菜美食节”“世界运河城市美食文化节”等一批品牌，持续打响“宝应荷藕节”“高邮双黄蛋节”“邵伯龙虾美食节”“沿湖渔文化美食节”“万福渔鲜美食节”等地方美食节庆品牌。2020年9月26日，中国饭店协会会长韩明在“2020创意美食早茶文化发展论坛”上正式宣布中国早茶文化节永久落户在扬州。

将美食产业与住、行、游、购、娱等相关产业行业互通共融，推进美食全产业链“拉长接粗”、做大做强。每年开展以“美食”为主题的伴手礼设计、手工艺品制作、微电影制作等创意比赛。每两年举办一次“世界美食之都”烹饪技能全国邀请赛，增进城市之间的烹饪技艺交流。

（六）展示窗口

建设“世界美食之都”展示馆，集中展示36个“世界美食之都”城市的建设成果，使其成为市民和游客领略世界各地美食文化的体验场所。提档升级中国淮扬菜博物馆，将其打造成为集淮扬菜文化展览展示、文化研究、专业交流、名宴品鉴、观光游览于一体的美食体验区。

评选“世界美食之都”示范店，引导企业提高餐饮和服务品质，作为展示扬州美食文化精髓的重要场所，为市民和游客提供健康、安全、美味、有特色的扬州美食。

（七）交流评鉴

美食因交流互鉴而多姿多彩。2020年以来，扬州围绕城市间合作、美食资源优势互补，发起了《“世界美食之都”中国城市合作2020扬州倡议》，得到同为“世界美食之都”的成都、顺德、澳门的积极响应。

“美食无国界，品位有共鸣。成都和扬州在‘世界美食之都’的品牌塑造、人才培养、旅游观光、节会举办等方面将会有广阔的合作空间、美好的合作前景。”成都市副市长刘筱柳表示，愿和扬州携手，与顺德、澳门一道加强交流合作，为中国美食走向世界、让世界人民爱上中国美食做出更大贡献。

（八）走上国际

扬州美食的国际影响力是不可低估的，但如何做计划、做规划，如何变守株待兔型等客来邀为猎豹型主动出击，仍是一道难题。要想形成国企敢干、民企敢闯、外企敢投的经济环境，形成政府引导、企业为主、全民参与的良好氛围，任重道远。

扬州加强扬州美食的对外交流与海外推广，与驻外使领馆、国际机构合作，组织冶春、扬城一味等扬州餐饮企业赴迪拜世界博览会、江苏国际文化贸易展览会进行展销，组织厨师赴法国参加里昂中国美食节，赴欧美、中东、东南亚等地区和日本、韩国等国家开展“美食扬州世界行”活动。支持有实力的餐饮企业赴海外开设门店，向全世界推广淮扬菜文化；鼓励餐饮企业走向世界，培养有国际影响力的本土企业；依托海外华人，如扬州人程正昌，在美国创办熊猫快餐、熊猫小馆；走进华侨社团，搭建宣传营销扬州美食的平台；探索本土企业建立海外中央厨房供应中餐馆的产业模式，打响扬州美食的餐饮品牌。

同时，深化国际合作，如：发起《“世界美食之都”中国城市合作2020扬州倡议》；参加联合国文化与可持续发展高级别会议；举办中意（扬州）美食产业交流活动、中意（扬州）美食文化展等活动。并且强化宣传推广，如：开展扬州“世界美食之都”标志征集；设计发布扬州美食IP形象——绣虎；开发上载扬州美食IP形象微信表情包、动画、文创产品等，并发布扬州美食地图、早茶地图，开通扬州“世界美食之都”微信公众号、抖音号、小红书号；在抖音平台发起的“扬州饭局”话题，播放量达1.2亿次。

（九）人才培养

人才部门要围绕食品产业，制订个性化育才引智计划，为做强食品产业奠定雄厚的人才基础。具体可从以下方面着手。

发挥烹饪教育水平全国领先的优势，支持扬州大学等高校的中餐繁荣基地、中国非遗传承人群研培基地、中国烹饪大师培训基地建设，推动优质烹饪教育资源和高层次烹饪人才向外输出。

发挥全链条学历教育优势，大力发展烹饪高等教育和中等职业教育，加快形成与淮扬菜产业发展相适应的人才支撑体系。举办烹饪高级技师和技师岗位提升培训，每年在烹饪、餐饮行业培养企业新型学徒200名以上。用好海外中餐繁荣基地等载体，实施外籍厨师美食制作技艺培训与交流计划，每年培训亚洲、非洲厨师 50 人以上。

加快淮扬菜烹饪技能大师工作室、名师工作室建设，每年评选 10 个“世界美食之都”烹饪技能大师工作室，加强扬州美食文化的传承与保护。

实施全民食育工程。持续开展省、市层面的淮扬菜大赛，举办淮扬家常菜比赛、“美味厨房”训练营、“老年厨艺大比拼”等活动，推动美食进学校、进社区、进家庭。

联合教育部门实施面向青少年的食育工程，依托省烹饪行业职工技能竞赛基地，研发课程、编写教材、培训师资、建立示范食育基地，面向学校开展“世界美食之都”宣传活动，实施学校食堂营养计划，推进青少年茁壮成长工程，通过体育与健康课程和美食进课堂，普及营养健康知识，教授餐桌礼仪，使青少年形成健康的生活理念、养成健康文明的饮食习惯。

（十）效果初显

产业是经济发展的基石，只有美食产业“根深”，扬州的美食企业发展才能“叶茂”。2020 年，扬州餐饮行业和美食产业迅猛发展。这一年，年轻的“世界美食之都”扬州向世界展现了“美食无国界”的担当。

2020 年，扬州餐饮业营业额增幅名列江苏省第三。全市餐饮服务单位有 27 550 家，全年营业额 200 多亿元，食品及相关产业带动就业 20 多万人。

疫情过后，餐饮业发展态势稳中向好。2021—2023 年，扬州市餐饮业营业额从 185 亿元增长至 236 亿元，增幅名列全省第一位。

扬州美食简史

千淘万漉　尽显芳华

——扬州美食兴盛录

古城扬州挹江控淮，襟楚连吴，以其历史悠久、文物彰明、雄秀相济著称海内，是1982年国务院首批公布的24座历史文化名城之一。扬州城市的性质经多方论定为现代化滨江开放式园林城市，是古代文化与现代文明交相辉映的名城，是长江下游重要的工商城市，是具有国际影响力的城市。

扬州有两千五百多年建城史，川泽纵横，物产丰富。历史上曾经三次繁荣，兴盛于汉，繁盛于唐，鼎盛于清。古代发达的水运，成就了繁华的古扬州。扬州致力打造主流交通，政府统筹，富贾倾力，百姓响应，上下同欲，从源头上提升城市档次，促进经济升级，同时筑巢引凤，吸引海内外嘉宾，努力使扬州跻身世界名城之林。现代学者曹聚仁认为，扬州是世界城市，有一千五百年光辉的历史，比巴黎、伦敦要早，它是我们艺术文化集大成的所在，比之希腊、罗马而无愧色。宋振庭先生礼赞："扬州是唤起中华民族自豪感的好地方""这里山好，水好，人更好。真是人文荟萃之地，风物结晶之城"。

"千淘万漉虽辛苦，吹尽黄沙始到金。"回眸历史，扬州饮食的兴起绝非一帆风顺，我们有过南朝时的"芜城"，"通池既已夷，峻隅又以颓。直视千里外，唯见起黄埃"，也有过南宋时的"废池乔木""清角吹寒"。但是两千五百多年来，生于斯、长于斯、奋斗于斯的扬州人，用自己的智慧、汗水和顽强毅力，筚路蓝缕，砥砺奋进，在扬州这块土地上创造了璀璨的文化。其中，扬州美食是妇孺皆喜、雅俗共赏的物态文化亮丽名片。

在中国五大餐饮文化集聚区中，淮扬菜集聚区的文化底蕴最深。没有哪个餐饮文化集聚区像淮扬菜集聚区那样，能得到从帝王将相到中馈庖厨、从豪商巨贾到文人墨客的倾心关注与竭力栽培。尤其是清代两淮盐商集中于扬州，其奢侈的生活推动了扬州美食的丰富和创新；文人墨客雅集扬州，在扬州写诗作文、书画酬唱，提升了淮扬菜系的文化品位。

在淮扬菜系的生成与发展过程中，厨师、商贾、文人、帝王以不同的身份和角色纷至沓来，共同打造了"淮扬菜系"这一品牌，也共同造就了扬州这一"中国淮扬菜之乡"的文化特色。在世界运河名城中，没有哪个城市能像扬州这样有着可以生成一方菜系的文化土壤；也没有哪个运河名城能像历史上的扬州这样，具有吸引全社会各阶层来这里共同打造"淮扬菜系”文化品牌的独特魅力。而且扬州历经兵燹战乱，尽管经济受到冲击，其美食文化却从未停止过发展。可以说，“淮扬菜系”能成为一种文化现象，能成为一个品牌，这是历史的创造，是社会各阶层共同努力的结果。

一、“水韵”扬州资源条件优越

“水韵江苏”“情与水的中华文化之乡”是江苏的名片，江苏是我国唯一拥有大江、大河、大湖、大海的省份，扬州则是其缩影。扬州美，美在“水”，扬州“依水而建，缘水而兴，因水而美”。

水是生命之源，是古城扬州的血脉，是美食的源泉、根本；水润泽了古城扬州，使扬州美食文化充满灵性和活力。

中国共有293个地级市，只有扬州、镇江是位于长江和运河交汇处的城市。在这里，运河如弓，贯通东西；长江如箭，贯通南北。扬州既得运河南北纵向传输之便，又得长江东西横向传输之便，是坐拥运河和长江十字形全方位传输之利的城市。历史上，长江扬州段、运河扬州段是海上丝绸之路、陆上丝绸之路的重要节点；漕运、盐运使扬州南下北上、东渐西传，享受着丰富的物产和发达的贸易。

扬州的长江和运河风光带，江运汩汩滔滔，鱼欢鸭游，渔帆点点，轮船欢鸣，岸边稻黄棉白，绿柳垂荫，花香四季，永泽于民。

二、经济与餐饮互相促进

淮扬菜的发展，得益于扬州的数度繁华。汉代的兴盛，唐代的繁盛，明清的鼎盛，现代的腾飞，使扬州这座古城在为全国经济繁荣做出贡献的同时创造出了自己特有的饮食文化。无论是淮扬菜肴、富春细点，还是四美酱菜，都令文人雅士闻香下马、知味停车。

扬州仪征出土了古邗国时代（中原夏商周时期）的青铜鼎、鬲，鼎煮肉，鬲炒菜，而且还有樽、卣、钟等器皿，据此猜测，扬州先民可吃肉、可喝酒、可听乐、可行礼，可以说古扬州人已经学会了享受生活。

据记载，扬州人早在春秋战国时期就已开始制作食品，我国大诗人屈原的《楚辞》、西汉初年吴王刘濞的《淮南王食经》、三国时期吴普的《神农本草经》中就有关于扬州菜肴的精细描写，可见其历史之悠久。

两汉时期淮扬菜渐成体系。关于淮扬菜最早的文字记述是在汉代。汉代枚乘曾做过吴王刘濞的文学侍从。在扬州任职期间，枚乘写下了《七发》，他以七段文字描写七件事，对吴王及贵族的奢侈享乐进行了抨击，其中有一段文字就是精美的菜单：“雏牛之腴”“肥狗之和”“熊蹯之臑”“鲜鲤之鲙”“豢豹之胎”——这些都是吴国上层统治者的至美佳肴。在《七发》中，枚乘描述当时豪宴中的食材，采用煎、熬、炙、烩等多种烹调法，以五味调和为标准，制有调酱烂熊掌、烤兽脊肉薄脾、鲜鲤鱼肉细丝、鲜嫩蔬菜，并且贵族们奢侈地用黄玉苏子起香、用兰花泡酒漱口，所以，《七发》不仅是一篇讽谏宏论，还是第一份淮扬菜食单。

魏晋南北朝时期，关于白鱼菜、鳝鱼菜的记述多了起来，如《齐民要术》中就记有“酿炙白鱼”，此外，如“饼炙”“炙鱼”“毛蒸鱼菜”“莼羹”等菜中也用上了白鱼。这里的“白鱼”未明言产地，但有可能产于淮河，特别是“酿炙白鱼”中的白鱼“长二尺”，就更有可能是“淮白鱼”了。

隋炀帝三幸江都，带来了北方的厨师，将北方烹饪技术传到扬州，使南北饮食在扬州相会。其时长安、洛阳等地的中原美食随着龙舟被带进扬城隋宫，进而外传至民间食肆。更兼帆樯骤经之处，“夜煮百羊，以供酒馔”，龙舟所过州县，五百里内皆令献食，极尽水陆珍奇。州县上贡珍馐，厨师刻意斗妍。据载，当时上贡的食品中就有鱼鲚、河蟹、蜜姜。地方官吏更是设宴献珍，赵元楷就因为献异味获宠，从而升任江都郡丞。

唐代经济的发展更是刺激了餐饮业的繁荣。唐代扬州是国本所系之区，每年从江淮输入关中的米有一二十万担。彼时的扬州是江淮大镇，富庶甲天下，时人称“扬一益（今四川成都）二”。唐王朝所需各项经费及物资主要来自江淮，大多集中于扬州，带来了扬州一百余年的空前繁荣。

据《唐大和上东征传》记载，鉴真东渡日本时备置的干粮有“干胡饼”和“番捻头”。“干胡饼”类似今天的烧饼，“番捻头”类似今天的油糍或油饼。从名称上可以看出，这两种食品的制作方法都是从异域传入的。旧时，称“胡”与“番”的多指舶来品，这也反映出唐代扬州是中外通商大港，饮食上兼收并蓄。

宋代高宗曾将扬州作为“行在”，即行宫，因此大批士、农、工、商，当然也包括各地厨师纷至沓来。宋代的扬州物产丰富，人民生活富足，既有可制作佳肴的材料，又有众多的食客，这对淮扬菜系的形成是一个极大的推动。

苏东坡在扬州做太守期间留下了《扬州以土物寄少游》一诗。诗云：

鲜鲫经年秘醽醁，团脐紫蟹脂填腹。
后春莼茁活如酥，先社姜芽肥胜肉。
凫子累累何足道，点缀盘飧亦时欲。
淮南风俗事瓶罂，方法相传竟留蓄。
且同千里寄鹅毛，何用孜孜饫麋鹿。

诗中提到的“鲜鲫”“醽醁”“紫蟹”“莼茁”“姜芽”等“扬州土物”，都是深秋时节的美味佳肴。

北宋黄庭坚曾在诗中感慨“春风饱识大官羊”，南宋陆游也称颂过“野蔌山蔬次第尝，超然气压太官羊”。从宋至元的一两百年里，不断有人赞誉大（太）官羊，可见“大（太）官羊”是扬州的一道名菜。元代剧作家乔吉在剧作《杜牧之诗酒扬州梦》中有【混江龙】曲云：“江山如旧，竹西歌吹古扬州，三分明月，十里红楼……金盘露、琼花露，酿成佳酝；大官羊、柳蒸羊，馔列珍馐。”曲中所唱的美食很有名气，据此推测，“大官羊”可能是唐代扬州名馔。

到了明清时代，淮扬菜已形成完整的体系。明万历《扬州府志》记载：“扬州饮食华侈，制度精巧，市肆百品，夸视江表。”当时扬州的饮食规模、饮食制作、饮食享用，包括宴饮的规格、规矩等已成制度。清代嘉庆《重修扬州府志》记述：“官家公事张筵陈列方丈，山珍海错之味罗致远方。”足见当时扬州饮食之排场、之精湛、之丰饶已经傲视江南。

明代的洪武皇帝、永乐皇帝、正德皇帝和隋炀帝一样，都对淮扬菜感兴趣。朱元璋在南京登基后，曾将扬州美肴列为宫廷御膳，并且独命扬厨专司内膳，可见他对淮扬菜是极为看重的。其后朱棣迁都北京，顺理成章，扬州菜就在京师生根了，这对淮扬菜的进一步发展、形成体系并广泛传播助力极大。正德皇帝南巡扬州，游龙戏凤之余，当然也不忘淮扬佳肴，艳福、口福一个也不能少。帝王们最爱吃的便是扬州一带江面的特产鲥鱼、刀鱼、鮰鱼，即“长江三鲜”。他们为淮扬菜系成为光照四海、名贯东西的品牌提供了重要的政治保障。

清代的康熙皇帝、乾隆皇帝又通过南巡把淮扬菜从士大夫与豪门的深宅逐渐移到后宫，变成了文化底蕴深厚的宫廷菜。康乾六次南巡，随行官员浩浩荡荡，地方官员士绅大摆宴席，山珍海味一应俱全。行宫天宁寺茶膳房专为皇帝、后妃准备饮食，大厨房专为六司百官准备饮食，天宁寺后门另置的饮食是给八旗随从官、禁卫等预备的。八旗随从官、禁卫的饮食也是分等级的：第一等有奶子茶、水母脍、鱼生面、红白猪肉、火烧鹅、硬面饽饽；第二等有杏仁羹、炙肚子、炒鸡、炸烧饼、红白猪肉、火烧羊肉。这些肴馔一是以猪、牛、羊肉为主，二是烧烤居多，三是点心多饽饽乳饼，显然照顾了满族人的饮食习惯。

清代康、乾二帝南巡促进了扬州餐饮的兼收包容；官宦权贵们讲究“食不厌精，脍不厌细”，淮扬菜逐步走向精致；两淮盐商集中于扬州，对奢侈生活的追求推动了扬州美食的丰富和创新；文人墨客雅集扬州，在此吟诗作文、书画酬唱，提升了淮扬菜系的文化品位；扬州市民安于生活、乐于交流，普及了美食，使粗料细做渐成时尚。

扬州的美食文化具有通史式的全代性：从汉至清，虽历经兵燹战乱，却始终保持着饮食文化的繁盛。扬州美食文化具有文化的全面性、包容性，其物态文化、制度文化、行为文化、心态文化都代有增添，独具魅力。今天的扬州人既不妄自尊大，也不妄自菲薄，而是珍惜历史的赐予，在历史典籍中择善而从，在民俗传承中挖掘资源，在海外展示中扩大影响。

三、商胡丰富了扬州美食

豪商巨贾为了一己之口腹享受，不惜挥金如土，网罗天下名厨，用尽名贵食料，他们雄厚的经济实力为淮扬菜系的形成与发展提供了必要的物质前提。

“商胡离别下扬州，忆上西陵故驿楼。为问淮南米贵贱，老夫乘兴欲东游。”诗圣杜甫一语道破唐代扬州繁华的重要原因。唐代开明政策下，扬州成为天下商贾云集之地。唐时的“胡”既包括中原及周边的少数民族，也包括阿拉伯、印度、柬埔寨、尼泊尔、日本、朝鲜，以及南非、东非乃至欧洲的广大地区。唐代，仅在扬州集聚的波斯商人就有 5 万到 10 万人。从这个意义上说，先有“商胡离别下扬州”，继而才创造出了“烟花三月下扬州”的风尚。陆上丝绸之路与海上丝绸之路使扬州成为连接欧、亚、非的文化纽带。古代扬州既无私地把自己成熟的文化输向天涯海角，又无餍地吮吸五洲四海文化的丰富营养。

胡人给扬州带来了有形的胡物，为传统生活吹来一股新鲜的风：有服装，“波斯装”之类的装束在当时的扬州随处可见；有吃食，史载“贵人御馔，供尽胡食”。其实胡食是普通食品，有胡人在扬州酿造美酒出售的历史记载。当时在扬州的胡人有卖“胡饼”（芝麻烧饼即其中一种）的，鉴真东渡所带食物中的胡饼，与今天新疆的馕相类；有开饮食店的，有关记载中提到的“胡饭”当指胡人饭店所做的外国口味的饭菜，有如今天的西餐。

明清时期两淮盐商以其雄厚的经济实力，在物质生活的各个方面极尽奢靡之能事，扬州饮食因此进入鼎盛时期。相关记载在历史文献中随处可见，如光绪《江都县续志》卷十五说：“商人多治园林，饬厨传，教歌舞以自侈，民颇化其俗。”易宗夔《新世说》则云：“凡宫室、饮食、衣服、舆马之所费，辄数十万金。”明清诗文中关于扬州盐商美食的记述更多，饮宴之盛与肴馔之精皆溢于言表，以至曾任江苏巡抚的梁章钜在《浪迹丛谈》中得出了这样的结论：“扬州饮馔甚丰，习以为常。”李斗《扬州画舫录》的记载甚为具体：“扬州盐务，竞尚奢丽，一婚嫁丧葬，堂室饮食，衣服舆马，动辄费数十万。”他记载某盐商：“每食，庖人备席十数类。临食时，夫妇并坐堂上，侍者抬席置于前，自茶、面、荤、素等色，凡不食者摇其颐，侍者审色则更易其他类。”道光年间，官至湖北督粮道、署两淮盐运使的金安清目睹了扬州商总黄潆泰的豪华排场：每天早晨招待客人的饮食，席上列有小碗十余只，“各色点心皆备，粥亦有十余种”，听客人自取。金安清多少也见过世面，但也“讶其暴殄，其仆则曰：‘此乃常例耳，若必以客礼相视，非方丈不为敬矣。’”

四、各类美食相辅相成

在扬州，就厨行而言，除酒楼、茶肆之外，还有家庖、外庖之别，《扬州画舫录》云："城中奴仆善烹饪者，为家庖。有以烹饪为佣赁者，为外庖。其自称曰'厨子'，称诸同辈曰'厨行'。"

历代中馈庖厨凭借高超的智慧与烹饪技能，认真揣摩，巧配食料，精心运用刀工、火候、调味等各种烹饪技术，烹制出款款各具特色的淮扬菜品，他们为淮扬菜系的形成与发展提供了必不可少的技术保障。

扬州人重药膳，认为药补不如物补。扬州城中有食药兼优的名菜，如姜汁鹧脯山药火锅减肥美容，丁香羊狗火锅益气养血，荷叶粉蒸鸡清热活血，等等。

扬州素斋也很有名气，僧厨擅长素菜荤做，李涵秋在《广陵潮》中谈到一则趣闻。尼庵中灵修为贺夫人让菜："请用一块火腿。大奶奶请呀，请用一角皮蛋。少爷、小姐，你们不用客气呀，鸡子、鸭子随意吃点啊!"夫人大惊："你们吃斋，如何有许多荤菜?"灵修一笑："全是素菜，假做成这些名色的。"如今在扬州小觉林、大明寺都可以品尝到全素菜，但这些素菜都被冠以荤菜名。

扬州僧侣中有不少人是素菜烹调高手，淮扬名菜文思豆腐即出自清代和尚文思之手：先将豆腐切得细如发丝，然后将香菌、蘑菇等也切成细丝，经文火炖煮，形成羹状即成。文思豆腐鲜、美、嫩、滑、爽，令人齿颊生香。

曾经，瘦西湖上的船宴堪称一景，人们租赁沙飞船会饮于湖上，艄舱有灶，酒茗肴馔，任客所指，船之大者可容三席，小者亦可容两筵。船宴中外庖当为热门。沙飞之外，尚有灯船、快船、小快船、逆水船之类，又以"灯船"最为奢华。

《扬州画舫录》说："烹饪之技，家庖最胜。如吴一山炒豆腐，田雁门走炸鸡，江郑堂十样猪头，汪南溪拌鲟鳇，施胖子梨丝炒肉，张四回子全羊，汪银山没骨鱼，江文密蛼螯饼，管大骨董汤、鮆鱼糊涂，孔讱庵螃蟹面，文思和尚豆腐，小山和尚马鞍乔，风味皆臻绝胜!"著名的《调鼎集》是清代扬州盐商童岳荐家的大型菜谱，该书对选料、刀工、烹调都有详细的阐述。盐商的饮食文化是清时食文化的通用密码，其影响并不局限于扬州，而是影响全国，是中华美食文化的源头之一。

五、扬州美食东渐西传

在扬州美食东渐西传的过程中，名人起了重要的推动作用。例如唐代僧人鉴真东渡日本时，不仅带去了扬州市面上售卖的诸多普通食品，还带去了扬州美食的制作方式，连豆腐的制作方法都是鉴真传去的，至今日本人还敬奉鉴真为日本的豆腐祖师。

宋庆历八年（1048）春，一代文学巨匠欧阳修给扬州美食界带来了福音。这位醉翁常携宾客在平山堂宴饮，文章太守，挥毫万言，樽中看取美食文。此后，苏轼又知扬州，与四学士“飞雪堆盘鲙鱼腹，明珠论斗煮鸡头”，开创了给淮扬菜系注入新鲜文学血液的先河。此后，朝廷离扬偏安，扬州成了宋、金政权的交会要冲。在扬州，南北饮食文化既对峙又对接，扬州市井酒食繁华，专设“高丽馆”，并按照朝廷在临安宴请金使的规制，设九道菜点。

名人，尤其是文人的介入是清代中叶淮扬菜走上巅峰的催化剂。清康熙年间的《扬州府志》记载：“涉江以北，宴会珍错之盛，扬州为最。”今天我们能欣赏到的清人咏食史、咏采料、咏菜点、咏宴席、咏厨艺、咏酒楼、咏食俗的诗篇至少在200篇以上，它们使淮扬菜的格调更加高雅，大大提升了淮扬菜的文化品位。

古往今来，本土或者造访扬州的文人墨客、达官贵人都为扬州美食的传播不遗余力。我们说得最多的有欧阳修、苏东坡、秦少游、杨万里、蒲松龄、孔尚任、郑板桥、朱自清、曹聚仁、汪曾祺等，他们有关扬州美食的诗文脍炙人口，是扬州美食的高雅广告，“馋煞九州饕餮侯”。

文人墨客纷至沓来，用美好的诗赋吟咏扬州的市井繁华和美味佳肴，如袁枚、郑板桥、童岳荐、曹聚仁、朱自清、汪曾祺等。他们不以烹饪为小，而是怀着对淮扬菜的厚爱，对扬州的饮食文化倾注了极大的热情，且著述颇丰。不少文化名人对淮扬菜系进行精心的理论总结，推出了名垂青史的烹饪理论专著，如文人李斗的《扬州画舫录》、童岳荐的《调鼎集》、袁枚的《随园食单》都很夺目，他们对中国传统烹饪经验的整理、归纳与总结至今仍为外地餐饮奉为圭臬。正是因为他们，淮扬菜发展成了各大菜系中独具特色的文人菜。他们是为淮扬菜注入文化内涵的历史功臣，他们为淮扬菜系成为一种文化品牌奠定了坚实的文化基础。

扬州美食内涵浅析

观念领新　滋味并进

——扬州美食内涵浅析

扬州饮食文化是我国饮食文化的重要组成部分。其历史悠久，且不断发展丰富，至今仍独具魅力，这在地级市中并不多见。

一、晴空一鹤排云上

长期以来，各地由于选用不同的食材、配料，采用不同的烹调方法，因而形成了不同的风味和菜系。在不同历史时期，根据不同的分类标准，可将中国菜划分为不同的流派，但尚未有公认的划分标准和结果。目前，饮食行业一般以行政区划为依据确定具有历史渊源的主要地方特色菜，如山东（鲁）菜、淮扬菜、四川（川）菜、广东（粤）菜等。有人又将淮扬菜扩展为江苏菜，再扩展到浙江（浙）菜、福建（闽）菜、湖南（湘）菜、安徽（徽）菜等地方风味。

淮扬菜“和精清新、妙契众口”，以就地取材、土菜细作、五味调和、百姓创造的特点，赢得了“东南第一佳味，天下之至美”的美誉。淮扬菜“五味调和”的特点，使其被确定为开国大典的国宴，现在国宴都是以淮扬菜为基准菜。究其原因，一是淮扬菜精美与精细，包括刀功、火候、搭配、造型等，无一不体现功夫；二是其食材自然、朴实，取之容易；三是淮扬菜的味道偏淡或偏甜，具有一定的普适性。但淮扬菜也因为精细、做工费时、口味偏淡或偏甜，在大众中反而没有川菜、湘菜等入门较快的菜系热门。如何在“妙契众口”上更上层楼，是值得研究的。

二、天下珍馐属扬州

“天下珍馐属扬州”，至明清时代，扬州厨师的烹调技艺日趋精湛，并吸收鲁、粤、川等地名菜的烹调经验，择善而从，为我所用，菜、花、虫、鱼皆可入菜，又因地、因事、因人、因时而千变万化，使淮扬菜五彩缤纷，花团锦簇，并以选料严、制作精、香味佳、色形美著称，有“玩在杭州、穿在苏州、吃在扬州”之说。

扬州美食是立体的，它是以淮扬菜肴、面点、菜点、糕点为主体，以街头巷尾的零担为补充，以茶坊酒肆、庵观寺院饮食为陪衬的多层次食品结构，合称“维扬风味”。其色、香、味、形和谐配合，花式品种丰富多彩，名厨技师各显神通，烹饪技术争奇斗艳，为美食家所赞叹。

淮扬菜厨师的烹饪技艺是有口皆碑的，其有以下特色。

（一）粗料细做，刀工精细

扬州“三把刀”中外闻名，其中厨刀是烹制淮扬菜的重要工具。淮扬菜讲究刀工，文思豆腐、大煮干丝、蓑衣黄瓜、松鼠鳜鱼等名菜都以刀工为基础。大煮干丝，一块仅 2 厘米厚的方干能被批成 30 片薄片，层层薄如纸，切丝如发，但绝不断裂。再经鸡汤、笋片、虾仁文火宽汤炖焖，其味鲜淡平和，方干这样的普通原料因此变成了席上名肴。

淮扬菜厨师常言：“三分手艺七分刀。”厨师所用刀具更是琳琅满目，大方刀、小方刀、马头刀、圆头刀、尖头刀、斧形刀、片状刀……切菜剁肉，剔骨雕花，劈蚌斩鹅，片干划鱼皆可得心应手。淮扬菜厨师所用刀具注重材质，讲究“钢火”，厨师对刀具的运用直接关系到菜品是否光滑、完整和是否具有美感。

淮扬菜刀工精细，施刀成“技艺”。这并不仅仅是刀口上的功夫，而是指制作上的因材施艺、物尽其用。老一辈名厨张玉琪、王立喜、居长龙、薛泉生、陈春松、周建强、孙贤彪、程发银、姚贵宝等和新一代名厨王洪波、陶晓东、李力、赵均、杨军、郭家富、丁晓亮、李家龙、茅爱海等都擅长用直刀法、平刀法、斜刀法、劈刀法、斩刀法、剞刀法、花刀法等进行操作，原料在他们手中变成了条、块、段、片、丝、丁、粒、米、泥、茸及花式形状，再运用不同调料及烹饪手法，一道道花色各异的至味美馔就诞生了。

在中国烹饪协会举行“淮扬菜之乡”认证会期间，我国著名饮食文化学者王子辉教授对扬州刀工菜印象深刻，他在《淮扬菜寄怀》一文中说：“创制于清乾隆年间而传承于今的文思豆腐，就是这么诗一般、画也似地展现的。它历经两个多世纪数十位美食家指点、数十代名厨操作洗练，无数个文人墨客带着慕名、带着怀旧、带着醉翁之意的斟酌，始集成今日刀工精湛、汤味鲜美的经典之作。”

由于扬州菜的切配多为后作，不是明档，厨师的刀工就没有成为重要表演看点，食客通常难以欣赏到这一过程。而现代技术可以将它呈现在食客面前，而且它应当是有看点的。例如，可效仿北京烤鸭，现场片皮；也可让名师从后厨走到“前台”，在餐厅里展示文思豆腐的制作过程，使食客近距离感受扬州厨师刀工的魅力。富春就采取了这一举措，甫一亮相便赢得了赞誉。现在扬州有多家餐饮名店探索在食客面前表演自家独特的刀工技艺，并努力使之成为保留节目吸引食客的关注。

（二）造型优美，色泽艳丽

淮扬菜讲究色、香、味、形，菜肴配色因季节而异，春季鲜丽、夏季淡雅、秋季色艳、冬季色浓，观赏菜能镂刻人物、花卉、鱼虫，冷碟、热炒都能以黄瓜、萝卜作围边造型，如梅如菊，如扇如灯，惟妙惟肖。一个扇面三拼，抽缝、扇面、叠角，看上去只有寥寥六字，其刀工及拼摆的难度却极大。精细的刀工，娴熟的拼摆，加上精当的色彩配搭，使得淮扬菜如同精雕细镂的工艺品。

（三）注重火工，擅长炖焖

淮扬菜厨师根据古人提出的“以火为纪”的烹饪纲领，努力使鼎中之变精妙而微纤，通过火工的调节体现菜肴的鲜、香、酥、脆、嫩、糯、细、烂等特色。

淮扬菜的烹饪可谓火中出味。所谓烹饪就是对食物原料进行加工，尤其是通过热加工将生的食物原料制成卫生、可食用且富有营养的熟食品，而其制热的过程则讲究火工。有人讲，中餐讲究热度，当是破的之论。

首先是因器用火。淮扬菜的烹饪器具丰富多样，扬州出土文物中的饮食器具始于西汉“广陵服食”官铜鼎及若干碗、盘、壶、勺等漆器，这些饮食器具制作精美，折射出古代扬州烹饪的考究，不同器皿、不同火工达到不同的烹饪效果。

其次是因菜用火。在淮扬菜中，一部分仅需简单调味，如拌黄瓜、醉虾、烫干丝等，但绝大多数需有火工支撑，炒、烧、炖、炸、熘、煎、爆、煮、扒、焖、烤、焗、烙、熏、炕、卤、汆、涮、烩、熬、煨等都是烹饪出“味”的操作方法。最讲究的火工，指炒、烧、炖、煮、扒、焖、烩、煨。扬州三套鸭，用家鸭、野鸭、菜鸽层层嵌套，放入砂锅，文火炖焖，家鸭肥、野鸭鲜、菜鸽嫩，味清鲜而雅淡。一款三套鸭，家鸭套野鸭，野鸭套菜鸽，用火腿、冬笋作辅料，逐层套制，汤浓醇而不腻，真不像人间烟火之食。现在厨师们对这道名菜进行改革，改以野鸭、菜鸽、鹌鹑嵌套，更为细腻文雅。以炖、焖、烧、煮为主的淮扬名菜还有蟹粉狮子头、清炖圆鱼、砂锅野鸭、大煮干丝等，为四海认同。

再次，一厨一“火”形成特色，用火“掌勺”成为厨师炉上功夫的代称，火候掌握得好，出菜味道就好。历史上的名厨实践经验丰富，从动物原料的宰杀分割到各种辅料的切配加工，再到灶台因材施艺，“炉”“案”“碟”贯穿全程，层层递进，精彩纷呈。火力上，分为旺火、中火、小火、文火，熟练的厨师擅长依据食材的特性及成品的要求合理控制火力的大小、高低、强弱和时长，确保所制菜肴不失其形、不丢其味，进而完成嫩、烂、软、脆、酥、香等熟口风味，各臻妙境。如清炒虾仁怎样达到洁白如玉、晶莹鲜亮？蟹粉鱼肚如何体现鲜香盈口、糯韧滑口？八宝鸭是否酥烂浓香、入口即化？这些都有赖于师傅们的火工，甚至有一种只可意会、不可言传的神秘感。

最后，火工菜中知名度最大的当数清炖蟹粉狮子头，曹聚仁、梁实秋等名家多有文字赞美，我国台湾地区著名作家、诗人、书画家刘墉先生说："狮子头各地都在做，影响很大，但要说正宗，还得数扬州。这是一道源于扬州的名菜，有着千年的历史。"他还谈了这道菜用肉的部位和肥瘦比例，并提出了自己琢磨出的吃法——饮一口红酒，趁热吃："狮子头讲究火工，炖焖时间较长，要热吃，这样才能品出鲜嫩的口感，用筷子是不行的，拿汤匙舀才对头。"

可喜的是，扬州火工不因循守旧，而是择善而从，与时俱进。加冕"世界美食之都"后，扬州餐饮呈现出多元化、复合化、兼容化和精致化的趋势，特别是电器化使厨房火工不再仅限于炉火，全电厨房用电能替代燃油或天然气等燃料，电炒锅取代了传统炒锅，电烤箱、电蒸箱等取代了传统油锅、蒸锅、炖锅，厨房更加清洁环保。冬天，热中滋味人人皆爱，火锅、砂锅、明炉等占比陡增。为了保温保味，部分盛器还用上了小蜡烛，就餐气氛更为温馨。一些网红店引领新潮消费，在客人面前用喷火枪制熟牛羊肉及菌类、瓜果类食材，深受年轻消费者欢迎。

淮扬菜注重火候名声在外，得到《舌尖上的中国》《行走的餐桌》等知名纪录片的青睐，这些纪录片中均有扬州火工的镜头。

（四）呈现本味，融汇南北

淮扬菜既有南方菜鲜、脆、嫩的特色，又融合了北方菜咸、色、浓的特点，形成了自己甜咸适中、咸中微甜的风味。由于淮扬菜多以鲜活产品为原料，故而在调味时追求清淡，以突出原料的本味。

（五）富于变化，面貌常新

淮扬菜中的名菜多用当地产的普通原料，没有居高临下的做派，菜式繁多而富于变化，体系庞大，但是绝不平淡无味，而且面貌常新，无论是选料还是刀工、调味等都中规中矩、精工细作、讲求韵味。淮扬菜的制作就像写诗作画，有着深厚的中国传统文化底蕴，在守正的同时精于创新，变化多姿。

（六）菜名明朗，多用四字命名

淮扬菜取名有一定的规律，多用四字，前面两字多指烹制技艺，后面两字多指所用原料，如盐水籽虾、水晶肴蹄、胭脂鹅脯、清炒虾仁等；也有以寓意命名的，如文思豆腐、雪底芹芽、金钗银丝等；还有成系列取名的，如拆烩鲢鱼头、蟹粉狮子头、扒烧整猪头等。这些菜名既一目了然，又不乏雅意。

三、听取新翻杨柳枝

餐饮是速朽的艺术，扬州厨师追求以最简洁的方式、最快的速度使食物的色、香、味、形俱佳，使人在视觉、听觉、味觉、嗅觉等方面得到全方位的、立体的享受。厨师们凭借自己的技能对鲍鱼、海参、鱼肚、鱼皮、鱼骨、蹄筋、蛤士蟆油、鱼翅、燕窝等高级原料的品质进行鉴别和涨发加工；根据食雕作品的要求选用食雕刀法，进行不同题材作品的食品雕刻；合理选用餐盘装饰原料对餐盘进行合理装饰；根据企业定位、经营特色和企业综合资源设计菜单；根据顾客的特点，对冷菜、热菜及面点等进行组合设计，并不断进行菜点创新，从而突显出扬州餐饮之美。

（一）人道美

中国人重人道，“民以食为天”是儒家文化中民本思想的组成部分，历代统治者都将粮食和吃饭当成基本的社会问题。不过，国人过去又有“君子远庖厨”的说法，意即动物可吃，但不可看到动物被宰杀、烹炸的过程。孟子曾在《齐桓晋文之事》中批判这种思想。当时齐宣王见有人牵牛而过堂下，欲去宰杀，曾说：“舍之，吾不忍其觳觫，若无罪而就死地。”并且说要“以羊易之”。孟子批判齐宣王“恩足以及禽兽，而功不至于百姓”，进而“兴甲兵、危士臣，构怨于诸侯”，说明性善论的要害是“牛贵”而“民贱”，过于虚伪了。这种观点影响到后世，使国人真正重人道而轻物道。西方人在餐桌上看见鱼头、鸡头就显出痛苦的表情，因为他们认为鱼头、鸡头会让自己联想到这些活生生的动物临死前凄惨哀怜的神情，这样的食物躺在盘子里不仅没有美感，甚至有恐怖感。国人认为这一观念过于虚伪和做作。现实中，一般人是不将动物和人等同的，而认为天上飞的、水里游的、地上跑的，什么都能吃（各类保护动物除外），而且应该大量培育，以满足人民日益增长的饮食需求。淮扬菜讲究物尽其用，动物的头、尾、爪都想方设法利用，淮扬菜厨师能将“厨下物”烹饪为“席上珍”。淮扬菜中有一道活吃河虾的名肴，将活虾用黄酒醉制，放入佐料，然后享用尚在活蹦乱跳的河虾，认为这样烹制的河虾鲜嫩富有营养。有些菜肴则专门用动物的头作为食材，如淮扬菜中有“三头宴”，即扒烧整猪头、拆烩鲢鱼头、蟹粉狮子头，前两种是将很大的猪头、鱼头烹制好完整地放在食具中，用青葱、姜片、胡萝卜等作为点缀。至于烧制整鸡、整鸭、整鱼及烤全羊、烤乳猪等已是毫不为奇，甚至就是以保持动物外形的完整性为特色。

（二）完整美

淮扬菜的独到之处是形美和质美的结合，不仅注重造型，还善用点缀，它能使食客经久不忘，全身心地浸润在美的享受里。高明的厨师也是艺术家，他们有“美丽地描绘一副面孔”的能力。例如葱油鳕鱼，主体食材鳕鱼本是海中上品，原料珍贵，只有做法讲究、外形美观，才不辜负造物主的恩赐。然而按照分食制，放在客人面前的也不过是小瓷碟里一块白白的鱼肉，如果食客不看菜单，真能等闲视之。当然，鳕鱼形体较大，整体造型确有难处，这也就罢了，但扒烧整猪头是扬州“三头宴”中为首的名菜，一经分食，恰似每人分得了一块红烧肉，扒烧整猪头的整体美被破坏殆尽，淮扬菜的“功夫”也全被毁了。大煮干丝也是如此，每人只半碗，平淡无奇，毫无美感——客人不像是在星级饭店赴宴，倒好像成了幼儿园里的小朋友，排排坐，分果果，糊里糊涂地吃了一碟又一碟，喝了一碗又一碗。泰戈尔说过，“采着花瓣时，得不到花的美丽”，说的是赏花要注意花的整体美，而不是专注于花的局部。将这个道理引申到饮食文化上来真是再恰当不过了，因为每一道菜的分食似乎都在把美丽的花变成零碎的瓣，有点大煞风景。如果美食尚未与客人谋面就被“毁容”，试问淮扬菜的魅力又从何处体现呢？其实，扬州人一直在研究如何使外宾真正领略中国菜的造型美，同时又能符合国外人分食的习惯。方法不是没有。一是不必每菜都分。如花色冷拼就可以不分，让客人尽情观赏一番后使用公筷取食。二是要分得精致。如清炒虾仁，厨师以直径七八厘米的西红柿为盅，将雪白晶莹的虾仁放在其中，用洁白的瓷碟托住，每人一份，形美、质美妙手天成。三是改变服务程序。按规范上菜，转菜、报菜放慢速度，使客人能尽情地欣赏菜的造型美，待下一道菜上来后再拿走分派。这样做如果不同菜品的相隔时间不长，一般不会影响菜的滋味。四是有些高档菜可以边看边食。例如龙虾，盘上以生菜叶垫底，取龙虾肉时不破坏龙虾的外形，让龙虾空壳伏于生菜之上，形成鲜明的红绿对比。周围则以小煎饼围聚，将爆炒的虾肉分别置于煎饼上。

（三）特色美

特色是餐饮企业生存的根本，淮扬菜具有鲜明的地方文化特征和现代都市气息，扬州的餐饮企业也多是错位经营，形成了一店一面、一店一味的品牌特色，而大众化、品牌化、专一化则是扬州不少餐饮企业的特色经营之道。扬州餐饮企业特色较为多样，“物以稀为贵”是特色，别具一格也是特色；进餐环境艺术化是特色，经营灵活、物美价廉也是特色；随意小酌是特色，场面宏大也是特色；菜品的精美华丽是特色，简朴粗放也是特色；“三更棕叶一罐汤”是特色，中午老鸭汤、晚上砂锅鱼头煲也是特色。所有特色的核心是适配性。现代餐饮是吃文化、吃感觉，无特色将无立足之地。

（四）创新美

餐饮企业由于经营的社会化，其风味特色趋向于时尚化、潮流化。综观近年来的餐饮市场，“流行”已成时尚，粤菜、川湘菜，火辣辣的重庆火锅，点菜方便、环境宽松的自助餐、大排档，家常菜、毛家菜、臭腌菜、迷宗菜、江湖菜、杭帮菜、本帮菜，诸路群雄，轮番在扬州登台亮相，在经营业态、就餐环境、菜品风味上展开激烈的竞争，鹿死谁手，各有看法。但竞争的焦点都是餐饮风味时尚化。

上海就是在继承发扬“八大菜系”和“十六帮别”的基础上，按照

“继承发扬、引进改良、中外结合、开拓创新”的方针，积极研究、开发新派菜，形成品牌特色。上海本帮菜渊源于江苏、浙江等地方风味菜，素以浓油赤酱著称。近年来，各帮别的菜肴在上海轮番登场，生猛海鲜、煲仔靓汤、海鲜超市、四川火锅、杭帮菜肴都曾风靡一时；日本寿司、法国大餐、韩国烧烤、意大利面条、美国快餐等也成为餐饮时尚。上海餐饮业针对消费者追求新、奇、特，注重营养、可口的消费需求，通过不断改良传统食品、开拓美食资源、开发新的调味料、研究新的烹饪方法，把“海派菜”作为一个菜系来发展，形成了清淡、清爽、清新，百滋百味、别具一格的特色。上海餐饮业的这种经验做法值得扬州借鉴，只有创新，才能使淮扬菜“永葆青春”。

（五）绿色美

当下，绿色餐饮、绿色消费、绿色营销已经成为餐饮消费的新热点、新趋势，同时也是餐饮业整顿市场秩序的重要抓手。扬州美食注重“绿色”，一要抓“源头”，即从原料的种植、养殖、捕捞到加工、储存、运输、烹饪，最后到菜肴端上餐桌，都要符合绿色食品的要求，形成一条“绿色链”；二要抓“出口”，即对烹饪加工过程中和就餐后废弃物的处理都要符合绿色环保的要求，形成一张“绿色网”。这是人类与自然环境协调发展的客观需要，也是扬州餐饮业持续发展的内在需要。

淮扬菜选料严格，充分利用地产食材，易得、新鲜，食客易接受。扬州地处江淮要冲，沃野千里，水系发达，气候温和，勤劳勇敢的扬州人民世代奋斗，使扬州成为旱涝保收的粮油基地、富甲天下的鱼米之乡、果牧副渔的广阔天地、鱼肉禽蛋的出产之地，为食品制作提供了取之不尽、用之不竭的源泉。淮扬人不大“食野”，不猎奇，崇尚健康。淮扬菜间或也用山上的奇珍野味、海中的鲜活渔获，鲍、燕、参、刺、肚多以干货重发，这样原料平和，少带病菌，在食材的健康、安全方面具有巨大优势，这也使淮扬菜系自立于世界饮食之林而生命力愈加旺盛。这一点也引起了美食家、营养学家、防疫学家的普遍关注。

扬州宴席多以时鲜蔬菜为食材，种类多，品质好，味道优，应时节。“东乡萝卜西乡菜，北乡葱韭蒜，南乡瓜茄豆”，尤其是水生植物如荷藕、芡实、慈姑、菱角、茭白等丰富多样。宝应藕、邵伯菱、扬州水芹被称为扬州水面植物“三绝”。扬州人的家常菜中就有百叶炒水芹。红楼宴的主菜“雪底芹菜”暗喻“雪芹”二字，颇有巧思。汪曾祺到北京后，始终念着家乡的“咸菜慈姑汤”。

绿色菜中，宝应藕的开发颇为成功。宝应素有“水乡泽国”之称，当地湖荡彼此相连，是大面积种植荷藕的佳地。宝应藕不同于别处的红莲藕，它是白莲藕，该藕肉质洁白，如羊脂白玉一般。每到收获季节，碧水绿叶的湖荡中采藕船就会满载着一船一船雪白的藕。当地藕农将藕去掉皮和节，擦滤成浆，晒干后再制成粉片，其因颜色洁白，被称为“鹅毛雪片”，清代时曾被作为贡品献给皇帝。宝应藕粉含淀粉、脂肪、维生素等，可调和脾胃，清暑解热，通气安神，是很好的滋补品，对于患热性病的产妇、年老体弱的病者，是上好的流质食品。莲藕还是减肥降脂的理想食品，适应现代人的饮食需求和健康饮食习惯。现在宝应荷藕的主要加工产品有盐渍藕、保鲜藕、水煮藕、捶藕、纯藕粉、藕粉圆、荷叶茶、藕汁饮料等，而全藕宴已成扬州名宴。

“家花没有野花香，龙肉难比野菜汤。”扬州人喜欢吃野菜，黄花菜、枸杞头、马兰头、荠菜，甚至荒野道旁不起眼的小草都能入席。明代扬州散曲家王磐曾作《野菜谱》，以诗配图，对野菜的生长地点、生长季节、形状、颜色特征、味道、吃法等都做了精细的描摹。

（六）海味美

近年来，新型创意水产品美食开始在扬州涌现。长江禁渔后，如何丰富水产品美味成为淮扬菜大厨关注的焦点。不少淮扬菜大厨表示，除了将市场常见的鱼做得更加美味外，蟹塘鱼、藕塘鱼和深海鱼成为他们关注的水产品食材新方向。

扬州众宜海鲜馆负责人介绍，海鱼肉嫩刺少，适合老人和小孩，2020年长江禁渔以后，野生黄鱼、鲳鳊鱼、老虎斑、东星斑、带鱼、豆腐鱼等更加受食客的欢迎。“箸礼食记”私房菜馆的营养师预测，深海鱼会越来越受食客欢迎，如安康鱼红烧鲜嫩、好吃；东星斑适合清蒸或者做涮鱼片，肉质鲜美；黄翅鱼肉质细腻鲜甜，清蒸最好；等等。可以判断的是，越来越多的淮扬菜大厨正在不断尝试了解深海鱼的习性，发掘更多具有淮扬风味的海鲜美味。

（七）营养美

美食的营养类型有天然型、清淡型、低热量型、低钠型、无钠型、无糖型、低胆固醇型、无胆固醇型等，西方人对中国菜的营养表示过疑义，有关机构甚至对中国在国外餐馆的菜肴进行过分析，认为中国菜脂肪含量高、胆固醇高、钠含量过高，理念上难以接受，但他们到中国来游览时，看到美味佳肴又忘却禁忌，大饱口福，甚至说“宁愿吃胖了回去减肥”，也不愿失去品尝中国菜的机会。这一方面说明西方人对中国菜存在误解，以偏概全了，另一方面也说明在处理食材的滋味与营养时，确实很难把握尺度。

扬州厨师十分重视对这个尺度的探索。历史上国人就强调食疗，饮食与卫生、饮食与养生、饮食与文化、饮食与生态都是备受国人关注的。有人说中国菜肴不重营养，只重口味，原因是中国人通行的理念是“民以食为天，食以味为先”。还有人认为中国人饮食注重色、香、味，其中最重要的是味。这其实是肤浅之见，中国人很注重大处，认同“五谷为养、五果为助、五畜为益、五菜为充”的食品平衡营养原则。扬州菜尤其遵循中医药专著中对具体食材的营养分析，比如古代中医药典籍《本草纲目》《本草求原》《本草求真》等都对动植物食材进行过药用阐述，如荠菜凉肝明目，竹笋同肉多煮“益阴血”，山药治肺虚久嗽等。可以说，中医药典籍对每种食材都从医药角度概括过其性质，且这些食材的烹饪方法已是约定俗成的。但我们的烹饪方法从未像西方那样在菜谱上标明营养成分，而是采用模糊性语言，比如放盐少许、糖适量、文火或猛火，甚至用“百菜百味”“百厨百艺”“百花齐放”等来描述，这一点是值得我们重视和研究的。

（八）文化美

餐饮文化是餐饮品牌的基本内涵，品牌往往代表了一种文化。对于餐饮行业而言，注重文化，就是要充分挖掘地方深厚的历史渊源和丰富的文化底蕴，使餐饮品牌或体现东西交融、南北聚合的特点，或体现五方杂处、各帮并存的特色，或体现中外合璧、自成一格的特征。如扬州“红楼宴”是依据曹雪芹在《红楼梦》中写到的菜馔名称、用料和烹调方法，结合明末清初民间的饮食习惯和典故，烹调出色、香、味、形俱佳的菜肴。红楼宴是系列食馔，其中大观一品为观赏菜，它以“元春”为题，以“有凤来仪”“衔山抱水”暗喻大观园。此外，还有贾府冷碟、怡红细点、潇湘青果、栊翠香茗、警幻佳酿等，将名菜、细点、美酒一一呈现于客人面前，可谓道道有出处、道道有文化。加之红楼餐厅、海梅桌椅、红楼摆设、红楼姑娘均依照清时礼仪和书中情趣，共同营造了浓郁的红楼氛围，红学家冯其庸盛赞：“天下珍馐属扬州。”总之，餐饮企业的品牌必须具有深厚的文化内涵，注重饮食文化氛围的烘托与营造，追求整体的完善与舒适，并能借助高科技的手段，把声、光、色、温度、湿度等控制得恰到好处。

（九）标准化

说到标准化，有人动辄以肯德基、麦当劳为例，其实肯德基、麦当劳的标准化主要是指严格的配方、程式化的操作。人们多认为非标准化是淮扬菜难以产业化的原因。有人质疑扬州烹饪的研究，抨击标准化是伪命题。有人揶揄扬州炒饭、东坡肉的标准化，说米、蛋、油、葱等原料本身就难定标准，所谓的标准是见仁见智，实际上限制了个性、限制了创新，扼杀了淮扬菜的多样性。

在诸多争议中，淮扬菜制作的程序化和标准化是焦点。仅举一例，如贵宾会议最难处理的是，客人多且社会地位高、用餐时间集中且短暂、菜品质量名贵高档，要解决这几个问题，就必须做到程序化和标准化。又如世界华商大会在江苏召开，华商慕名到扬州品尝的是秋瑞宴。扬州京华大酒店、西园饭店、新世纪大酒店和扬州迎宾馆四大酒店同时接待世界华商大会代表，共有近 200 桌宴席，在中午同时开宴，用餐时间为 45 分钟，这样规模大、用餐时间短、要求高的大型风味宴席，既要保证传统淮扬名菜点的风味特色，又要在规定时间内出菜，其难度可想而知。为了保证淮扬菜的风味特色，秋瑞宴在菜品的制作工艺上做了大胆的改进和创新。如淮扬名菜蟹粉狮子头改变了传统的一次性炖制成熟即可食用的烹饪方法，而采用先清炖至八九成熟，然后分装在各客的盅内，不用原汤（因太油腻，另作他用），加入高清汤调味后，再经蒸炖后上桌，这样做既能去除菜品多余的油脂，又保证了这道功夫菜的出菜顺序和时间。在秋瑞宴上，扬州炒饭采用的烹饪方法为：先将虾仁滑油，葱花用油炸后备用，再烩制馅料，然后炒蛋、饭，再放入什锦馅料同炒，起锅前放葱花炒拌，最后装盘后用虾仁覆盖。采用这样的制作方法，可以一锅同时烹制 5 桌的饭（60 人份），而成品的风味不减。再如淮扬风味名菜京葱高邮麻鸭，经改进后的烹调方法是：将麻鸭、京葱一起放锅内红焖成熟后，去掉鸭大骨和京葱，将鸭放入扣碗内，加上生的京葱和原卤再行蒸制，也就是先后采用了焖和蒸两种烹调方法制作成菜，菜肴因此增添了风味，成品酥烂脱骨而不失其形，葱香浓郁，诱人食欲。炒软兜是以鳝鱼脊背肉为原料的淮扬特色菜，经改进后，采用熟炝的烹调方法制作成紫檀虎尾，这道菜以蒜香鲜嫩的口味为特色，受到食客的青睐。清蒸鳜鱼的传统做法是浇白汁，另带姜米醋碟上桌，经改进后增加了葱、姜、红椒等配料，浇上用鲜酱油调成的红卤汁，既丰富了成菜的口味，又省去了服务员上姜米醋碟的工序。其他如甘杷虾仁、花菇菜心等菜品的烹调方法也都做了必要的改进，使之更适应世界华商大会的要求。

另外，秋瑞宴对每道菜的投料标准都做了详细的规定，运用烹饪物理学、烹饪化学、烹饪营养学、烹饪美学等知识，对质量要求进行量化，其量化单位精确到克和毫米，这充分体现了宴席设计的规范化、标准化、科学化。

秋瑞宴菜品烹调技艺的改进和创新是审慎的，也是严谨的，经改制后制作的菜品，风味更加突出，特色更加鲜明，它是现代菜肴创新和传统宴席菜点改革创新的典范。

扬州美食举隅

吃在扬州　名闻遐迩

——扬州古今美食举隅

中华人民共和国成立以后，尤其是进入新时代以后，扬州十分注重美食的守正创新，扬州市商务局、扬州市烹饪协会、扬州市旅游协会群策群力，组织专家学者和烹饪艺师挖掘整理传统美食；不断组织厨艺大赛让厨师展示才艺，一显身手；“走出去，请进来”，进行厨艺交流，择善而从，开阔眼界。扬州的美食工作者对传统美食文化表现出异乎寻常的热情，使扬州美食得到了系统、全面的彰显。

一、扬州名肴

（一）肉类

肴肉　将猪蹄腌煮而成的冷菜，是江苏传统名菜，国宴常用冷菜。又称“肴蹄”。由于老卤附着在肴肉上呈透明状，故又称“水晶肴肉”，老卤使肴肉更加香鲜。清黄鼎铭《望江南百调》云：“扬州好，茶社客堪邀。加料干丝堆细缕，熟铜烟袋卧长苗。烧酒水晶肴。”肴肉可分眼镜、玉带钩、添灯棒、三角棱等部分，各有各的滋味。

特点：瘦肉鲜红，肥肉滋润醇香，皮淡红晶莹而有韧性，卤冻透明，油润不腻，滋味鲜香。

酥㸆鲫鱼　将鲫鱼炸、焖、㸆至酥软即成。酥鲫鱼的做法《调鼎集》卷五有载。扬州名厨李魁南在担纲北京饭店厨师长期间，经常制作酥㸆鲫鱼作为国宴菜品。

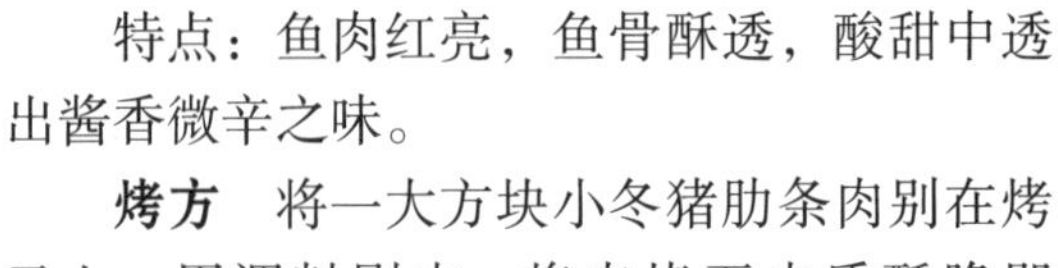

特点：鱼肉红亮，鱼骨酥透，酸甜中透出酱香微辛之味。

烤方　将一大方块小冬猪肋条肉别在烤叉上，用调料刷皮，将肉烤至皮质酥脆即成。食用方法是片肉，蘸调料而食。烤方是扬州传统名菜，由菜肴叉烧乳猪改进而来。清代时扬州官绅、盐商常用它宴请宾客。这道菜选用苏北小冬猪的肋条肉烤制，在烤制过程中不加任何调料，烘烤次数多，讲究火候。过去，燃料以柏树枝、梨木为好，现在多选用火力温和、脚火支持时间长的芦柴等为燃料。

特点：色泽枣红，异常酥脆。

狮子头 细切粗斩的猪肋条肉细丁调味后做成扁圆形的肉圆，经蒸或炖烹制而成，是淮扬传统名菜，也是国宴常用菜。其因形态丰满，犹如雄狮之首，故名“狮子头”，又称“葵花大斩肉”“肉圆子”“肉丸”。《调鼎集》卷三记载了猪肉圆等的制法。《邗江三百吟》载有关于葵花肉丸的诗作。狮子头一年四季配菜多变，有风鸡、芽笋、河蚌、鮰鱼、荸荠、螃蟹等。一般在狮子头前冠以配菜名，形成各有特色的多道美食。2015 年 9 月，中国烹饪协会和世界厨师联合会授予狮子头“国际经典美食”称号。

特点：醇香扑鼻，鲜嫩丰腴，入口即化，咸鲜隽永。

清炖蟹粉狮子头

秋冬清炖名馔。

原料：猪肋条肉 800 克，青菜心 12 颗，蟹粉 100 克，绍酒 10 克，精盐 20 克，味精 1.5 克，葱姜汁 15 克，干淀粉 50 克。

制法如下。

步骤一：将猪肉刮净、出骨、去皮，先将肥肉和瘦肉分别细切粗斩成细粒，加入酒、盐、葱姜汁、干淀粉、四分之三的蟹粉拌匀，做成 6 个大肉圆，将剩余的蟹粉分别粘在肉圆上和放在汤里，上笼蒸 50 分钟，使大肉圆中的油脂析出。

步骤二：将切好的青菜心用热油锅煸至呈翠绿色后取出。取砂锅一只，锅底放一块熟肉皮（皮朝上），将煸好的青菜心倒入，再放入蒸好的狮子头和蒸出的汤汁，上面用青菜叶子盖好，盖上锅盖，上火烧滚后，转小火炖 20 分钟即成。食用时将青菜叶去掉，放味精，连砂锅一起上桌。

特点：肉圆肥而不腻，青菜心酥烂清口，蟹粉鲜香，口感异常肥嫩。

鮰鱼狮子头

狮子头经典菜肴。鮰鱼似黄鱼，有蒜瓣肉且无刺，味胜河豚，肉质胶浓且无毒。

特点：鱼肉洁白鲜嫩，汤清、胶厚、味美，色泽洁白细腻。

扒烧猪头 将整只猪头扒烧而成的菜肴，是扬州传统名菜，扬州“三头宴”菜肴之一。《调鼎集》卷三收录了煨猪头、蒸猪头、红烧猪头等 10 种猪头的做法。《扬州画舫录》也说江郑堂十样猪头风味绝胜。

清乾隆年间扬州有厨师开了饭馆专门烹制扒烧猪头。制成后先把猪头肉和舌头放入盘中，再将腮肉、猪耳、眼睛按原位装上，成一整猪头形，然后浇上原汤汁。清代白沙惺庵居士的《望江南百调》词云：“扬州好，法海寺闲游。湖上虚堂开对岸，水边团塔映中流，留客烂猪头。”由此可以看出，扬州的扒烧猪头的确是很有名的。

此菜成品要保持酥烂脱骨而不失其形，其色泽红亮、肥嫩香甜，软糯醇口，油而不腻，香气浓郁，甜中带咸，风味不凡。

美食链接

扒烧猪头

原料：猪头 6500 克，酱油 250 克，冰糖 500 克，姜 50 克，八角 15 克，香菜 10 克，料酒 1000 克，香醋 200 克，小葱 100 克，桂皮 25 克，小茴香籽 10 克。

制法如下。

步骤一：姜洗净，切片。

步骤二：葱洗净，打成结。

步骤三：香菜择洗干净，消毒备用。

步骤四：将猪头镊净毛，放入清水中刮洗干净。

步骤五：将猪头面朝下放在砧板上，从其后脑中间劈开，剔去骨头和猪脑，放入清水中浸泡约 2 小时，漂净血污。

步骤六：将猪头入沸水锅中煮约 20 分钟，捞出，放入清水中刮洗，用刀刮净猪睫毛，挖出猪眼珠，割下猪耳，切下两腮肉，再切去猪嘴，剔除淋巴肉，刮去舌膜。

步骤七：将猪的眼、耳、腮、舌和猪头肉一起放入锅内，加满清水，用旺火煮两次，每次煮约 20 分钟，至七成熟时取出。

步骤八：把桂皮、大料、茴香籽放入纱布袋中扎好口，制成香料袋。

步骤九：锅中用竹箅垫底，铺上姜片、葱结，将猪的眼、耳、舌、腮和猪头肉按顺序放入锅内，再加冰糖、酱油、料酒、香醋、香料袋、清水，清水以没过猪头为度，盖上锅盖，用旺火烧沸后，改用小火焖约2小时，直至汤稠肉烂。

步骤十：将猪舌头放在大圆盘中间，将猪头肉面部朝上盖住舌头，再将腮肉、猪耳、眼球按原位装好，成整猪头形，浇上原汁，缀上香菜叶即成。

特点：外形完整，色泽枣红，香味扑鼻，油润而不腻，酥烂入味，甜中带咸。各部位口感不一，眼球柔韧，耳朵细脆，舌头酥滑，两腮油润，拱嘴富有弹性。

2023年，扬州三头宴烹制技艺入选第五批省级非物质文化遗产代表性项目名录。

樱桃肉 用猪肋条肉制作而成，为江苏传统名菜。《调鼎集》卷三记载了樱桃肉的制法。

特点：色泽樱红，光亮悦目，酥烂肥醇，看似完整，箸拨而散，在鲜甜中透出咸鲜。

松子肉 用去骨猪肋条肉镶以松子仁、虾仁、猪肉糜制作而成，系扬州传统名菜。

特点：肉嫩如豆腐，肥而不腻，虾仁鲜美，松子芳香。

酒酿火方 淮扬名菜，用金华火腿的中方部位制成。加入的烹制酒酿破解了咸肉的油腻之感。

特点：味道醇厚，入口清爽。

炖金银蹄 将鲜猪后蹄与咸猪蹄（火腿肘子）同炖而成的菜肴，系扬州历史传统菜，亦是冬春季时令菜。金银蹄，又名“文武肉”“火朣蹄髈”。鲜蹄味鲜，瘦肉色淡红，称文、称银；咸蹄味厚，瘦肉色红亮，称武、称金。《红楼梦》称之为“鸳鸯锁片”。

特点：咸甜相反相成，糟味香逸，火腿醇厚。

脢条肉汤 猪背脊肉为梅条肉，以此制成的脢条肉汤为扬州传统菜。

特点：汤色清醇，肉片细嫩，是家常清

汤中的上品。色泽红淡相宜，肉质酥糯相当，鲜咸香浓，汁稠味醇。

酥香炙肉 扬州盐商家厨在炭基上烘烤而成的菜肴。在炭火盆上放圆柱形的木炭基，围上铁炭罩，在上方烘烤鱼肉、猪肉片。有鱼脯、肉脯风味，干香而回鲜。曹寅任两淮巡盐御史时，尤爱吃在炭火上烘烤的菜肴。

特点：干香酥脆，咸鲜回甜。

清汤火方 以火腿、鸡为主要原料烹制而成的清汤，是淮扬菜吊汤功夫菜，亦是江苏名菜。

特点：汤清见底，味鲜汁醇，火腿酥香。

银肚火腿 用水发银肚与火腿烧制而成的菜肴，是扬州满汉席菜肴之一。《扬州画舫录》卷四就载有“鱼肚煨火腿”一菜。

特点：鱼肚松软，汤清味鲜。

蜜汁火方 用火腿煮煨而成，是扬州著名甜菜之一。《随园食单》收录为“蜜火腿”。

特点：色泽火红，卤汁明亮，火腿酥烂，滋味鲜甜，深有回味。

红桥羊肉 扬州红桥地区制作的羊肉菜肴。

特点：形美色润，不肥不腻，无腥无膻，汤汁黏稠，口感适中，烂而不老。

全家福 用10样原料烧制而成的菜，这是卢氏古宅的看家菜。扬州宴席头菜喜用什锦全家福，意为“十全十美”：鱼圆、虾圆、肉圆寓意“三元及第”；笋片寓意“玉板当朝”，鱼肚寓意“衣锦荣归”；枣子、银杏寓意“子孙满堂”；青菜头寓意“万年长青”。这道菜也称“杂烩”，有高、中、低档之分，原料各有不同。

特点：荤素搭配，色彩缤纷，营养均衡，滋味鲜美。

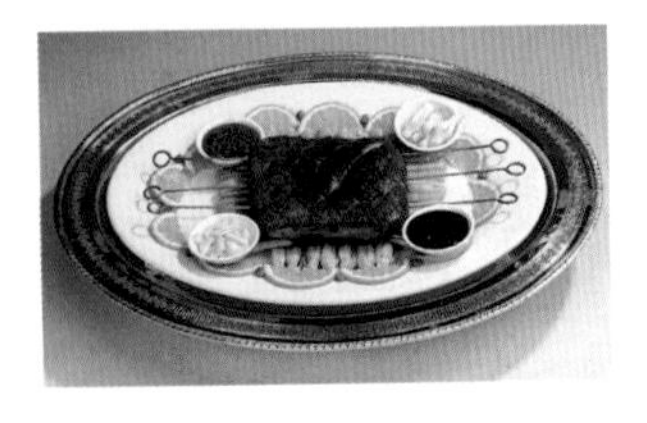

烤鹿肉 这是《红楼梦》着力描写的一道菜，也是扬州特色菜。在《红楼梦》第四十九

回，史湘云悄悄和宝玉计较吃新鲜鹿肉，宝玉便向贾母要了一块。这块鹿肉吸引了宝玉、湘云、平儿，还引来了探春、宝钗、黛玉众姐妹，连凤姐也凑在了一块。

特点：肉质松脆酥鲜，焦香味浓。

（二）水产类

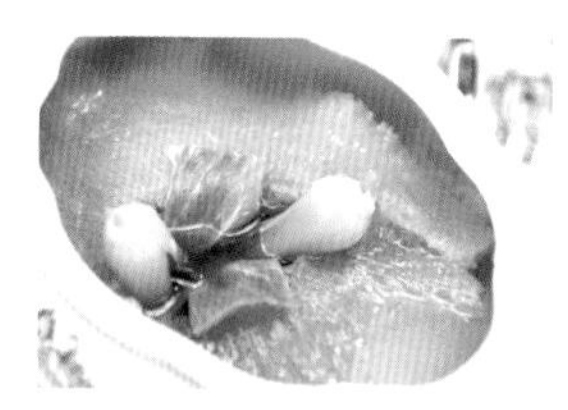

原焖鱼翅 这道菜是将鱼翅以鸡清汤反复套制蒸焖而成，是扬州十大名菜之一，多用作高档筵席的头菜。鱼翅味淡，须借助调味品增味。清代扬州盐商以鱼翅席为最高档次的宴席。

特点：翅针晶莹，软糯滋润，汁浓味鲜。

金凤鲟龙翅 烹饪界称鸡为凤。鲟龙即中华鲟鱼，明清时江南一带将鲟鱼的甲、骨、尾、鳍入馔。此菜初为鸡烧鲟翅，后改用鱼翅烧之。

特点：清雅、鲜浓、糯醇。

鱼翅灯笼豆腐 鱼翅席中此菜必不可少。梁章钜《浪迹三谈》卷五载：“近日淮扬富家觞客，无不用根者，谓之肉翅。扬州人最擅长此品，真有沉浸酿郁之概，可谓天下无双。”

特点：松散、晶莹、软糯，鲜香浓郁，味美醇厚。

清汤鱼翅 将水发鱼翅用原汁鸡汤反复套制入味而成的汤菜，是扬州天兴菜馆的著名菜肴。

特点：汤汁清澈味厚，鱼翅透明软糯，滋味鲜美，三咂之后尚有余味。

芙蓉鸡鱼翅 用芙蓉鸡片、鱼翅烹制而成。由扬州天兴菜馆首创，常被列为清真筵席的头菜。

特点：鱼翅明亮糯韧，鸡片洁白软嫩，汤汁醇鲜。

蟹粉鱼翅 用湖蟹、肉蟹蟹黄烧制鱼翅而成。将水发鱼翅用鸡清汤调味，反复蒸三次，使其去腥、韧糯、入味。

特点：色泽黄灿，鱼翅柔糯，蟹黄杏红，蟹鲜盈口，汤汁醇浓。

鲫鱼舌烩熊掌 熊掌又名“熊蹯”。熊科动物的前脚掌是珍贵的传统食材，为“山八珍”之一。《孟子·告子上》云：“鱼与熊掌不可得兼。”

此菜兼而有之，是扬州满汉席菜肴之一。现在为了保护野生动物，这道菜已经成为历史了。

特点：熊掌糯烂，鱼舌鲜滑，香气浓郁，汤汁胶浓。

百合蛤士蟆　蛤士蟆油质地透明，为滋补上品，被列为“山八珍”之一，取之作甜羹，温润而腴美。佐以百合，清音润肺，养颜壮体。

特点：透明润亮，口感软糯，鲜甜适口，温润腴美，清音润肺。

什锦鱼肚　这道菜是将油发鮰鱼肚与十样清真配菜用鸡汤烩制而成，是扬州天兴清真菜馆挂牌名菜。鱼肚是“海八珍”之一。所用鱼肚为鮰鱼肚，俗称“猫儿脸”，其质地厚实而腥味较轻。

特点：鱼肚空松，吸卤后滋味鲜醇；什锦鲜香，多姿多味，色泽雅丽。

白汁银肚　用浓白鱼汤烧水发银肚和虾饼制成的菜肴。银肚的原料是干鱼鳔，不是加油发，而是用水发，这样可以品尝到鱼肚之滑脆；将银肚用虾饼、鱼汤同烩，有滋阴养颜之效。

特点：虾饼鲜嫩，鱼肚脆滑，汤汁浓厚，胶质稠黏。

蟹粉鱼肚　用鱼肚、蟹粉烧制而成，是秋冬季高档应时菜品之一。

特点：色泽淡黄、明亮，香菜碧绿清香，鱼肚糯软滑口，蟹粉味道极鲜。

清蒸鲥鱼　将火腿片、笋片、香菇片放置在鲥鱼上一起蒸制而成的菜肴，是江南传统名菜。《调鼎集》卷五有载录。袁枚认为鲥鱼贵在“清”字，保持了真味。

特点：肉质细腻，味道鲜美。

糟香鲥鱼。鲥鱼为“长江三鲜”之首。康熙皇帝南巡扬州时，两淮巡盐御史曹寅曾进献糟香鲥鱼。曹寅《鲥鱼》诗云：“三月齑盐无次弟，五湖虾菜例雷同。寻常家食随时节，多半含桃注颊红。”鲥鱼宜蒸不宜煮，红烧不如清蒸。

特点：鲥鱼细嫩，糟香幽远，富有回味。

荷叶鮰鱼　苏东坡诗云：“粉红石首仍无骨，雪白河豚不药人。”苏东坡认为，鮰鱼的肉质像石首鱼但没有细刺，味似河豚，但无毒且肉质细嫩。

特点：荷叶包蒸，清香四溢，鱼肉肥

嫩，富有回味。

香煎鲴鱼　采用油煎的烹饪方法，兼有鲥鱼肉质细腻与河豚肉质胶浓的特色，色和味俱佳。

特点：鲴鱼外面微脆，肉质细腻胶浓。

拆烩鲢鱼头　扬州“三头宴”菜之一，是淮扬传统名菜。《调鼎集》卷五载有烧鲢鱼头、烧胖头鱼等制法。清赵翼《孙介眉招食鲢鱼头羹》云：“鲢鱼之美乃在头，头大于身如兜鍪”。花鲢鱼以头大、肉肥、味鲜著称。小雪后的鲢鱼更为上乘，长江扬州段三江营的血鲢最好。

特点：卤汁稠浓，肥嫩腴滑，鲜美爽口，无刺无骨。鲢鱼头上的“老脸肉”呈蒜瓣状，有黄鱼肉的风味，鱼唇软嫩味厚。鱼云（鱼鳃两旁的螺旋肉）呈花瓣状，极其柔滑。

醋熘鳜鱼　将鳜鱼入油锅炸三次，再用糖醋卤汁浇淋而成。醋熘鳜鱼是中国名菜，由古代名菜“全鱼炙”“熘鲫鱼”发展而来。扬州烹饪界泰斗丁万谷师承古法，在烹制与调味上略作改进。

特点：外焦脆，里酥香；醋香扑鼻，酸甜适口；滋汁沸腾，骨酥肉松。

松鼠鳜鱼　这道菜的前身是松鼠鱼。《调鼎集》记载：“取鲜鱼，肚皮去骨，拖蛋黄炸黄，作松鼠式。”

特点：形如松鼠，外脆里嫩，色泽橘黄，酸甜适口，且有松仁香味。

水晶鳜鱼脯　菜品透明，食之口感柔嫩，用柔性透明物料包裹菜品更显流光溢彩。

特点：冬瓜清腴，鳜鱼清鲜，火腿醇鲜，自成一格。

鳜鱼羊肉　鳜鱼为我国“四大淡水名鱼”之一。鳜鱼肉呈蒜瓣状，且口感细、嫩、软、鲜。羊肉味甘性温。隋炀帝三幸江都，羊肉是其喜爱的烹饪原料之一。苏轼知扬州时，曾于元祐七年（1092）端午在扬州石塔寺以小羊、乳猪等为原料，设宴款待友人。“鲜”字即“鱼”“羊”二字的合体。

特点：鲜嫩腴美，金黄灿灿。

双皮刀鱼　“双皮”是指将白鱼肉与刀鱼肉一起斩茸，用刀鱼皮包双鱼肉。又称“摸刺刀鱼”，为江苏传统菜肴。清林苏门《邗江三百吟》云：“扬城名工庖人，用新斗门兴布一块，将刀鱼包入，加手法以摸其刺，名曰‘摸刺刀鱼’。”扬州厨师选用笏板刀鱼（即大刀鱼）制作此菜，整鱼出骨而不失其形。

特点：鱼形完整，无骨无刺，清鲜细嫩。

清汤鱼圆 用刀鱼、白鱼或鳜鱼肉剪制、氽熟而成，按季节选用荠菜叶、小菠菜、茼蒿、莼菜衬汤底，又称“一行白鹭上青天”，是淮扬传统名菜。《调鼎集》卷五载有鲟鱼圆、白鱼圆的制法。

特点：鱼圆细腻洁白，富有弹性，鲜嫩滑润，汤汁清鲜。

荷包鲫鱼 又名“鲫鱼揣剪肉”“怀胎鲫鱼”。《调鼎集》卷五载有荷包鱼的制法，内包鸡脯圆、虾圆。

特点：鲫鱼肉质酥嫩，荷包内肉馅鲜嫩，鱼有肉香，肉有鱼鲜，滋味互补，卤汁棕红浓稠油亮，口味咸鲜微甜。

春笋鲥鱼 有白烧与红烧两种，多用白烧，又称“白汁鲥鱼”，是江苏传统菜。鲥鱼为“长江三鲜”之一，春季上市，秋季菊花鲥最为肥美。

特点：鱼肉无刺，软腴细嫩，春笋嫩脆，汤汁浓白，稠浓黏唇，滋味鲜美。

烧青鱼头尾 乾隆年间，扬州流行专吃青鱼头尾。民国年间，扬州人喜作青鱼烩。扬州坊间有句俗话：“青鱼吃头尾，鸭子吃大腿。”青鱼肉白嫩味鲜，皮厚胶多。头尾为活肉，红烧居多。

特点：卤汁稠浓，咸中微甜。鱼皮完整，鲜红油亮。鱼头丰腴，鱼肉鲜嫩。

芙蓉鱼片 用蛋泡糊、鱼茸串和荞油滑炒成熟的鱼片。

特点：色调素雅，鱼片细嫩，汁明芡亮，柔嫩爽滑。

芙蓉瓜鱼 用新鲜瓜鱼和蛋泡糊炒制而成。瓜鱼又称“黄瓜鱼”，产于高邮湖，属大银鱼中的名特品种，因出水时有类似黄瓜的香味而得名。

特点：瓜鱼芙蓉洁白，色泽高雅，滑嫩细腻。

三鲜脱骨鱼　将鲤鱼脱骨，腹内填入鲜嫩馅料，经煎、烧而成，是扬州刀工和火工的代表菜之一。

特点：鱼形完整，鱼肉鲜嫩，三鲜味美，别具风格。

稀卤白鱼　给清蒸白鱼浇上稀卤即成，是扬州传统菜。

特点：鱼肉细嫩，卤汁鲜香。

醉白鱼　白鱼用酒醉制而成。《儒林外史》第二十五回堂官列举，酒楼里的菜，其中就有“醉白鱼”。

特点：肉质鲜嫩，酒香浓郁。

龙袍西施乳　用河豚鱼精白、皮烧制的菜肴。河豚的最美之处有二：一是精白，即雄鱼的鱼精白，人称“西施乳”，极其细嫩；二是鱼皮（俗称“龙袍”），胶浓润滑，养颜养胃。《扬州画舫录》记载的满汉席中就有西施乳。

特点：鱼精白细腻，鱼皮胶滑，汤汁浓稠，蟹香浓郁。

红烧河豚　春季妙物，一般用芽笋或菜薹与河豚红烧。苏轼知扬州时，喜吃河豚。有一次他在资善堂与郡倅晁无咎谈及河豚的味美，说“真可消得一死”，传为佳话。

特点：口感饱满，肥嫩鲜美。

邵伯焖鱼　将虎头鲨片焖炸4次而成的菜肴。

特点：内外酥脆，嚼之无渣，味美香鲜，上桌有声。

鲨鱼菜薹　用虎头鲨鱼片与菜薹嫩茎烩制而成的春季菜肴，是扬州传统名菜，也是扬州十大名菜之一。高宝湖虎头鲨是扬州盐商席上的春馔妙物。《调鼎集》卷五说土步鱼“一名虎头莎，又名春斑鱼”；“肉最松嫩，煮之、煎之、蒸之俱可”。春季扬州文士雅集，常以此菜上席。汪曾祺曾赋《虎头鲨歌》：“虎头鲨味固自佳，嫩比河豚鲜比虾。最是清汤烹活火，胡椒滴醋紫姜芽。”

特点：鱼肉滑爽，菜薹翠绿，汤醇清美。

金丝鱼片 黄颡鱼，又名“黄颊”。高邮人又称之为“昂刺鱼”。《调鼎集》卷五有记载。汪曾祺钟情于昂刺鱼，并将昂刺鱼定为“昂嗤鱼”，用表声字“嗤”代指其外形的“刺”。他还亲自做昂嗤鱼菜肴。

特点：鱼肉滑爽，诸丝鲜香。

鸽蛋鸡汁鱿鱼 盐商清雅之菜。以柔配柔，以滑配滑，在轻柔嫩脆之中品出鲜味。

特点：柔滑脆嫩，汤汁鲜醇。

将军过桥 又名“黑鱼两吃”，用一条黑鱼烹制成炒黑鱼片和烧黑鱼盔甲（鱼头、鱼骨、鱼肠）汤，是中国名菜。黑鱼剽悍凶猛，生命力极强，人称之为“龙宫大将”。“过桥”，扬州烹饪术语，指将一种主料制成一干一汤两种菜肴。

特点：一鱼两菜，各献一味。鱼片晶莹滑嫩，鱼汤乳白，鱼肠清脆。

大烧马鞍桥 将大鳝鱼段与猪肉合烧而成的菜。因鳝鱼段烧制后两头翘起，形似马鞍，故取此名。《扬州画舫录》卷十一载录有“小山和尚马鞍乔”。《邗江三百吟》：“藏时本与鼍为族，烹出偏以马得名。解释年来弹铗感，当筵翻动据鞍情。”

特点：鳝段酥柔，猪肉胶浓，入口即化，色泽酱红，汤汁稠浓。

炒软兜 运用烫、氽、焐、炒等方法将长鱼（鳝鱼）脊背肉炒制而成，为江苏传统名菜，也是中国名菜。氽制长鱼的旧法是将活长鱼用布兜扎起，放入配有葱、姜、盐、醋的汤锅内氽熟。成菜后，用筷子夹食，由于鱼肉软嫩，两端下垂，食时可用汤匙兜住，如小孩胸前兜带，故名“软兜”。

特点：鳝鱼脊背肉乌光熠熠，软嫩鲜香。

白煨脐门 用氽、烫、煨等多种方法烹制鳝鱼的腹部肉而成，是淮扬菜代表名菜之一。脐门，鳝鱼的腹部肉。

特点：纯软酥烂，汤汁乳白，为冬令佳肴。

鳝鱼卷 五代时，扬州即以鳝鱼席作为敬上之物。史载，后周世宗柴荣问钦差齐藏珍以扬州之事，对曰："扬州地富卑湿，食物则多腥腐。去岁在彼，人以鳝鱼馈臣者。"活鳝鱼肉质细嫩，滋味鲜美。

特点：肉质酥松，鲜美入味。

炖笙箫 将鳝段变成鳝筒，似箫而非箫，化俗为雅。这是长鱼宴中的一道传统名菜。

特点：腴滑相融，汤汁稠黏，鳝筒似笙箫，味香肉嫩。

清炒虾仁 以湖虾剥壳取肉，滑炒烹制而成。为国宴菜肴，外事接待时曾以清炒虾仁款待过许多国家元首。

特点：洁白晶莹，嫩滑鲜爽，富有弹性。

翠带虾仁 将虾仁套上葱管圈滑炒烹制而成，是中国名菜。扬州盐商家借此讨彩头，寓意洁身自好，温润如玉，腰缠翠带，登上金阶，步步高升。

特点：珠白与翠绿相映，虾仁富有弹性而伴有葱香。

宫灯照明珠 江淮河虾粒大如玉，号称"明珠"。诗曰："宫灯虾仁光远照，推纱望月玉美人。"

特点：虾仁鲜嫩有弹性，宫灯华美。

蒲菜大玉 汉代枚乘任吴王刘濞文学侍从时，写了汉赋《七发》，赋中提及江淮名食："刍牛之腴，菜以笋蒲。"意思是说蒲菜的细茎又香又脆嫩。蒲菜为江淮人春季待客必备蔬菜。有儿歌云："水蒲菜，杏鹅黄，取白芯，脆生生。炒虾仁，敬天神。"

特点：虾仁滑嫩，蒲菜清香，滋味鲜美。

醉蟹 用酒、盐等醉制而成。早在宋代，扬州即以制作醉蟹、醉鱼闻名。欧阳修《归田录》卷二云："淮南人藏盐酒蟹，凡一器数十蟹，以皂荚半挺置其中，则可藏经岁不沙。"苏轼《扬州以土物寄少游》："鲜鲫经年秘醽醁，团脐紫蟹脂填腹。"《调鼎集》卷五载有醉蟹的制法。

特点：蟹肉亚白，酒香鲜醇。蟹膏黑色胶浓，富有回味。

清炒蟹馓 用麻油馓子炒蟹粉制成的菜肴，集蟹香、馓香、胡椒香、蔬菜的清香于一体，为盐商秋季珍味。

特点：金黄油亮，香气扑鼻，蟹粉鲜浓，茶馓酥香。

炒虾蟹 用虾仁炒蟹肉、蟹黄制成的菜肴，是扬州秋季名菜。深秋高邮湖的螃蟹十分肥壮，以过水中竹箭的湖蟹为佳。蟹黄紧裹在晶莹而富有弹性的虾仁之上，鲜嫩爽滑，富丽堂皇，好看、好吃。

特点：色泽淡黄，虾蟹鲜味融合，鲜嫩相得益彰，咸鲜中略透椒香。

蟹黄兜子 宋代，蟹黄兜子又叫“橙瓮”。据说宋朝最讲究的厨师做橙瓮时不用整只蟹，也不用蟹黄膏，只从蟹的双螯里挑出来一点蟹肉烹制。

特点：兜皮透明，香鲜滋润。

河蚌菜薹 将春季青菜菜薹与河蚌用急火烧制而成的菜肴。《调鼎集》收录了11款以菜薹为主料的菜品。在马氏行庵文宴中，扬州儒商陆钟辉曾作《菜薹》诗。

特点：河蚌滑嫩酥烂，菜薹碧绿脆爽。

清炒螺蛳头 郑板桥诗曰：“臣家江淮间，虾螺鱼藕乡。”汪曾祺在散文中提及家乡螺蛳时一往情深，美味永留齿颊之间。螺肉丰腴细腻，味道鲜美，素有“盘中黑珍珠”的美誉。

特点：肉质脆嫩，香鲜味辣。

蛤蜊馄饨 蛤蜊又称“文蛤”，系小海鲜。自宋以降，扬州辖地曾达黄海之滨，蛤蜊等海鲜源源不绝地来扬。扬州八怪之一边寿民赋《蛤菌》云：“老屋苇间洗酒铛，盘餐不用费庖丁。只须山菌兼花蛤，便作诗人骨董羹。”

特点：蛤鲜味浓郁。

蚬蚬汪豆腐 江都民谣云：“小小蚬子鲜肉藏，长在清水河中央。沸水文火烫出肉，小葱豆腐簟丝汪。”汪是烹调方法的一种，汤汁介于烧与汤之间，半烧半汤，汤汁紧渍渍，有滋有味，吃得很雅惬。

特点：口感细嫩，汤汁腥鲜，滋味介于鸡和鱼之间。

椒盐脆鲂 小鲂鱼又称“刀鲚”。《调鼎集》卷四“童氏食规”有炸鲚鱼的记载：“油炸酥，加酱油、酒、葱、姜。”

特点：金黄酥脆盈口，焦香入味咸鲜。

炝虎尾 用笔杆鳝鱼加工炝制而成，因其形似虎尾，故取此名。系中国名菜，国宴菜品。

特点：肉质软嫩，鲜香爽滑。

葱油酥蜇 清代扬州盐商家处理海蜇技法独

特，多用三年陈海蜇头，先用沸水烫，后用冷水拔。待海蜇头的质地从硬韧变成酥脆，再调以鲜汁，别有风味。有诗赞曰：“海蜇沸烫涩尽摧，皮囊收缩体式微。泡水伸展似海松，清音润肺鲜酥脆。”

特点：酥脆咸鲜，葱香浓郁。

醉虾　将鲜活的青虾用酒、盐或醋加鲜汁醉制而成。《调鼎集》卷五载有醉虾的制法。

特点：虾肉鲜嫩有弹性，鲜汁盈口，富有回味。

韭芽青螺　韭芽与青螺肉同炒而成。江都宜陵邵伯湖盛产清水螺蛳，邵伯民谣唱道：“清明螺蛳胜鹅肫，明目清补赛人参。配来蒜芽笋脯炝，浇撒胡麻味绝伦。”

特点：青螺肉富有弹性，韭芽翠绿，软嫩鲜香。

（三）禽蛋类

三套鸭　将家鸭、野鸭、菜鸽分别整料出骨，层层相套，炖制而成，是炖焖菜的代表，也是扬州传统名菜、中国名菜。家鸭选用雄麻鸭，贵比参芪。野鸭选对鸭，家鸽选仔鸽。《调鼎集》卷四所载套鸭制法，套的是家鸭和板鸭。

特色：肉质酥烂，形态完整。家鸭肥嫩，野鸭酥香，仔鸽细腻。汤汁清醇，多味复合相融，滋味极佳，颇有回味。

八宝鸭　在肥鸭体内放置 8 种食材做成的馅心，炖制而成。据载，乾隆皇帝下江南在扬州几乎每次都吃“八宝酿鸭子”。

特点：色泽红润，鸭皮黏香，鸭肉酥软，原汁原味，八宝馅心糯嫩香鲜。

金葱砂锅野鸭　用油炸葱段，红焖熟野鸭肉。

特点：葱香扑鼻，卤汁香浓，鸭肉酥香，咸中带甜。

鸭羹汤　用鸭汤与鸭肉丁、笋丁、小虾仁等八丁烩制成的羹汤。《乾隆三十年江南节次膳底档》载：“闰二月十七日，皇帝赏皇后杂脍一品，令贵妃攒盘肉一品，庆妃，鸭羹一品……”《调鼎集》卷四载有两款鸭羹的制法。

特点：鸭、蔬菜、湖鲜众味纷呈，汤汁鲜醇。

天地鸭　野鸭会飞，为天鸭，家鸭为地鸭，两鸭同炖，鲜味互补。古代扬州就有煨三鸭菜式，三鸭为家鸭、野鸭和板鸭。

特点：野鸭酥鲜，家鸭肥烂，汤汁醇鲜。

清烩鸭舌掌 鸭舌掌以滑嫩见长，不易入味。此菜在配伍上颇有特色，以清配清，以滑配滑，以脆配脆。

特点：鸭舌软韧，鸭蹼糯烂，白果青翠，富有弹性，汤鲜味美。

桃仁鸭方 将熟鸭肉镶上桃仁猪肉泥，油炸成熟，切块而食的鸭菜。

特点：色泽金黄，外酥里嫩，桃仁馨香。

胭脂鹅脯 将鹅肉生腌至呈胭脂色，经卤制而成的鹅脯，为红楼宴菜肴。《红楼梦》第六十二回“憨湘云醉眠芍药裀　呆香菱情解石榴裙”：“只见柳家的果遣了人送了一个盒子来。小燕接着揭开，里面是一碗虾丸鸡皮汤，又是一碗酒酿清蒸鸭子，一碟腌的胭脂鹅脯。”厨师在烹制鹅前习惯将鹅肉生腌，鹅肉卤制熟时即呈赤色，红似胭脂，故称“胭脂鹅”。

特点：色泽红润，浓香入味。

文武鸭 用烤鸭与鲜鸭各半只合炖而成的扬州传统佳肴。烤鸭色泽红润，鲜鸭色泽白皙。菜以戏曲中的文官白脸、武官红脸而名。

特点：红白相映，烤鸭酥香，鲜鸭肥烂，鲜香醇美。

炒鸽松 即炒鸽肉丁。

特点：鸽肉丁细腻鲜嫩，松子嫩香，酸甜适口。

挂炉走油鸡鹅鸭 挂炉走油鸡、挂炉走油鹅、挂炉走油鸭。采用挂炉烤家禽致油溢禽皮。乾隆皇帝南巡时，挂炉走油鸡鹅鸭也被列入扬州的满汉席菜谱。据《乾隆三十年江南节次膳底档》《乾隆四十五年节次膳底档》记载，乾隆皇帝在天宁寺行宫西边花园进膳的菜单中有“挂炉鸭子”。

特点：色泽枣红，外表酥脆，禽脯鲜嫩。

红烧鹅 红烧的全鹅。鹅生长速度快，肉质佳。扬州民间有“无鹅不成宴”的说法。

特点：色泽红亮，味道醇香，原汁原味。

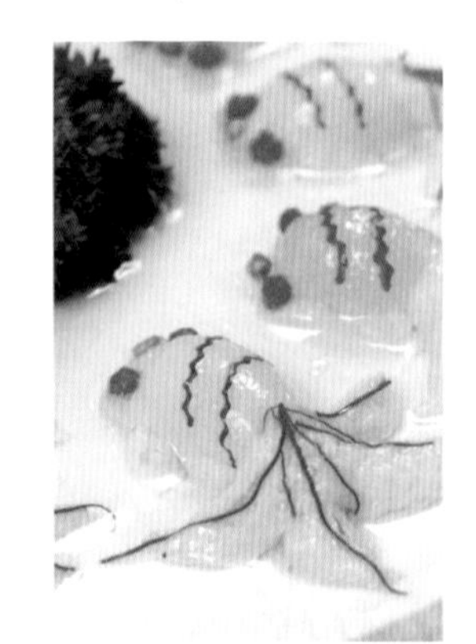

炒双脆 用鸭肫、鸭肝炒制的菜肴。

特点：鸭肫脆嫩，鸭肝鲜嫩，鸭香扑鼻，滋汁红润鲜浓。

炒红白腰 用鸭腰、鸡脾炒制的菜肴。鸡脾（又称“鸡针线包”）大小如白果，紫红色，呈圆形。鸭腰白色。一红一白，一脆一滑，质感细腻，滋补性强。

特点：鸭腰嫩鲜微脆，鸡脾柔嫩鲜滑。

金鱼鸽蛋 将鸽蛋、鱼虾相嵌相黏，摆成金鱼形生坯蒸制而成，是工艺创新菜。

特点是形状自然生动，软嫩入味。

姥姥鸽蛋 鸽子蛋是《红楼梦》着力描写的菜品之一。如《红楼梦》第四十回：史太君带着刘姥姥游园，摆了早餐。吃饭时，凤姐偏挑一双四楞象牙镶金筷子和一碗鸽蛋给刘姥姥。刘姥姥伸出筷子夹鸽蛋，好容易撮起一个，不小心，鸽蛋滑滚在地。

特点：鸽蛋晶莹滑嫩，配菜色彩斑斓，汤汁清醇。

豆苗山鸡片 用野鸡脯片、豌豆苗、笋片炒制的冬季时令菜。

特点：色彩分明，鸡片鲜嫩滑润，豆苗清香，冬笋爽脆。

蛋美鸡 将仔母鸡用小火炖焖，四周围以蛋烧卖。这道菜是由扬州传统菜肴蛋美鸭发展而来，具有扬州菜肴讲究火工，擅长炖焖、工于造型、巧用点缀的特点。

特点：鸡肉滋润脱骨，烧卖鲜香可口，以点围菜，菜点合一，新颖别致。

荷叶包鸡 典出常熟叫花鸡。后因用荷叶包裹，又称“荷叶包鸡”。

特点：酥烂隽鲜，香味独特。

原焖鸡酥圆 将鸡肉做成橄榄形肉圆，与芋头同焖至酥烂即成。

特点：鸡肉圆酥香，芋头糯滑入味，汤汁稠浓鲜醇。

蒌蒿鸠丝 用斑鸠脯肉丝、芦蒿滑炒而成的菜肴，为春季时令菜。蒌蒿为春馔妙物，居“江八鲜”之首。苏轼到扬州任知州，他喜欢吃芹芽鸠丝。其《东坡八首（之三）·芹芽脍》诗曰：“泥芹有宿根，一寸嗟独在。雪芹何时动，春鸠行可脍。”清代扬州儒商马曰琯春季在让圃雅集，常用此菜。

特点：鸠丝滑嫩，蒌蒿香脆。

炸鹌鹑 在《红楼梦》第四十六回中，王熙凤对邢夫人说：“刚才我临过来时，舅母那边送了两笼子鹌鹑，我吩咐她们炸了……”曹寅《楝亭诗钞·题楝亭夜话图》：“于时亦有不速客，合坐清严斗炎熇。岂无炙鲤与寒鷃（鹌鹑），不乏蒸梨兼瀹枣。”曹雪芹笔下的炸鹌鹑，与其祖父曹寅喜吃的烤鹌鹑，何其相似乃尔！

特点：色泽棕红，鲜嫩酥香。

参芪鸽蛋竹荪汤 用鸽蛋、鲜参、黄芪片、竹荪蒸制而成的汤。个园和街南书屋故主黄筠泰继马氏之后成为两淮盐总，其讲究吃功，家中养禽，在饲料中加参须、黄芪，每只禽蛋耗银二两。因竹荪展开似奶白色丝帘，故此菜又称“推纱望月”，颇有诗情画意。

特点：补气益中，清嫩幽香，汤汁清鲜。

芙蓉蛋海底松 用高级清鸡汤烹制芙蓉蛋和陈海蜇而成的汤菜，是盐商家厨菜肴。因水发海蜇似松枝，故取此名。制作此菜需掌握扬州传统的三吊汤技术，达到七咂之后尚有余味。海蜇头宜选三年陈蜇头。

特点：汤醇蜇酥，芙蓉洁白，猩红的火腿末点缀其间。

鲍脯鸽蛋盅 苏东坡在扬州任职期间，有人送他 10 只鲍鱼。苏东坡请扬州厨师为他制作鲍鱼席宴请文友，并即席赋诗曰：“膳夫善治荐华堂，生令雕俎生辉光。”

特点：鲍鱼柔韧隽永，鸽蛋鲜美细嫩。

糟香鹅掌 相传为五代时期谦光和尚喜爱吃的一道菜，其做法也很特殊：将鹅掌烤熟后，折去掌骨，用糟香卤入缸坛密封，使之浸泡入味，每天滚动圆坛，7 天后食用，鹅掌糟香四溢，糯韧而有弹性。

特点：鹅掌胶韧，糟香味醇。

五香麻鸭 高邮邵伯湖盛产麻鸭。麻鸭蛋在宋代称“凫子”，苏东坡常以麻鸭、鸭蛋、江都醉蟹馈赠朋友。江都以麻鸭制作的名菜中就有五香麻鸭。这道菜采用卤制法，鸭肉红润酥香。民歌唱道：“邵伯湖水荡连荡，麻鸭生蛋忙又忙。两头光，蛋丹黄，五香鸭子鲜又香。”

特点：色泽金黄，鸭肉酥烂，香浓味美。

水晶鸭舌 《调鼎集》卷四所载糟鸭舌、醉鸭舌，都是将鸭舌加酒或酒糟制作而成的冷肴。鸭舌不抽脆骨，称“鸭信”，可用水晶卤汁冻制。扬州盐商的传统做法是用鸭卤入冻。水晶鸭舌为清雅之食。

特点：鸭舌柔嫩鲜爽，水晶透明鲜醇。

水晶鹅肫 清末在扬州砖街上有一爿林大兴清真鸡鸭店，出售卤制鸡、鸭、鹅，风靡于世。在卤制鹅和鸭的同时放入一串串鹅肫、鸭肫，称“代锅香”。将制成的水晶鹅肫及卤汁送到盐商家供其待客。

特点：晶莹、红润、脆爽、鲜香。

白菊鸡丝 郑板桥有诗曰：“十里栽花算种田”，盛赞扬州一年四季都是花的世界。以花入馔是盐商文人菜的特色。春季香炸玉兰片；夏季夜来香氽鸡片；秋季白菊鸡丝，可炒可拌。白菊

有平肝明目之功效。

特点：鸡丝鲜嫩，白菊清香。

五香茶叶蛋 将鸡蛋煮熟后敲碎蛋壳，倒入酱油、精盐、茴香、八角、茶叶末，置火上煮至入味即成。

（四）豆食类

烫干丝 将豆腐干切成细丝，经三次烫，拌以芽姜丝、虾米、芝麻油而成的小吃，为清代扬州名菜。清黄鼎铭《望江南百调》云：“扬州好，茶社客堪邀。加料干丝堆细缕，熟铜烟袋卧长苗。烧酒水晶肴。”朱自清在《说扬州》中也介绍了烫干丝的制作。

特点：绵软鲜韧，津津有味，百吃不厌。

大煮干丝 用豆腐干丝配荤素五丝和鸡汤、虾煮成，为淮扬刀工菜的代表。干丝先烫后煮为大煮。这道菜是由清代九丝汤发展而成。

特点：口味咸鲜，色彩美观，干丝绵软，汤汁醇厚。

脆鱼干丝 夏季凉拌菜肴。

特点：干丝绵软入味，清淡味雅，炸鱼酥脆。

文思豆腐 用嫩豆腐丝与鸡汤制作而成的羹汤。

这道菜系清代扬州文思和尚首创。原为素馔，将一块豆腐切出 5 000 多根细丝烹制而成，系扬州刀工菜代表作。《扬州画舫录》卷四“满汉席”篇目“第三分细白羹碗十件”中有“文思豆腐羹”的记载。《调鼎集》载有“文师（思）豆腐”。

特点：刀工精细，软嫩清醇，入口即化，是对厨师刀工的考校。

美食链接

文思豆腐

原料：豆腐 450 克，冬笋 10 克，鸡脯肉 50 克，火腿 25 克，鲜香菇 25 克，生菜 15 克，盐 4 克，味精 3 克。

制法：

步骤一，将豆腐削去老皮，切成细丝，用沸水焯去黄水和豆腥味。

步骤二，将鲜香菇去蒂，洗净，切成细丝。

步骤三，冬笋去皮，洗净，煮熟，切成细丝。

步骤四，鸡脯肉用清水冲洗干净，煮熟，切成细丝。

步骤五，熟火腿切成细丝。

步骤六，生菜择洗干净，用水焯熟，切成细丝。

步骤七，香菇丝放入碗内，加鸡清汤50毫升，上笼蒸熟。

步骤八，将锅置火上，舀入鸡清汤200毫升烧沸，投入香菇丝、冬笋丝、火腿丝、鸡丝、生菜叶丝，加入精盐烧沸，盛汤碗内加味精。

步骤九，另取锅置火上，舀入鸡清汤500毫升，沸后投入豆腐丝，待豆腐丝浮上汤面，即用漏勺捞起盛入汤碗内上桌。

雪花豆腐 用嫩豆腐丁、香菇丁等五丁和虾仁烹制的羹汤，系江苏名菜。

特点：豆腐洁白，形似雪花，烫鲜嫩香。

蛼螯豆腐 用老豆腐、蛼螯制作而成的菜肴。《随园食单》称之为“程立万豆腐”。袁枚、杭世骏、金农、郑燮在程立万家品尝此菜，过不能忘，故取此名。马曰琯、马曰璐兄弟曾以蛼螯豆腐招待袁枚。蛼螯又称“文蛤”，蛼螯豆腐为扬州历史名菜。

特点：鲜味浓郁，吃其味而不见其物。

嘶马拉豆腐 是江都嘶马的特色菜品，以鲜烫著称，为扬州历史传统名菜。起源于岳飞在江都嘶马芦荡“悬羊震鼓”故事。岳飞在嘶马设疑兵以少胜多，大败金兵，嘶马百姓以拉豆腐、烧鲢鱼犒劳岳家军。

特点：豆腐鲜烫，香菇油腻，竹笋清脆，蒜叶香醇，如同脂羹。

杨寿豆腐圆子 系杨寿特色菜品，也是扬州豆腐圆子的代表。源于民间，得益于盐商家厨。《调鼎集》记载了豆腐圆子的多种做法：佛门豆腐圆放糯米、香菇，清真豆腐圆放牛肉末、虾仁。所有的豆腐圆子都是用油煎，成熟后再与其他菜相烩。

特点：口感韧嫩，豆香浓郁，滋味融合，清淡雅致。

（五）素菜类

十香菜 用10样素菜炒制的年味菜。扬州春节有炒十香菜的习俗，寓意十全十美。

特点：什锦融合，味道鲜香。

金钱虾膏藕夹 扬州秋季时菜，用藕片夹肉馅煎制而成。盐商家制作藕夹很讲究，选用优质藕，要求极嫩无渣，夹入虾茸煎制，菜品更加细嫩鲜脆。

特点：外酥脆内鲜嫩，咸鲜中透出香气。

鉴真素烧鸭　大明寺经典素食。炒锅上火入油，待油六成热时，下入八角、桂皮煸香，加香蕈、笋，加水煮出鲜味，再入糖、酱油和盐稍煮，盛出，即成鲜汁。将豆腐皮浸入鲜汁中，捞出，卷成长条状，用手压扁、压实。平底锅入油，将豆腐皮卷放入锅中煎至两面金黄后盛出，放于盘中，浇上原汤汁，入蒸锅蒸20分钟取出，待凉后斜切成块即可。

特点：色泽金黄、形如切块的烧鸭鲜香回甜，口感柔而有韧劲，富有余味。

蜜汁捶藕　将煨熟的藕片入菱粉、蛋糊，反复捶打成条形，再经炸、蒸而成的甜菜或小吃。系扬州著名甜菜之一，也是传统藕制品的典型代表。其原料以精选的"美人红""大雁红""小暗红"等白莲藕优质品种中的老藕为主。宝应全藕席烹制技艺入选第五批省级非物质文化遗产代表性项目名录。

特点：色泽酱红，酷似褐参，香甜酥软，黏滑爽口，浓而不腻，素而不淡。

蜜汁番茄　将番茄用沸水略煮，撕去皮。将葡萄入沸水略烫，放入冰水中浸泡待用。在烧锅中放入水、白糖，烧沸。再放入番茄、葡萄、片栗粉，烧沸，将锅离火后放入蜂蜜，装盘。

特点：色泽鲜艳，蜂蜜清香。

茄鲞　鲞，原指一种海鱼或干鱼。《红楼梦》第四十一回有关于茄鲞的烹制方法介绍，王熙凤笑道："这也不难。你把才下来的茄子，把皮刨了，只要净肉，切成碎钉子，用鸡油炸了。再用鸡脯子肉并香菌、新笋、蘑菇、五香腐干、各色干果子，俱切成钉子，用鸡汤煨干，将香油一收，外加糟油一拌，盛在瓷罐子里封严，要吃时拿出来，用炒的鸡瓜一拌就是。"

特点：以禽、蔬、菌、果仁助茄珍味，诸味调和。酱香浓郁，咸鲜味美。

虾籽笋芽　徽商喜吃山笋。徽商马氏昆仲在春季办文宴都将笋作为必食之菜，其味鲜、馥、脆、雅，富有文人气息。清代叶芳林在《九日行庵文宴图》中记录了全祖望、厉樊谢、马氏兄弟等14人于马氏行庵文宴食笋一事。陆钟辉诗曰："香泥脱锦绷，供厨嗜美疢。聊参玉版禅，何用分域畛。登盘佐樱珠，入箸共松菌。真味流牙颊，食尽香未尽。"

特点：春笋微脆清香，口味清雅咸鲜。

凉拌双笋 春季扬州文人雅集，常以樱桃、芽笋为题举行尝新会，以休园樱笋会最为著名。扬州八怪之一闵华于雅集上赋诗曰：“今乾复良觌，樱笋佐飞斝。”这道菜以黄配绿，以脆配嫩，为清雅之食，尽显江乡风情。

特点：白绿相映，脆嫩爽口，清香味鲜。

银杏香菇 扬州为银杏之乡，千年唐杏为市之瑰宝。宋代，银杏开始作为贡品向朝廷进贡。欧阳修诗云：“绛囊初入贡，银杏贵中州。”

特点：香菇绵软，咸鲜回甜，银杏韧滑，清香可口。

翡翠羽衣 又名“蓑衣黄瓜”，宛似羽裳滴翠。《红楼梦》第六十回中，芳官吩咐厨房柳嫂子要为宝二爷做一道凉凉的、酸酸的素菜。此时正值初夏季节，可供取用的只是初生的嫩黄瓜。

特点：鲜、脆、嫩，清凉爽口，刀纹细腻如片片羽毛，食之生津解渴。

芝麻茼蒿 扬州盐商家冷盘，吃的是清脆芝麻香。曹寅为清代康熙朝扬州巡盐监察御史，他爱吃芝麻茼蒿。曹雪芹是曹寅之孙，所著《红楼梦》出现“芝麻蒿秆”一菜，系家传渊源。蒿秆有两说，一曰茼蒿嫩茎，二曰蒌蒿嫩茎，前者宜拌，后者宜炒。

特点：蒿秆碧翠，芝麻喷香，口感脆嫩。

凉拌杞芽 苏东坡知扬州时，去江都邵伯巡视江淮水利，当地治水官吏和文士以雅集相迎。是夜，歌唱诗和，逸兴遄飞。次日早茶，一款生拌杞芽令东坡动容。邵伯有诗曰：“昨夜春风拂湘帘，晨观杞芽绽嫩尖。采来和羹映翠绿，犹有清拌动子瞻。”清代，扬州儒商马曰璐在雅集时以“杞苗”为题赋诗曰：“井口苗寒苕，小摘未盈掬。其味元功成，其下灵犬伏。饥可充空肠，饱即杂诵续。一笑我何贪。取配想萌菌。”

特点：杞芽爽脆，茶干香嫩，春令佳肴。

香干马兰 马兰又名“马郎头”，选马兰嫩苗，用沸水烫熟后配香干，加调料拌食，其味带有野趣，亦珍美。清代扬州诗人诗云：“陌上春初膏雨沾，坻场遍出马兰尖。迎阳晞就功良便，沿路挑来价甚廉。烂煮濡豚卑笋韭，熟蒸隔饭剂油盐。笺里野蔬各应冠，别录谁教草部拈。”文士将马兰列为野蔬之冠。据《扬州画舫录》记载，扬州贮草坡姚干最为有名，采用三伏抽油、虾籽与豆干卤制而成，用之拌马兰，鲜香细嫩，愈嚼愈香。

特点：香嫩味鲜，清爽利口。

马齿香干　黄慎参加盐商在秋天举行的文人雅集，赋诗道："蛾眉满架家常豆，马齿堆盘野菜香。"蛾眉豆即扁豆，马齿菜为生命力极其顽强的野菜，凉拌做馅，清口馨香，风味独特。

特点：马齿菜清脆滑润，香干酱香咸鲜。

秧草豆瓣　秧草又称"南苜蓿"，嫩者可食。唐代就出现在宫廷菜中。扬州人食南苜蓿采用腌制法，在第一年夏季腌，入泥瓮塞紧，封存。次年开罐，秧草黄灿，香气四溢，与蚕豆瓣煸炒，为夏季珍味。清人诗曰："去夏秧草醭生霜，开罈十里闻醇香。吴音绕耳品乡味，遥盼秋莼蟹满黄。"

特点：酱香酸鲜，细嫩爽口。

香椿玉板　庄子称 9000 年不死的香椿为"长寿之树"，其嫩叶可入馔，有特殊芬芳之气。玉版指豆腐，椿芽凉拌豆腐为道家清供之食，有禅道仙风。清代有首小令道："春，料峭春寒树芽新。越千岁，椿香倍芳馨。春，椒豆浓浆慢火煮。浇百遍，点卤变豆腐。"

特点：椿香清馨，爽嫩鲜香。

炒白果　将鲜银杏果放入铁丝络子，放在木炭火上炒，爆炸声脆，白果香黏。买者剥开白果外壳，去掉果心即可食用。

特点：白果香黏软糯。

二、扬州面饭点心

（一）饭粥类

扬州炒饭　用米饭、配料炒制而成，系中国名菜，常被列为国宴菜品。今特指扬州什锦炒饭，以米饭、鲜鸡蛋为主料，以水发海参等 8 种配料再加适量调料炒制而成。隋代，碎金饭声名鹊起。清代，知府伊秉绶对扬州炒饭做了改良——在配料中添加笋丁、火腿丁、虾仁等，这是扬州什锦炒饭的雏形。之后扬州厨师在配菜中添加香菇丁、熟鸡丁等，最终形成什锦。2005 年，联合国推出"环球 300 种米饭食谱"，扬州炒饭位居中国 5 种入选食品之首。2015 年 9 月，世界厨师联合会、中国烹饪协会授予扬州炒饭"国际经典美食"称号。

特点：米粒颗颗分清，色泽明快和谐，诸味融和精陈，光润鲜香爽口。

野鸭菜饭　用米饭、野鸭肉、青菜等煮成，为扬州传统名馔。阮元告老还乡后，每年腊月过生日，全家仅以野鸭菜饭庆贺，有"太傅菜饭悦宫商"之赞誉。扬州盐商附庸风雅，命家厨对其进行改良，后成为饮食业经营的菜肴。

特点：饭有家野之蔬，禽有家野之鲜，肉有鲜腊之补，滋味和串，色泽玉黄，香气扑鼻，入口油润清鲜、咸鲜腊香。

三皛饭　“三皛”指白米饭、白萝卜和白汤（一说白盐）。苏轼守扬州时喜欢吃三皛饭，清代时扬州两淮都转盐运使司每年都有祭祀苏轼的活动。杭世骏诗曰：“思公所嗜如公在，花猎竹聊元修菜。皛饭仍参白糁羹，棕笋稀奇少人卖。”郑燮有联：“萝卜青盐糗子饭；瓦壶天水菊花茶。”盐商所制三皛饭属于丰富型的风味。

特点：萝卜清香，饭粒晶莹，虾仁玉润鲜香。

炒米　将米经过炒或炸膨大成熟的小食品。汪曾祺有文《炒米和焦屑》。扬州人多作家常预备，用开水一泡，马上可吃。郑燮的“穷亲戚朋友到门，先泡一大碗炒米送手中”，是说其省事。还有一种吃法，用猪油煎两个嫩荷包蛋（蛋瘪子），抓一把炒米，用沸水冲泡即食。

再有一种做法是炸。快到年底时，炸炒米的师傅推着小车子，上有葫芦一样的铁锅，还有小炭炉子、布袋等。他们摇着炒米机，拉着风箱，待锅内压力达到一定程度，把铁锅离火打开锅盖，这时会发出响声，炒米就炸熟了。

特点：炒米金黄，有焦香味。

八宝饭　将糯米蒸熟，拌以糖、油、桂花，配以蒸熟的红枣、薏仁、莲子、桂圆等制成，为扬州传统甜食。莲子象征婚姻和谐美好，桂圆象征团圆，金橘象征吉利，红枣象征早生贵子，蜜樱桃、蜜冬瓜象征甜甜蜜蜜，薏仁象征长寿、高雅、纯洁，瓜子仁象征平安，红梅丝祝福顺利，绿梅丝象征长寿，桂花寓意金玉满堂。

特点：色泽鲜艳，质糯香甜。

粢饭　将糯米、粳米蒸制成饭，裹油条或其他小吃包捏而成，为扬州早点品种。用粢饭包热油条捏紧，热吃甚美。

特点：软、韧、脆，边吃边捏，别具风味。

糗子粥　元麦（即裸大麦，又称“裸麦”“米麦”，大麦的变种）细磨后所得粉末与米同煮而成的粥。

特点：解暑消渴，清凉爽口，有元麦的清香。

糖粥　用糯米加红枣熬制而成。有时还会加入豌豆、芋苗籽、藕同熬。旧时清晨与傍晚，挑担担的小贩沿街串巷叫卖，“洋糖——芋安粥——来”，一个长调乡音就是一段挥之不去的乡愁。老扬州春有白糖豌豆粥，用豌豆与糯米、白糖用文火熬制而成，粥稠如漆，味甜如蜜；夏有籼米绿豆粥，可口消暑；秋有桂花香血糯，味醇可口，沁人心脾；冬有红糖赤豆粥，粥黏如胶、甜如糕。

特点：口感鲜甜，糯香扑鼻。

（二）面条类

阳春面 又称“光面”“清汤面”。江南著名面食小吃。民间称十月为“小阳春”，市井语以“十”为“阳春”。以前此面每碗售钱10文，故称“阳春面”。2023年，扬州面、汜水长鱼面制作技艺入选省级非物质文化遗产代表性项目名录。

特点：面条劲拌入味，汤呈淡酱色，味鲜醇。

饺面 在宽汤的面条中加入馄饨，扬州人称之为“饺面”。馄饨是猪肉馅的，民间称之为“猪龙”，面条则被称为“虬龙”。故饺面又被称为“龙虎斗”。以共和春、蒋家桥的饺面为正宗。

特点：馄饨饱满，肉馅鲜美；面条筋道爽滑；汤汁鲜醇微辛。

扬州炒面 扬州炒面有脆炒、软炒之别。将蒸熟的面条加配菜炒制称“软炒”；将面条蒸熟再煎脆加配菜炒制称“脆炒”。配菜主要有肉丝、鸡丝、虾仁、口蘑、香菇、海参、素三鲜等。

特点：炒面柔韧润香，滑脆鲜嫩，兼有面条和菜肴的美味，既能当菜，又能当小吃，还可佐酒。

扬州煨面 扬州煨面种类较多，随时令而异，有刀鱼煨面、螃蟹煨面、鲟鳇鱼煨面、蟑螯煨面、野鸭煨面、虾仁煨面、鸡丝煨面等。林兰痴诗曰：“不托丝丝软似绵，羹汤煮就合腥鲜。尝来巨碗君休诧，七绝应输此盎然。”

特点：面汤鲜美，面条软熟。

伊府面 由乾隆年间书法家、扬州知府伊秉绶会同家厨麦厨师创制而成。民国初期洪为法的《扬州续梦·扬州面点》说：“在昔伊秉绶曾任扬州知府，伊府面即其所创。”还有赵珩的《老饕漫笔·闲话伊府面》、唐鲁孙的《说东道西·扬州炒饭伊府面》等文章都曾提及。

特点：色泽鲜艳，外焦里嫩，香而不腻，柔韧滑爽，鲜嫩咸香。

（三）点心类

1. 笼蒸点心

扬州包子 以小麦面粉制成发酵面团，裹入馅料，口端捏成辐射状花纹蒸制而成，为扬州风味面点。据《乾隆三十年江南节次膳底档》《乾隆四十五年节次膳底档》记载，乾隆皇帝曾在扬州品尝鲜猪肉馅包子、澄沙包子、火熏豆腐馅包子。2015 年 9 月，世界厨师联合会、中国烹饪协会授予扬州包子“国际经典美食”称号。2023 年，冶春面点制作技艺入选省级非物质文化遗产代表性项目名录扩展项目名录。

扬州包子的馅心有 100 余种，品种随季节而变，清鲜与甘甜相配，荤腥与素蔬组合，蓬松与柔韧相辅，酥脆与绵软对成，营养全面，口感美好，富有回味。最有代表性的是生肉包、三丁包、蟹黄包、野鸭菜包、萝卜丝包、豆腐皮包、青菜包、豆沙包、梅干菜包、灌汤包等。

特点：包子皮膨松绵软，皮薄馅丰，滋润鲜香。

蒸饺 用温水调制面团，擀成圆形面皮，包入鲜肉、三鲜、笋肉等馅心，捏出褶纹，经蒸制而成的饺子。蒸饺兼容肉包与汤包的特色，肉馅丰腴，卤汁盈口。大蒸饺的馅心像一只小剪肉圆，口感鲜嫩，外形犹如一钩弯月，纹褶细匀，又称“月牙蒸饺”。2014 年，冶春蒸饺获江苏省“当家点心”称号。

特点：味鲜、皮薄、汁多。

千层油糕 将嫩酵面用砂糖和猪板油丁相间蒸制而成，其层次多而甜润，为扬州点心双绝之一。制作工艺采用清肥慢长起酵法，加入酵面揉匀，蒸熟，切菱形块，成品芙蓉色，半透明，层层糖油相间。其制作工艺经清末民初惜馀春茶馆高乃超改进，流传至今。富春千层油糕曾获“中华名小吃”称号。

特点：绵软甜润，层次清晰。

鸡丝卷子 将温水发酵面裹长条酵面、椒盐、火腿末、葱末，切段蒸制而成的卷子。因为包裹的面条像一缕缕鸡丝而得名。

特点：薄绵柔软，葱香鲜浓。

翡翠烧卖 用水调面团摘剂，擀成薄薄的荷叶边皮，包入菜制馅心，上部拢折收腰，蒸制而成的点心。馅心的食材有茼蒿、菠菜、豌豆苗、荠菜等。因馅心碧绿，色如翡翠，故取此名。为扬州点心双绝之一。台湾地区美食家唐鲁孙在《蜂糖糕和翡翠烧卖》中记有 19 世纪 30 年代在扬州品尝翡翠烧卖的情景。

特点：香味馨远，皮薄如纸，馅心碧绿，糖油盈口，滋润甜鲜。

松仁鹅油卷 用酵面裹松仁和鹅油制作而成的卷子，为红楼宴怡红细点的代表。《红楼梦》第四十一回记载有松穰鹅油卷。鹅油有特殊香气，色泽金灿，味道鲜醇，常食能使人的皮肤柔软白嫩。松仁为红松的种子，是美容食品。

特点：丝条松柔，鹅油香润，松子香鲜。鹅油的香醇与松仁的清香相得益彰。

空心饽饽 将面粉用热水和成面团，搓揉、摘剂，擀成圆形小薄饼，放在平锅上用小火烙，放在炉上烤。当饼内气体膨胀成鼓状时，用筷子拦腰略夹，形成空心的饽饽。这是扬州点心的绝活之一。

据《扬州画舫录》载，满汉全席有北式菜肴"烤哈尔巴"，即烤乳猪之类的菜肴，配以饽饽夹食。扬州空心饽饽轻盈飘逸，包入炖烤类菜肴绝无漏汁之虞，口感有韧性，胜过薄饼多矣。

特点：既糯且松，形态别致，食时将饽饽剥开，塞进烤鸭之类，夹着吃别有风味。一般用作筵席上配菜的点心。

2. 炉烤点心

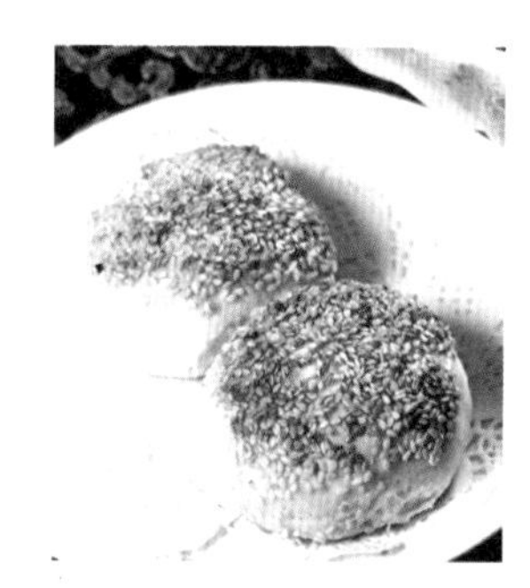

炉烤点心有烧饼、火烧、双面麻饼等。

《扬州画舫录》记有"酥儿烧饼"，其内瓤用油酥面制作，加之擀折多次，烘熟后，层多且酥。书中还记道："双虹楼烧饼，开风气之先，有糖馅、肉馅、干菜馅、苋菜馅之分。"

烧饼又称"炉饼""胡饼"，是以发酵面包酥擀制成圆形或菱形、长方形饼，一面或两面撒上芝麻（亦称胡麻），烘烤而成。为大众烤烙面食。

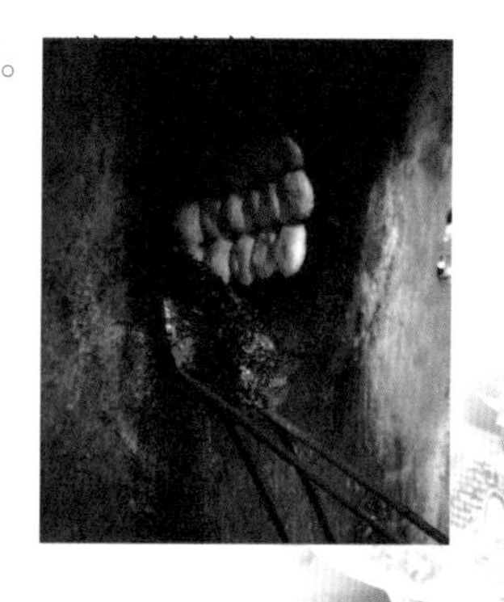

扬州烧饼制作讲究。按燃料、炉膛不同，分为筒炉饼、草炉饼、吊炉饼等。按馅料分为椒盐、白糖、桂花赤砂糖、葱油、双麻、豆沙、萝卜丝等。按形状分为朝牌、浑圆、椭圆、蛋形、菱形、方形、长方形、斜方形、罗丝圈、菊花边等。

特点：口感鲜香酥脆，馅料滋味丰富。

草炉烧饼　以麦草作为燃料烘烤而成的烧饼。

特点：色泽枣黄，香气扑鼻，滋润可口，甚耐咀嚼。为传统孕妇、年老体弱者泡鸡汤、鸭汤、蹄汤的上佳点心，入汤即化，亦可入京果粉冲泡食用。

陈集大椒盐烧饼　为仪征陈集特色烧饼。源于清代，经筒炉烤制而成。

特点：色泽金黄，酥香可口。芝麻油和椒盐香气四溢。

烂面饼　以温水调制软柔面团，迅速摘剂，包入馅心，放入平锅摊制而成的面饼。据传早在元代，烂面饼就已成为扬州名食。盐商家做得特别讲究，馅心一年四季变化多端。传说马可·波罗在扬州做总管时喜欢吃烂面饼，回到意大利之后，烂面饼包不起来，就将欧式的馅心放在饼的上面煎烙，西方人称之为“比萨”，也是世界名点。

特点：馅心滋润鲜香，面饼柔糯微脆。

阮公饼　用面、油、糖制作而成的小双面芝麻酥饼，为扬州传统名点。此饼最早出现于北魏，阮元将北方的起酥方法带至扬州，指导厨师增加酥层，调整配方精制而成阮公饼，又称“太师饼”。

特点：酥松肥甜，皮层清晰，清香爽口。

徽州饼　源于光绪初年徽州人来扬挑担出售的面酥饼，故称“徽州饼”。后由扬州人沈大接做。经不断改良，馅心品种增多，有枣泥馅、五仁馅、干菜馅、火腿馅、香肠馅、肉松馅等，并被更名为“扬州饼”，为群众喜食的扬州风味小吃之一。

做法：250 毫升 100 ℃开水徐徐倒入面粉中，同时将面粉与水拌和，揉成面团，再反复搋揉至面团软润发光，揿成长方形面块，将酥面均匀地铺在面块上，包卷后用擀面杖轻轻压几下，再搓成圆长条，分摘成大小相等的面剂 30 只，然后包入馅心烘制而成。

特点：色泽黄亮，层次分明，酥香甜润。

美食链接

肉松馅做法

将猪板油（500 克）制成咸板油丁。将咸板油丁、肉松（250 克）放入钵内，加入葱末（100 克）拌匀。

什锦火烧　用水油面包入稀油酥，拉抻起酥，再包入什锦馅煎烤成熟的酥脆饼，为满汉席点心。《扬州画舫录》卷四载：“上买卖街前后寺观皆为大厨房，以备六司百官食次……第四分毛血盘二十件……十锦火烧、梅花包子

……所谓‘满汉席’也。”

葱油火烧 用水油面包稀油酥，抻拉成坯皮，卷入猪油丁与葱花，做成圆饼，油煎定型，入炉烘烤而成的酥脆饼。

特点：金灿灿，油亮亮，葱香扑鼻，外壳硬脆松酥，内层软脆油润。

3. 米糕点心

粽子 又称“角黍”，是用粽叶包裹糯米或黍米，经煮或蒸而成的食品。其形制多样，有三角形、锥形、斧头形、枕头形、箱形等。有的加拌料或馅，如赤豆、蚕豆、火腿、大枣、红豆沙、鲜肉、咸肉、海米等。讲究包得紧、裹得实，越是紧实，滋味越佳。

在宋代，扬州粽子已很出名。戴复古《扬州端午呈赵帅》云：“榴花角黍斗时新，今日谁家不酒樽？”清乾嘉年间，扬州粽子做得好，煮粽子尤其重视火工。《随园食单》记有扬州洪府粽子，《邗江三百吟》记有火腿粽，费轩《扬州梦香词》记有小脚粽，郑燮《望江南·端阳节》记有香粽。

特点：粽香清馨，糯米微绿，火腿浓香，糯郁醇和。

运司糕 扬州风味糕点之一。《随园食单》云：“卢雅雨作运司，年已老矣。扬州店中作糕献之，大加称赏，从此遂有‘运司糕’之名。色白如雪，点胭脂，红如桃花。微糖作馅，淡而弥旨。”

特点：香甜松软。

发糕 又名“嫩酵糕”，将米淀粉和水发酵后，制成直径 5 厘米左右、中间厚边缘薄的圆饼，上笼熬蒸而成。旧时将发糕放入桶中，用棉被衲子盖好，背在肩上叫卖。

甑儿糕 又名“童儿糕”，系婴儿食品，易消化。甑儿糕的糕模为木制，长约 15 厘米，圆桶状，中间空，上有盖。将籼米粉洒水拌和，使米粉空松而不粘黏。用河蚌壳抄起米粉撒入木模中，用鹅毛刮平，放在水壶上蒸熟，边放边蒸。吃时用沸水泡开。民国《江都县续志·食物之属》载：“筒儿糕，即甑儿糕，以米粉用小甑蒸食之。”

萧美人玉饼 创新品种之一。将淮山药蒸熟刨去皮，压成泥。将糯米粉、澄粉混合过筛，成混合粉。将山药泥加入混合粉、糖、熟猪油擦匀，揉透成粉团。将粉团搓条，摘剂（20 克/只），包入豆沙馅，成圆球状。将圆球状的生坯放入木圆形花模具中，一个一个敲平，成萧美人玉饼生坯，将生坯入笼蒸 5 分钟即熟。

特点：饼质如玉，光润细腻，软糯香甜。

四味重阳糕　为创新品种之一。将粳米粉、糯米粉混合，加入少量清水，拌成雪花状，擦过筛箩，将过筛的三分之二粉放入模具，加入馅料，然后加三分之一的混合粉，刮平，压上有字或印花的模具制成生坯，将生坯上笼蒸 6 分钟即成熟。其他 3 种馅料的重阳糕亦依此做法，成形出品，即为有四种馅料的重阳糕。

特点：松、香、糯、甜。

如意锁片　红楼宴点心之一，此乃江南糕点糯米凉卷也，为象形点心，凉卷若玉肌冰心，又如如意锁片，象征着生活的幸福与爱情的永恒。2023 年，泾河大糕、大麒麟阁糕点、萧美人糕点制作技艺入选江苏省非物质文化遗产代表性项目名录扩展项目名录。

特点：形似锁片，香甜软糯。

4. 氽食类

扬州氽炸食品主要有锅贴、春卷、油酥、油条、麻花（三股、两股、套环）、麻团、油饺、油馓（扇形、圈形）、油糍、油端等。

锅贴　将饺子放入平底锅煎制而成的小吃，用香醋蘸食。馅心有鲜肉、牛肉、虾肉等。民国初，孔庆镕《扬州竹枝词》载有锅贴角。

特点：咸鲜丰满，边纹清晰，面皮软韧，底脆肉嫩，馅鲜卤多。

扬州春卷　用烙熟的圆形薄面皮卷裹馅心，下锅油炸而成的面点。因是春节前后的应节食品，故取此名。为扬州十大名小吃之一。著名品种有韭菜黄肉丝春卷、荠菜春卷、豆沙春卷等。据《乾隆三十年江南节次膳底档》载，乾隆三十年（1765）二月十八日未正，乾隆皇帝在天宁寺行宫赏庆妃春卷一品。《邗江三百吟》应时春饼咏诗云：“调羹汤饼佐春卮，春到人间一卷之。二十四番风信过，纵教能画也非时。”民国《江都县续志》：“春饼，春时食之。以薄饼皮裹馅，油煎作食。”

特点：皮薄酥脆，馅心香软。

扬州锅饼　用稀鸡蛋面液在锅中将馅心包成长方形，煎至成形，再入油锅炸熟，切成条。馅心有枣泥、葱油火腿等十数种。

特点：外皮酥脆，葱香扑鼻，火腿鲜香。

油饺 经油炸制而成的有馅心的糯米粉饺子。油饺一般包皮较厚，个头较大，馅有甜、咸两种（如豆沙馅、荠菜馅等）。

特点：形似元宝，边纹清晰，外微脆、里软糯。

糍粑 将糯米加盐煮熟，冷后切块炸制的食品。

特点：外壳酥脆，里面软糯。

麻团 将糯米粉加温水揉制挤剂，包馅成圆形，滚上芝麻，再用油炸成的点心。

特点：外脆中空，糯、粉、黏、甜。

油条 用油炸制而成的面食。民国《江都县续志》：“油条。以面环其两端，用油煎之，俗称油炸鬼。”通常用作早点，也用于制菜，如油条丝瓜汤、油条揣肉馅等。扬州人吃油条，喜欢现炸的脆而酥的油条。扬州人还喜将油条夹入烧饼同吃，用夹子将油条从头到尾扑一遍，扑平、扑实即可食用，既香又脆，有嚼劲。

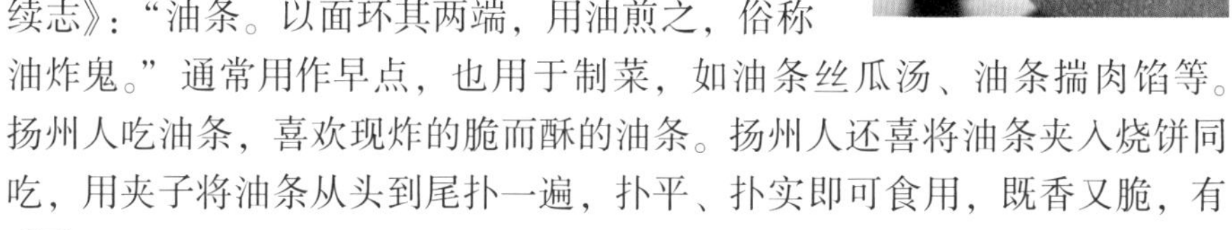

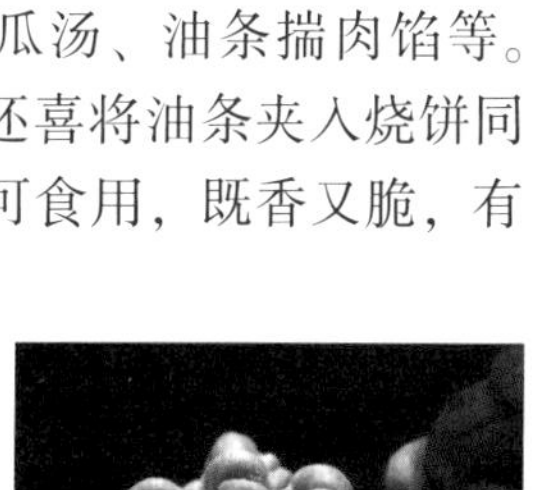

麻花 油炸食品。麻花有南北之分，北有津门麻花，南有扬州麻花。扬州麻花娇小而酥脆。以庵舍的素油麻花最具特色。

特点：质地酥脆，入口甜香，条散而不乱。

馓子 民国《江都县续志》：“馓子。以面置条，屈曲如环状，用膏油炸之，用麻油者谓之麻油馓子。”20 世纪 50 年代，常有小贩沿街叫卖馓子。一般有两种吃法：干嚼、水煮。还可作菜肴的配料。

特点：色泽金黄，香酥松脆，入口即化，其味略咸带甜，宛如金线绕成，环环相连。

油端子 将生拌馅心放入模具油炸而成，为淮扬特色小吃。名称源自加工时所采用的辅助工具“端子”。

特点：金黄油亮，外脆里嫩，油而不腻。

双麻酥饼 吸收胡饼的食材选择与起酥技术，用素油起酥，采用小包酥起酥方法制作坯皮，包入馅心，粘上芝麻，经油炸而成。甜馅有细沙、金橘，咸馅有葱油、萝卜丝、火腿、肉松等。

特点：美观酥香，滋味甜美。

萝卜丝酥饼 用水油面包入干油酥、萝卜丝，经油炸成熟的小酥饼。为扬州传统点心。

特点：酥层松酥，萝卜清香，油润不腻。

萱花酥 将水油面包入干油酥，揿扁，擀成长方形，分成三等份折叠。再擀薄成长方形，再对折计三次后擀成长方形薄片，包入枣泥（或萝卜丝）馅，收口，成椭圆形生坯。将生坯入油锅汆至酥层放开即成。

特点：层次清晰，薄酥香脆。

藕丝酥 “花下荷藕玉臂舒，缕缕银丝入口无。浮香沾襟挥不去，艺惊四座夸蝉酥。”这是诗人对藕丝酥的评价。藕丝酥的酥层薄如蝉翼，其制作技艺精湛，为明酥分层起酥的高难度作品。

太君酥 为红楼宴席点，在《红楼梦》中是贾母爱吃的萝卜酥饼。做成圆形明酥，圆边粘上黑芝麻，内包火腿和萝卜丝即可。

特点：黑白斑驳，形如发鬏。酥香扑鼻，娇小可爱。

双色如意酥 为创新品种之一。将低筋面粉加入熟猪油调成油酥面团，将水油面团用大包酥手法包入油酥，压扁，擀成薄片，叠成三叠，再擀成薄片，再叠成三叠，擀成长方形薄片，用快刀切齐四边，成长方形。在长方形的半边刷上青菜汁，卷起到中线，涂上蛋液粘紧；反过来，另一半刷上苋菜红汁，也卷起到中线，涂上蛋液粘紧，使之成为双如意纹的双圆柱体，用快刀切成厚片。将双色如意酥生坯放到刷过油的烤盘中，入烘箱，将烤箱温度调至180℃，烤熟取出即成。

特点：酥层清晰，红绿相间，入口即化。

油香 亦称“油饷”，扬州回族人民的特色食品。相传这种食品本是古代波斯所属布哈拉和伊斯法罕等地的一种家庭食品。油香的形状有扁圆形、三角形、金钱形、朵花形等。扬州油香有面粉油香、糯米粉油香、糯米掺面粉油香、甘薯油香、地瓜油香、侉面油香、牛（羊）肉馅油香、金钱小油香、油酥脆花、油酥花茧等。糯米粉油香用于喜庆事宜，象征吉祥幸福。金钱小油香用于喜庆、诵经、待客。

特点：糯米粉油香外皮酥、内层黏糯，馅心香甜可口；金钱小油香色泽金黄，香酥醇甜，味不雷同。

5. 汤圆、米线

四喜汤圆 包入甜、咸四种不同馅心制成的汤圆，也称“团圆”“元宵”。民国《江都县续志》载：“汤圆。作正圆形者为汤圆，又称元宵。”它以4种汤圆为一碗，馅心分别是鲜肉、细沙、菜肉、芝麻糖。这四种汤圆的形状不一：鲜肉汤圆小尖尖（尖头形），细沙汤圆两头尖，菜肉汤圆鸭嘴扁（椭圆形），芝麻汤圆团团圆（球形）。四喜源自宋代汪洙《神童诗》：“久旱逢甘雨，他乡遇故知。洞房花烛夜.金榜题名时。”

特点：有咸有甜，有圆有长，细腻黏糯，各具鲜香。

凉粉 以豆粉为原料制成的风味食品。夏季，扬州街头常有卖。

特点：光滑富有弹性，开胃爽口。

粉丝 以豆粉等为原料制成的食物半成品。较粗者称“粉条”，形扁者称“瓢粉”（也称“宽粉条”），水湿者称“水粉”（也称“索粉”）。可作荤素菜肴的配料，亦可作主料，宜于多种烹调方法。扬州街头小吃通常用其制作鸭血砂锅粉丝、牛肉砂锅粉丝、粉丝汤、凉拌糖醋粉丝、凉拌香辣粉丝。

特点：细而透明，有光泽。

香辣牛肉米线 为中华名小吃。锅上火，放入熟猪油、精炼油，熬成混合油，待油烧至五成热时，入川豆瓣、姜末、蒜末、五香粉，炒香，即成为牛肉底料。将鲜牛肉块焯水洗净，放入锅内，上中火，加牛肉底料、精盐、姜、葱、牛骨，烧入味，再加高汤、精盐、味精、胡椒粉调味，拣去牛骨，即成牛肉馅子（带汤）。将水烧沸，下米线烫至无硬心，在碗中放入韭菜段，将米线捞入碗内，浇上牛肉馅子将米线淹没，加熟莴笋块、香菜末，即成香辣牛肉米线。

特点：米线滑爽，色泽红亮，牛肉酥香微辣。

香菇炖鸡米线 为中华名小吃。锅上火，放入熟猪油烧至五成热，放入姜、葱末炒香，放入鸡块煸去水汽，掺水淹浸鸡块加盐炖至九成熟，加入高汤、水发香菇再炖熬出味，放入精盐、味精、鸡精调味，即成香菇馅子。将水浇沸，下米线烫至无硬心，在碗内放入韭菜段，将米线捞入碗内，浇上香菇馅子（带汤）把米线淹没即成香菇炖鸡米线。

特点：汤色黄亮，米线滑爽，鸡块鲜嫩，香菇清香。

（注：本节源自施志棠、王镇《中国淮扬菜志》，由扬州市商务局提供）

三、扬州酱菜

扬州酱菜的历史已逾千年。相传，扬州酱菜源于汉代，1980 年，扬州汉墓出土文物木觚上的文字有蘖曲橐。“蘖曲”即酱曲，验证了当时扬州已能制作酱腌菜。唐天宝十二年（753），鉴真东渡日本，将酿造酱的技术传到了日本。日本人依法制作，果觉齿颊生香。至今日本人仍能循旧法制作，并奉鉴真为日本酱菜制作业的始祖，现日本的“奈良渍”即鉴真所传。日本友人有诗曰：

豆腐酱菜数奈良，来自贵国盲圣乡。
民俗风习千年久，此地无人不称唐。

在清代，扬州酱菜为贡品，被列为宫廷御膳小菜。两淮盐运使李煦曾贡冬笋、糟酱、茭白。《扬州画舫录》记载，乾隆皇帝南巡扬州时，满汉席中有小菜（即酱小菜）碟二十件。1910 年，扬州酱菜获南洋物产交流会银质奖，1915 年获巴拿马国际博览会金质奖，1925 年获西湖博览会一等奖。中华人民共和国成立后，扬州酱菜在历次同行业评比中均名列前茅，先后有 26 个品种获 64 个省优、部优等各种奖项，其中乳黄瓜于 1987 年荣获国家银质奖，首创全国同行业最高质量奖。

中华人民共和国成立前，扬州有酱坊 70 余家，多为前店后作，每家都有高招，尤以四美、三和、五福为大。四美创建于嘉庆年间，老板为沈姓。最初是弟兄四人共有，一秀才借用《滕王阁序》中“四美具，二难并”之句为店起名，含义为鲜甜脆嫩。“三和”之名是酱园主人自起，因为是梁典成、陈镇岩、梁贡周三人出资，合股经营，以“三和”为商标，寓意松、竹、梅岁寒三友历经风霜而不凋，也是天时、地利、人和之意，还有色、香、味皆佳之意。

酱菜是先人留下的智慧，它充分利用了扬州的物产优势，扬州气候温和，雨水充沛，土肥水丰，物产丰富。据资料记载，扬州自隋唐起就盛产瓜果蔬菜，又是海盐的集散地。这为扬州酱菜的生产与发展提供了得天独厚的自然条件和物质基础。

酱菜既保留了瓜果蔬菜的清香味，又有浓郁的酱香味，是扬州人在时令规律下顺势而为的成果，是将自然的生机腌进田园的果蔬加工品。其造型美观，富有光泽，讲究色、香、味、形，具有鲜、甜、脆、嫩四大特点。扬州人将春秋的季节瞬间饱藏于酱菜，使之成为四时都能佐餐下酒的美味。

扬州酱菜有乳黄瓜、酱牙姜、螺丝菜、萝卜头、什锦菜等，其鲜明特点是酱香浓郁，甜咸适中，色泽明亮，块型美观，鲜甜脆嫩。扬州酱菜一是选料严格，如主要品种乳黄瓜，以每千克60条以上的鲜黄瓜为材，皮薄，肉嫩，青脆无籽，无渣如乳。又如萝卜头，挑选每千克52个以上的萝卜，要求色白皮薄、组织致密，这样的萝卜腌好后，必然脆、嫩、甜。二是制作精细，制曲天然，腌制适时，拔水到位，咸坯腌制，具体腌法有干腌法、卤腌法、先腌后制法、盐卤共腌法等。三是酱制有序，卤汁纯净。酱菜之鲜来自酱，扬州人利用气温与湿度最适宜微生物繁殖的时机，操作酱制工艺，丰富曲块酶系。其关键的材料甜面酱，至今仍采用天然晒露法、水浴保温法及多酶糖化速酿法制作。大浪淘沙，留下的才是真正被人们认可的。扬州酱菜中经典永流传的品种有酱牙姜，选取浙江或安徽嫩姜为材，最肥、最嫩、纤维少、入口脆；螺丝菜，取甘露子为材，其形如螺丝又像宝塔，脆而清，细而嫩；什锦菜，选用红、黄、翠、绿、黛等多种色彩的酱菜食材，切成丁、条、块、丝、片等形状，组配成什锦菜，外形既美，色彩又多，谁人不爱？扬州酱菜是平民餐桌上的佐餐菜，饮酒时的助兴菜，老人、儿童的保健菜，筵席上的爽口菜。难怪苏轼要写诗赞美：

色如碧玉形似簪，清香喷艳溢齿间。
此味非比寻常物，疑是仙品下人寰。

酱乳黄瓜　为扬州人酱制的乳黄瓜。其色泽青翠，有浓郁的酱香气、酯香气及乳黄瓜的清香气，滋味鲜美，咸甜适中，嫩脆可口，条形整齐，大小均匀，是酱菜中的佼佼者。选用扬州特有的线瓜为原料，其皮薄、肉厚、瓤小，皮色翠绿，果形细长。鲜瓜每千克不少于60条。瓜农清晨顶露采摘，此时瓜戴宿花冠，口感和质地最佳，采摘后即及时加工腌制。

酱萝卜头　为酱制的萝卜头，系扬州传统特色产品，素有“扬州酱萝卜头赛蜜枣”的美誉。其呈琥珀色，有晶莹感，有浓郁的酱香气和萝卜香气，味鲜甜。原料选用当地特产“晏种小萝卜头”，其皮薄、色白、个圆，肉质致密紧脆，个头大小相近，鲜萝卜头每千克50个以上。霜降后采收加工。

酱什锦菜　为扬州人酱制的乳黄瓜、萝卜等什锦菜，是扬州三和酱菜公司始创的传统产品。由乳黄瓜、萝卜、宝塔菜、莴苣、菜瓜、胡萝卜、生姜、大头菜等菜坯组成，红、黄、黛、翠四色相间，色彩斑斓，形状丁、条、块、丝、片、角齐全，色、香、味、形俱佳。滋味鲜美，质地脆嫩，咸甜适中，卤汁澄清。

酱嫩芽姜　《新唐书》就记载了广陵郡有地产贡品“蜜姜”。苏轼《扬州以土物寄少游》云：“先社姜芽肥胜肉。”扬州民间有“早晨吃片姜，胜似喝参汤”的说法。扬州民间有“冬有生姜，不怕风霜”的谚语。扬州嫩芽姜采用肥嫩的子姜酱制而成，有酱佛手姜与酱片姜两种。其色泽

牙黄，有酱香气、酯香气及浓郁的姜香气。其味鲜美，质柔脆，无渣，形态美观。有止呕、化痰、驱寒暖胃、防治疾病之功效。

酱宝塔菜 扬州人酱制的宝塔菜。宝塔菜亦名“甘露子”“草石簪”“螺丝菜”，属唇形科多年生宿根植物，栽培于近水低湿地，地下根茎呈螺旋形。于小雪期间酱制。其肉质脆嫩，无纤维，清爽可口。

四、扬州清真美食

“商胡离别下扬州，忆上西陵故驿楼。为问淮南米贵贱，老夫乘兴欲东游。”诗圣杜甫一语道出了唐代扬州繁华的重要原因。在唐王朝的开明政策下，扬州成为天下商贾云集之地。当时的“胡”既包括中原及周边的少数民族人民，也包括阿拉伯、印度、柬埔寨、尼泊尔、日本、朝鲜，以及南非、东非乃至欧洲广大地区的人民。当时仅在扬州集聚的波斯商人就有5万到10万人。陆上丝绸之路与海上丝绸之路使扬州成为连接欧、亚、非的文化纽带。

当时广州、洪州、扬州、长安的胡人最多，这几处地名常见于古代阿拉伯人的著作。如地理学家伊本·郭大贝在《省道志》中列举了中国的四处海港，自南而北为龙景、广府、越府、江都。胡人给扬州带来了有形的胡物，为传统的扬州生活吹来了一股新鲜的风，反映在饮食上则有清真美食。

中国清真食品有南北之分，扬州的清真食品在风格上属于南派一路。其历史悠久，风味独特。扬州清真菜肴洁净、鲜美，以烹制淡水鱼虾、海货、家禽见长。就其类型，大致有家常菜、市肆菜、院菜（又称“教席菜”）。每到重大节日，清真寺会置办食物款待到寺参加宗教活动的穆斯林，一般制办院菜的费用来自穆斯林的自愿资助。

明清时起，在扬州经营清真菜的小商贩不断增加，他们走街串巷，街头设摊，逐渐发展出鸡鸭熟食、牛羊肉熟食、面饼、茶社、茶食、饭菜馆、牛羊屠宰、豆制品等行业，其中以鸡鸭熟食业和饭馆业最为有名。清末民初，扬州清真食肆的生意非常红火，大小店铺达五六十家。

位于扬州古城东圈门的林源兴鸡鸭店创办于1901年，该店制作的油鸡白嫩酥鲜，板鸭香鲜醇厚，熏鸭金黄不焦，皮脆肉嫩。该店老板为清真厨行出身，不仅自己有独门绝技，而且善带徒，有不少技精成才者在本地和外埠开店，如上海林懋兴、苏州林源兴都是继承自扬州的林源兴。林源兴于是成为一方清真美食的标志。

扬州的清真饭馆业在20世纪20—30年代最为兴盛，以天兴馆最出色。该店擅长制作鱼翅、鱼皮烩成的大菜，流传至今的原焖鱼翅、芙蓉鸡鱼翅、原焖鸡酥圆、鱼肚什锦、扒烧牛筋、清烩拆骨鸭舌掌、清炒美人肝、炒双脆、羊方藏鱼、挂炉烤鸭等淮扬名菜，都源于该店。天兴馆可谓个性鲜明，经济实惠，在扬州菜肴中占有重要地位。

油香是扬州清真食品中的特色食品，古今传承。有面粉甜油香、糯米粉油香、甘薯油香、牛羊肉油香、金钱小油香等，品种具有地方特色。其基本制法是将面粉调制后做成扁圆形，然后在油锅中氽至两面金黄即成。

五、扬州药膳

扬州地处江淮平原，临江近海、气候温和、物产丰富、文人汇聚的特定自然与人文条件，给扬州药膳的形成和发展提供了良好的基础，使扬州药膳成为中华药膳学的一个重要组成部分。

医者仁心，扬州名厨受医者的潜移默化，秉承医者“药补不如食补”的理念，以仁德之心精心制作药膳造福食客。名厨们以中医阴阳五行学说，因病、因人、因时辨证方法为指导，将药与食相连，把食物、调料、药物三相和烹，使食客们在进食时滋补养生，食借药之力，药助食之功，达到健身、祛病、延年的功效。扬州是与中医文化结缘的城市，至今扬州城中食药兼优的名菜不胜枚举。

（一）古往今来的丰富药膳

扬州药膳历史悠久，始于战国，到汉魏时期开始兴旺，但此时尚未形成自己的风味和流派。汉吴王刘濞都于广陵，枚乘官拜郎中，在扬州生活了较长时间，对扬州的饮食风俗有一定了解，他在《七发》中云：“犓牛之腴，菜以笋蒲。肥狗之和，冒以山肤。楚苗之食，安胡之飰，抟之不解，一啜而散。于是使伊尹煎熬，易牙调和。熊蹯之臑，芍药之酱。薄耆之炙，鲜鲤之鲙。秋黄之苏，白露之茹。兰英之酒，酌以涤口。山梁之餐，豢豹之胎。小飰大歠，如汤沃雪。此亦天下之至美也，太子能强起尝之乎？”这段文字揭示了当时药膳食疗的端倪。

三国时扬州名医华佗曾行医于广陵，广陵人吴普是华佗弟子，“普依佗疗，多所全济”。史载吴普促进了扬州食疗的兴旺，是我国第一位倡导食疗和体疗的宗师，其著述《神农本草经》《华佗集验方》中有较大篇幅论及食疗和药膳。“普施行之，年九十余，耳目聪明，齿牙完坚”，足证其身体力行以食健身祛病之效。广陵太守陈登因嗜食生鱼脍致病，胸中烦，面赤不食，经华佗及吴普治愈，吴普给陈登提出的愈后保养建议就是饮食要“火化”后食用，由此可以看出扬州菜肴“讲究火工，擅长炖焖”由来已久。

隋炀帝三幸江都，并较长时间驻跸江都，不仅将北方的烹饪技艺带到扬州，而且江南各地纷纷进贡珍肴名馔，使扬州厨师开阔了眼界，继而兼收南北各家之长，促进了扬州菜肴及药膳制作技艺的提高。唐朝扬州经济繁荣达到历史鼎盛，巨商大贾和士大夫追求吃喝玩乐，扬州十里长街，酒楼茶馆，鳞次栉比。灯火辉映下彻夜宴席，酒馔的丰盛精美自不待言。小东门可随意购买用于制作药膳的香椿、莴苣、芹菜、萝菔、虎骨酒等物。其时名医众多，如王师、李含光、谭简、穆中、紫极宫道士等医家均名重一时，这些名医对食疗起着倡导推进的作用。《太平广记》载，晚唐高骈镇守扬州时期，有术士自称“善医大风”，为了核实真伪，高骈命人“置患者于密室中，饮以乳香酒数升，则懵然无知，以利刃开其脑缝，挑出虫可盈掬，长仅二寸。然以膏药封其疮，另与药服之，而更节其饮食动息之候。旬余，疮尽愈。才一月，眉须已生，肌肉光净，如不患者”。

鉴真和尚是我国第一个东渡日本弘扬佛法，又传授中医药技术及豆腐制作等技艺的人，其所著《鉴上人秘方》虽佚，但他创制的食疗药膳方一直流传至今。当代名医耿鉴庭先生年轻时在扬州曾亲见印有“唐传豆腐干，黄檗山御门前淮南王制”字样的双边框盛豆腐干的口袋。饮食既发达如此，医药的发达也就可想而知了。

宋辽元金时代，扬州有许叔微、王克明、祁宰、邹放、杨吉老、王仲明、邱经历等著名医师。许叔微是真州（今仪征白沙）人，幼年时家境贫穷，成年后精心钻研医学，挽救了许多重症患者。史书上记载了他行医的许多感人故事。有一次，许叔微给一个女子看病，就以生地、柴胡、黄芩等研细为丸，伴以乌梅汤送服。乌梅汤是一种饮料，许叔微将其作药用，这是一大创造，也是药膳食疗的一大进步。据南宋周密在《癸辛杂识续集》中的记载，当时扬州有一名姓丘的经历（经历是一种官职），“尝治消渴者，遂以酒酵作汤，饮之而愈，皆出于意料之外”。以酒曲治疗糖尿病，这就是药膳的功力所在了。再如，宋时扬州春饼以荠菜作馅心，既可口，又是清热、利湿、化痰的药膳。

明清时期，扬州药膳渐成体系，《扬州府志》对食疗保健、药膳方剂有专章记载，对药膳的功用已十分明确，如羊肝糕治雀盲、海带羹治内障、绿豆银花汤治天行赤眼等。当时扬州名医以李明元、陈君佐、方选、周之藩、林长生、史廷立等为最。名医们在其著述如《眼科简便验方》《审视瑶函》和《本草集要》中，对饮食疗疾、保健药膳方剂均有较大篇幅的论述，如：“扬州饮食华侈，制度精巧。市肆百品，夸视江表。市脯有白瀹肉、熝炕鸡鸭。汤饼有温淘、冷淘或用猪肉夹河豚、虾、鳝为之。又有春茧、䴵䴵饼、雪花薄脆、果馅餢飳、粽子、粢粉丸、馄饨、炙糕、一捻酥、麻叶子、剪花糖诸美，皆以扬、仪为胜。”在扬州，药膳已“飞入寻常百姓家”，民间药膳数不胜数，海带羹、人参莲子汤、百合汤、虫草鸡、枸杞虾仁、归芪鸡、茧子羹、海参烩猪筋、西施乳、鸡笋粥、枣泥糕、桑葚酒酿等几十种药膳已被列入平常的宴席菜单，而黄芪猪蹄汤、柳叶红枣汤、金鲤蒜头汤、藕蓟汤也是扬州百姓的食疗佳品。药膳时间。

清代盐商重药膳，不少盐商常年服用人参燕窝汤、珍珠八宝霜、珠玉八宝粥滋补养元，而盐商的宴席中则频繁出现了虫草鸡、鱼鳔羹、归芪鸡、枸杞虾等药膳。传说个园主人黄至筠每天吃的鸡蛋不是市面上的鸡蛋能比的，每个鸡蛋得一两银子。原来黄至筠家里养了上百只母鸡，每天都将人参、白术、红枣等研磨成粉末加入鸡饲料中喂鸡，所以黄家的鸡蛋才有了滋补作用。黄至筠爱竹成性，不仅自己的名字里有竹，在家园里植竹，以竹意题园名，而且还有一个与竹有关的奢好：喜欢吃竹笋。当然，个园里的竹皆为观赏竹，这种竹子的笋是不宜吃的，即便吃，也吃得有限。黄至筠最爱吃黄山笋，而且还要趁着刚挖出土的新鲜劲儿吃。但黄山离扬州路途遥远，如何能够吃到新挖出土的笋呢？有人专门为他设计了一种可以移动的火炉，在黄山采到竹笋后立刻洗净切好，和肉一起放到锅里焖上，然后让脚夫挑着火炉向扬州赶，等人到扬州时，竹笋和肉也煨好了。一盘竹笋肉竟然如此费周折，其间花费的银两也可想而知。徐盐商家资巨丰，其常年服用人参燕窝汤、人参莲子汤、人参百合汤、冰糖哈士蟆、珍珠八宝霜、珠玉八宝粥等药膳以求祛病延年。扬州盐商宴请宾客常设虫草鸭、枸杞虾仁、鹿鞭汤、叉烧仔猪、鱼鳔羹、归芪鸡等药膳佳肴。

时人林苏门在《扬州三百吟》中列举了堆花烧酒，摸刺刀鱼烧金华火腿，冷蒸、热切、重烧、活打、应时春饼、灌肉汤包、荷叶甲、鲫鱼卷、蚌饼、荸荠糕、火腿粽、山楂糕、乌米饭、黑鱼汤、马鞍桥、水鸡豆、葵花肉圆、兰花蚕豆、石膏豆腐、水晶肝肠等著名菜肴，其中就有多个品种是药膳。

《扬州画舫录》所载满汉全席中也有玺儿羹、西施乳、桑葚酒酿、猩唇猪脑、海参烩猪筋等高档药膳名品。

扬州的百姓很会利用家常的食材、药材做药膳，花钱不多，唾手可得。姜汁鹑脯山药火锅，减肥美容；丁香羊狗火锅，益气养血；荷叶粉蒸鸡，清热活血；菊花脑打蛋汤，解暑爽口。

其时，扬州药业每至九月初八都要举行盛典，开始是药业同仁大聚会，之后渐渐演变为各家单独举行。仅以大德生药店为例。每至九月初八，大德生药店先宰鹿一头，点香烛、设供品以纪念药王，晚宴则恭请药业同仁及扬州名医，席上尽为药膳佳作，如冷盘有炝海参、溜木耳冬菇、拌竹沥冬笋、盐水鹿舌等，热炒有龙井虾仁、枸杞蟹粉、梨丝肉片、雪菜山鸡脯等，烧菜有五香野鸭、清蒸果子狸、归芪鸡、烧鹿脯、竹荪鱼翅等，且每年翻新，于此可见扬州药膳之一斑。如今大德生的白玉兰餐馆以鸡肉、虾米、香菇、游鱼制成“游龙戏凤”药膳，这道药膳含丰富的蛋白质、碘、钙、谷氨酸，真正是重德济生。

随着温病学派的崛起，扬州除擅长调理内外各症的名中医外，谙于热性传染病治疗的名中医辈出，且著述较丰，其对疾病的饮食宜忌及调养方药，皆为医患接受。名中医们的药膳处方较多，如雪羹汤（地栗、海蜇）、獭瓜糕（獭瓜屑、米粉）、韭汁饮（韭菜汁）、天生白虎汤（西瓜）、天生复脉汤（甘蔗汁）、五汁饮（芦根、地栗、稿、梨、甘蔗）、四鲜饮（鲜生地、鲜芦根、鲜藕、鲜麦冬）等均具有明显疗效。

晚清至民国，扬州医家在治病时仍大量使用简便廉验的药膳救治贫病无力购药者。如扬州外科名医耿蕉簏老夫子治痈，患者患处溃烂化脓后久不收口，耿老夫子便令患者服黄芪猪蹄汤。任继然老夫子治黄疸肝炎，令患者饮柳叶红枣汤，治癫痫则令患者用遂心丸（甘遂、猪心）。吴克谦老夫子治齿衄令患者饮冬青叶肉汤，治尿血令患者饮用藕蓟汤（鲜藕、小蓟），治水肿令患者饮金鲤汤（鲤鱼加蒜头）等，均收到明显疗效。

此一时期，淮扬厨师大量外流，向扬州以外的地区传播了高超的烹饪技艺，扬州药膳与淮扬菜肴同时传播，声誉越来越高，影响也越来越大。

近年来随着改革开放的深入，扬州药膳有了新的发展，许多专家学者纷纷著书立说，不断研究总结和推广淮扬菜中药膳的烹饪技艺和配伍，让淮扬菜肴中的药膳这颗明珠绽放出更加灿烂的光芒。20 世纪七八十年代，扬州有关部门和扬州名厨联合研发出扬州红楼宴，其中的龙袍鱼翅、雪底芹芽、老蚌怀珠、生烤鹿肉、西瓜盅酒醉鸭、明珠燕菜等就属于扬州药膳的范畴。2006 年 10 月，首届国际营养药膳烹饪技艺大赛在扬州举行，扬州共有 18 名选手折桂，其中有 17 人获得“营养药膳大师”称号。

（二）扬州药膳举隅

1. 饭粥类

百合粥　来源于《本草纲目》，润肺、止咳、宁心、安神。适用于肺燥咳嗽痰中带血，热病后期余热未清、神志恍惚、心神不定及妇女更年期综合征等。

拨粥　来源于《普济方》，宽胸止痛，行气止痢。适用于冠心病、心绞痛及急慢性痢疾、肠炎等。

菠菜粥　养血润燥。适用于贫血、大便秘结及高血压等症，也是孩子种牛痘时的发物。

栗子粥 补肾强筋，健脾养胃。适用于老年肾虚腰酸、腰痛、腿脚无力、脾虚泄泻。

百合红枣粥、大枣粥 江米甘平，能益气止汗。百合甘苦微寒，健脾益气。适用于脾胃虚弱、贫血、胃虚食少等症，特别适合女性。

枸杞豉汁粥 补益肝肾，和养胃气。适用于体虚久病、五劳七伤，房事衰弱、腰膝无力等症。

荷叶粥 适用于高血压、高脂血症、肥胖病，以及夏天感受暑热所致的头昏脑涨、胸闷烦渴、小便短赤等。

胡萝卜粥 健脾和胃，下气化滞，明目，降压利尿。适用于高血压及消化不良、久痢、夜盲症、小儿软骨病、营养不良等。

决明子粥 清肝，明目，通便。适用于高血压、高脂血症及习惯性便秘等。

鹿胶粥 温补肝肾，强筋壮骨，活血消肿。适用于肝肾阴虚、畏寒肢冷、阳痿遗精、腰脚酸软及乳痈初起等症。

木耳粥 滋阴润肺。适用于肺阴虚劳咳嗽、咯血、气喘等症。

糯米莲子粥、莲肉粥 补脾止泻，益肾固精，养心安神。适用于高血压和脾虚泄泻、肾虚不固、遗精、尿频及带下、心悸、虚烦失眠等。

香菇粥 大益胃气。有开胃助食作用，适用于气虚食少者。

杏仁粥 止咳平喘。健康之人经常食用能防病强身。

饴糖大米粥 健脾、和中、止痛。适用于脾虚食少、胃虚作痛，并可作为产妇、小儿的补品。

沙参粥 润肺，养胃，祛痰，止咳。适用于咽干或热病后津伤口渴。但伤风感冒、咳嗽者不宜服。

山药杏仁粥、薏米粥 补中益气，温中润肺。适用于脾虚体弱、肺虚久咳。

珠玉二宝粥 滋养脾肺，止咳祛痰。适用于脾肺阴亏、饮食懒进、虚劳咳嗽，并治一切阴虚之症。

2. 水产类

百合枣龟汤 滋阴养血，益心肾，补肺脏。适用于心肾阴虚所致的失眠、心烦等症、心悸等症。

冰糖龟肉 益气补血，增精生髓。适合高热后虚损之人和久病体弱者。亦可用作咯血、便血的辅助治疗。

蘑菇鲫鱼 此菜具有理气开胃、止泻化痰、利水消肿、消热解毒、通脉下乳等功用。

3. 蔬果类

蜂蜜桑葚膏　这道药膳来源于《大众药膳》，滋养肝肾，补益气血。适用于须发早白、病后血虚、未老先衰等症。

鲜芹菜汁　降血压，平肝，镇静，解痉，和胃止吐，利尿。适用于眩晕头痛、颜面潮红、精神易兴奋的高血压患者。

4. 禽蛋类

虫草全鸭　补肺肾，益精髓。适用于虚劳咳喘、自汗盗汗、阳痿遗精、腰膝软弱、久虚等症。

桂圆童子鸡　补气血，安心神。适用于贫血、失眠、心悸等症，健康人食用能使精力更加充沛。

黄芪汽锅鸡　补中益气，补精，填髓。适用于内伤劳倦、脾虚泄泻、气衰血虚等症。

荷叶乳鸽片　补气养精，清暑补脾。适用于一切虚弱者，是夏季良好的补品。

龙马童子鸡　鸡肉酥烂，鲜香味浓，芡汁滑爽。具有温中壮阳、益气补精之功效。

益寿鸽蛋汤　补肝肾，益气血。适用于肺燥咳嗽、气血虚衰、智力减退等症。可作为老年体衰者之膳食。

银杏全鸭　滋阴养胃，利水消肿，定喘止咳。

5. 海鲜类

冰糖炖海参　补肾益精，养血润燥。适用于高血压症。

白及冰糖燕窝　补肺养阴，止嗽、止血。适用于肺结核咯血、老年慢性支气管炎、肺气肿、哮喘等症。

锅巴虾仁　补肾助阳，缩泉固精。适用于因肾虚造成的阳痿、遗精早泄、小变频密或失禁者，可用于辅助治疗。

海蜇荸荠汤　这道药膳来源于《新中医》，清热化痰，滋阴润肺。适用于阴虚阳亢的高血压患者。

菊花鲈鱼块　补虚壮阳。适用于平时的调补、佐餐。

6. 肉食类

杏仁猪肺汤　润肺、化痰、止咳。适用于老年人，尤其是慢性支气管炎及久咳不愈者。

玄参炖猪肝　养肝明目。适用于肝阴不足所致目干涩、昏花、夜盲，以及慢性肝病等症。

葱炖猪蹄　补血消肿。适用于血虚、四肢疼痛、浮肿、疮疡肿痛等症。

莲子猪肚　健脾益胃，补虚益气。适用于食少、消瘦、泄泻、水肿等病症。

杜仲腰花 补肝肾，降血压。适用于肾虚腰痛、步履不稳、老年耳聋、高血压等症。

羊杂面 补心益肾。适用于虚劳羸瘦、心肾不足、腰膝酸软、心悸怔忡等症。

芙蓉羊肾粥 滋肾平肝，强壮补虚。适用于肝肾不足、身体羸弱、面色黄黑、鬓发干焦、头晕耳鸣等症。

虫草炖牛鞭 汤汁清爽鲜醇，牛鞭松绵软糯，虫草润肤健体，枸杞明目壮元，营养上乘，为滋补佳品。

杞鞭壮阳汤 鞭肉肥烂，软滑适口，汤汁香浓，有滋补肝肾、益精润燥之功效。

萝卜杏仁煮牛肺 补肺，清肺，降气，除痰。适用于肺虚体弱及慢性支气管炎等症。尤宜冬春季节选用。

7. 山珍类

大枣百合汤 补中益气，润肺止咳、健脾养胃。主治慢性咳嗽或虚老咳嗽。

大枣冬菇汤 益气、开胃。适用于各种虚症，以及食少、高血压、冠心病、癌症及胃、十二指肠溃疡等病症的辅助治疗。

8. 膏养类

黑芝麻膏 润肺胃，补肝肾。

黄酒核桃泥汤 这道药膳来源于《本草纲目》，有补肾安神之效。适用于头痛、失眠、健忘、久喘腰痛及习惯性、老年性便秘等症。

龙眼参蜜膏 清肺热，补元气。适用于体质虚弱、消瘦、烦渴、干咳少痰、声音嘶哑、无力疲倦等症。

芝麻白糖糊 补阴血，养肝肾，乌须发，长肌肉，填精髓。适用于平时调补，以抗早衰。对肺燥咳嗽、皮肤干燥、肝肾阴虚亦有效。

9. 豆食类

金银豆腐 此菜具有和脾胃、消胀满、宽中益气、清热散血等功效。

杏仁豆腐 利肺祛痰，止咳平喘。适用于各种咳嗽、气喘的辅助治疗。

10. 茶饮类

菊花山楂茶 健脾，消食，清热，降脂。适用于冠心病、高血压、高血脂等症。

苦丁茶 枸骨叶味苦、性平，入足阴、少阴经。补肝肾，养气血，抗菌消炎、祛风止痛。可用于头痛、齿痛、中耳炎、结膜炎等症的辅助治疗。

莲心茶 清心火，通血脉。适用于高血压、冠心病和神经症患者。

蜜饯山楂 开胃，消食，活血化瘀。适用于冠心病及肉食不消腹泻者。

蜜枣甘草汤 补中益气解毒润肺，止咳化痰。适用于慢性支气管炎咳嗽、咽干喉痛、肺结核咳嗽等症。

人参莲肉汤 补气益脾。适用于病后体虚、气弱、食少、疲倦、自汗、泄泻等症。

山楂肉干 滋阴润燥，化食消积。

柿叶茶 软化血管，防止动脉硬化；清热解毒，凉血止血。对高血压和高血脂患者有一定的辅助疗效。

扬州名宴撷英

盛席华宴　天下珍馐

——独具特色淮扬宴

扬州美食荟萃，不少宴席各具特色，名闻遐迩。

一、传统名宴

三头宴　“三头宴”是扬州菜中以寻常甚至腥膻味较重的原料烹制而成的不同凡响的佳肴。鼎中之变，微在精妙。三头宴的制作发挥了淮扬菜制作精细、娴于炖焖的特长，保持了食材完美的外形，酥烂而无骨，黏韧、柔滑、鲜嫩而卤汁胶浓，带有居家常馔的风味，百食不厌。

鱼头菜历来为淮扬名馔，明代《鱼品》对鲢鱼有“大者头多腴，为上味”的评价，郑板桥亦有“夜半酣酒江月下，美人纤手炙鱼头”的诗句，湖水煮湖鱼更有自然之趣。从营养学上讲，鲢鱼头胶质多，肉肥茸，别有风味。该菜常配以豆腐，烧成后豆腐汤白汁稠，豆腐又吸掉了鱼头中的油，吃口肥减嫩加，更加鲜美爽口。

清代时扬州扒烧整猪头已很盛行，黄鼎铭的《望江南百调》词云：“扬州好，法海寺间游，湖上虚堂开对岸，水边团塔映中流，留客烂猪头。”可见当时扒烧整猪头在扬州已成为待客大菜，食时齿颊留香，过后亦津津有味。

扬州的蟹粉狮子头也享誉中外。据传，这道菜在扬州已有千年历史，宋杨万里有诗云：“却将一脔配两螯，世间真有扬州鹤。”这是将吃此菜比喻为富贵神仙。蟹粉狮子头的主体是狮子头，林兰痴的《邗江三百吟》对扬州的狮子头有精细描绘：“肉以细切粗斩为丸，用荤素油煎成葵黄色，俗名葵花肉丸。”扬州狮子头的搭配食材随季节不同而千变万化，如初春有河蚌狮子头、春笋狮子头，夏日有雪藕狮子头、茉菜狮子头，秋日有蟹粉狮子头，冬天有冬笋狮子头、风鸡狮子头等。

近年来，扬州厨师将“三头”菜肴联袂成席，颇受欢迎。郑璧先生诗曰：“扬州好，佳宴有三头，蟹脂膏丰斩肉美，镬中清炖鲢鱼头，天味人间有。扬州好，佳宴有三头，盘中荷点双双玉，夹食鲜醇烂猪头，隽味朵颐留。”

2023 年，扬州三头宴烹制技艺入选第五批省级非物质文化遗产代表性项目名录。

美食链接

三头宴菜单

冷菜：葱油酥蜇、凉拌双脆、出骨掌翅、盐水肫仁、椒盐素鳝、玛瑙咸蛋、芥末肚丝、水晶鱼条。

四调味：酱蒜头、拌香菜、红腐乳、渍萝卜片。

大菜：清炒大玉、软兜长鱼、干炸仔鸡、鲍脯鸽蛋、扒烧整猪头、清炖蟹粉狮子头、拆烩鲢鱼头、银杏菜心、什锦椰果、应时蔬鲜、扬州炒饭。

汤菜：鸡片汤。

点心：荷叶夹子、青菜包子。

水果：时果拼盘。

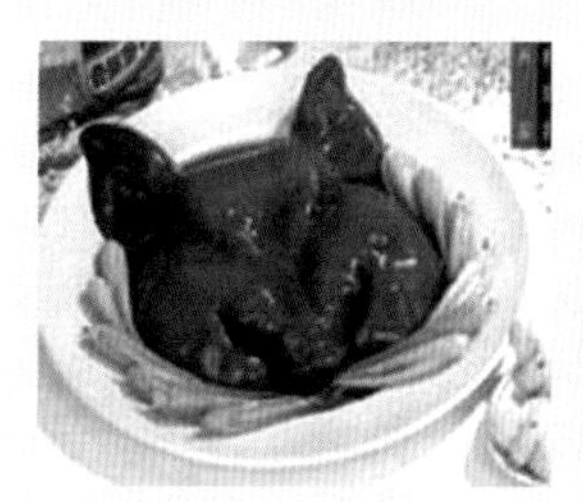

素斋 扬州素斋很有名气，僧厨擅长素菜荤做。如今扬州小觉林、大明寺都有全素菜供应，但都是荤菜名。

僧厨宴是扬州素斋宴的一种。扬州和尚中有不少是烹调高手，淮扬名菜文思豆腐即起源于清代和尚文思。将豆腐切成细如发丝，然后将香菌、蘑菇等也切成细丝，豆腐细丝和菌菇细丝经文火炖煮后，形成羹状，鲜、美、嫩、滑、爽，令人齿颊生香。

鱼宴 刀鱼和鲥鱼宴是知名宴席。刀鱼以扬州、瓜洲所产为美，其体形似刀，色泽银白。苏东坡有“恣看修网出银刀”的诗句刀鱼是席上佳品，洗净刀鱼，放上火腿、笋片，或红煮或清炖，其骨软、肉细。苏轼赞曰：“芽姜紫醋炙银鱼，雪碗擎来二尺余。尚有桃花春气在，此中风味胜莼鲈。”

蟹宴 扬州人吃蟹名堂可多了，九月雌，十月雄，长久吃熬蟹油，当时吃蟹黄汤包，荤吃蟹黄斩肉，素吃蟹黄豆腐。生蟹切开，和上面，油中一炸，别有风味；蟹肉拌上鱼肉，团成丸子，鱼蟹共香；清蒸，倒一盘姜醋，斟一杯美酒，月下对菊持螯饮酒，此乐何极？难怪郑板桥说：“佳节入重阳，持螯切嫩姜。”

全羊席 扬州南北厨师云集，扬州宴席自然也就包容兼收了各地风味，如淮南盐商喜欢北风来到的“满汉席”，淮北盐商则喜欢“全羊席”“全鳝席”。徐珂《清稗类钞·饮食类》有载：“清江庖人善治羊，如设盛筵，可以羊之全体为之。蒸之，烹之，炮之，炒之，爆之，灼之，熏之，炸之。汤也，羹也，膏也，甜也，咸也，辣也，椒盐也。所盛之器，或以碗，或以盘，或以碟，无往而不见为羊也。多至七八十品，品各异味。号称一百有八品者，张大之辞也。……谓之曰‘全羊席’。”

全鳝鱼席　鳝鱼，古代也称为鱓鳝，“为黄地黑文长鱼也，状如蛇又称蛇鱓”。《尚书》称鳝味为“食之美”。唐宋时元稹、陆游有食鳝诗词，明朱熹有“鱓堂偶休闲，鸡黍聊从容”之句。徐珂的《清稗类钞》对两淮长鱼席有翔实记述：“全席之肴，皆以鳝为之，多者可致数十品。盘也、碟也，所盛皆鳝也，而味各不同，谓之全鳝席。”其时，淮厨治鳝多有绝妙之处，口碑广为流传。

美食链接

两淮长鱼宴菜单

冷菜：炝虎尾、炸酥鱼、炝班肠、姜丝鳝鱼、卤荔枝鳝鱼、炝麻线鳝鱼。

炒菜：软兜鳝鱼、生炒蝴蝶片、熘鳝鱼、圆银丝鳝鱼。

大菜：红酥鳝鱼、煨脐门、乌龙凤翅荷包鳝鱼、抽梁换柱粉蒸鳝鱼、叉烤鳝鱼、方锅贴鳝背、干炸鳝鱼卷、爆鳝卷、酥炸脆鳝、清汤绣球鳝鱼。

二、创新名宴

西园满汉席　也称“满汉全席”“满汉大席”，为清代中叶兴起的一种规模盛大、程序繁杂、满汉饮食精粹合璧的宴席，菜点包括红白烧烤、冷热菜肴、点心、蜜饯、瓜果及茶酒等。康熙皇帝南巡，驻跸扬州，始设满汉席。乾隆皇帝六次南巡，扬州官绅接驾，仍沿承满汉席。扬州满汉席声名远扬，各地竞相仿制。《扬州画舫录》记载了满汉席的完整菜单。宴会分 5 个等级，有 108 道菜点。《调鼎集》记载了“满席”与“汉席”600 余款备用遴选菜单，其中满族菜肴占三成，汉族菜肴占七成。

1990 年，扬州迎宾馆在康乾满汉席的基础上推出了新的满汉全席。其中，满族菜有北方牧猎民族特色，长于烧烤，兼收山珍野味，风格质朴；汉族菜以淮扬菜为主，荟萃江南精华，以江鲜、河鲜、海鲜为主，技法多样，风格雅致。在原料选择、烹调方法、工艺技法、菜款设计、器皿选用、进馔程序等方面，扬州迎宾馆推出的满汉全席上承八珍，下启名宴，可谓集烹饪之大成。

扬州满汉全席分两套，每套菜肴有 108 道，有三日六宴、两日四宴、一日两宴、精品宴等 4 种规格。每宴菜肴有 36 款，对应三十六天罡，精品席亦为 36 款。

美食链接

满汉席菜单（精选）

席前侍奉贡品香茗：奶茶、平山贡春。

六茶点：芸豆卷、秦邮董糖、豌豆黄、窝窝头、淮安茶馓、萨其马。

六干果：琥珀桃仁、开口银杏、蜜饯青果、杏仁佛手、香酥蚕豆、兴安榛子。

四仙果：桂圆、葡萄、李子、蟠桃。

食艺欣赏：王母蟠桃、鹤鹿同寿、麒麟献瑞。

冷菜八碟：凤尾大虾、凫卵双黄、玫瑰牛肉、金钱香菇、美味翠瓜、珊瑚雪郑、牡丹酥蜇、水晶肘花。

调味小菜：宝塔菜、满族芥菜、香腐乳、卤虾豇豆。

珍品海错：金丝官燕、蟹粉排翅、月宫鱼肚、金钱紫鲍。

红白烧烤：烤乳猪、鸭丝美卷、富贵双味、菊花鳜鱼。

南北山珍：梨片果子狸、黄焖飞龙。

满汉热炒：梅花鹿幼、玉带虾仁。

山野蔬鲜：鸡枞（同音）珍宝、扇面芦笋。

满汉细点：乾隆御饼、一口飘香、枇杷酥、翡翠水饺、竹节小馒首、八珍糕。

甜品：津枣蛤士蟆。

时菜花盘：万年长青。

席后品茗：乌龙茶。

音乐欣赏：春江花月夜。

八怪宴 该宴席是借园根据扬州八怪诗文中的菜肴，按食材的季节性和宴会规则研制而成。以郑燮为首的扬州八怪诗、书、画俱佳，他们以诗人的感悟品鉴饮食，崇尚“儒家风味孤清”。在他们的诗画题跋中散落着无数淮扬民间菜点珠贝，充溢着个人特有的饮馔视角。八怪宴以“瓦壶天水菊花茶”开文宴之篇，铺陈书屋茶食四品、香叶冷碟八味，借园大菜12道、玲珑细点6款，以板桥道情雅韵为收官之作，有清高、孤傲、脱俗的扬州八怪遗风。

美食链接

八怪宴菜单

莲塘弄水、驯雀寒梅、梅岭春深、板桥豆腐、高梧玉立、墨梅斗方、胸有成竹、李鱓蕉鹅、秋菊泄香、难得糊涂、峨眉满架、空里疏香。

春晖宴 这是2002年“中国·扬州国际‘烟花二月’经贸旅游节”推出的宴席。宴席名取孟郊《游子吟》“报得三春晖”之意。宴席的三个主题分别是“春天”“母爱”“依恋乡土”。食材采用应时江鲜和春蔬，契合游子的神往与回归心理，用菜肴本味体现母爱的纯真和无瑕，以融和精致展现淮扬饮食文化的博大精深。宴席由8味春盘、10道春馔、4道春点构成。春馔春点春意盎然，洋溢着淮扬菜时令时尚的禀赋。整个宴席的制作采用精细标准化生产模式，贯穿绿色餐饮理念和人文脉络。

美食链接

春晖宴热菜菜单

参鲍春晖、凤尾大玉、狮子闹春、金斗鸡米、春回大地、大煮干丝、火夹冬瓜、洲芹香干、春江水暖、椒盐白果、春水马蹄。

秋瑞宴 扬州自唐代以来就有“金秋献瑞”的习俗。秋瑞宴始于2001年秋，为款待第六届华商大会2000余位嘉宾而制。宴席围绕淮扬风味和季节特征，在原料选择上突出时令特色、地方特产，在菜肴和面点的设置上，以原料品种的多样化实现口味的多样化，使宴席菜点丰富多彩、膳食平衡、营养合理。

秋瑞宴选取秋季江河湖鲜、水八鲜、蔬八鲜等40余种，食材采用10余种烹调方法，一菜一味，一菜一格，以时尚时令演绎淮扬经典菜肴。

头菜选用“遐龄四宝”，借鉴“龟蛇永寿”，献上长寿之瑞。凉菜8种开道：水晶肴蹄、盐水湖虾、天香荷藕、麻辣鸡丝、商素火腿、扬州老鹅、蒜香苦瓜、时令酸果，四调味碟；“中军”以热菜10道形成主体作鼎，它们是遐龄四宝、甘杞虾仁、紫檀虎尾、大煮干丝、清蒸鳜鱼、花菇菜心、姥姥鸽蛋、扬州炒饭、金葱高邮鸭、蟹粉狮子头；另有三丁包子、黄桥烧饼、翡翠烧卖、橘香南瓜饼等扬州名点依次登场。就餐者被调动的不仅有味觉，还有视觉、触觉、嗅觉，诚如专家所评，秋瑞宴呈献的是色、形、香、味、滋、养六种美。

此宴集传统名菜点与创新特色菜点于一席，将传统与时代特色融为一体。原料的广泛化、配菜的季节化、烹调的多样化、口味的本味化、色彩的协调化、搭配的营养化，无不具备淮扬菜的传统做派，无不显示扬州深厚的文化底蕴。菜单的设计还运用现代烹饪学知识，对质量要求进行量化，从食料选配、加工工艺到烹调方法、操作程序，有效果设计、有量化标准、有质量规定，体现了宴席设计的规范化、标准化、科学化。

秋瑞宴与新生的春晖宴、夏沁宴、冬颐宴合称“四季宴”。四季宴拓展了扬州菜的视野，开辟了扬州菜的崭新征程，永葆了扬州菜的青春活力。

鉴真素宴　鉴真和尚为唐代佛教高僧，曾住持扬州大明寺，讲经传律。应日本僧人荣睿、普照、玄朗邀请，鉴真东渡扶桑弘法，历时10年，6次东渡5次失败，历经波涛终成始愿。他将伽蓝营构、艺文、药学等知识传到日本，这些都是盛唐文化的精华，不仅推动了日本奈良文化的发展，也带去了盛唐的饮食之道，是中日文化交流的先驱。唐代李白、高适、刘长卿、刘禹锡、白居易登临大明寺栖灵塔，留下了众多咏唱诗句。宋代欧阳修、苏东坡为扬州太守时，常在大明寺平山堂设诗文酒会，成为文坛佳话。“坐花载月”“风流宛在”“过江诸山到此堂下，太守之宴与众宾欢”等匾额、楹联集中反映了其时盛况。历代文人视平山堂雅集为平生快事，韩琦、梅尧臣、王安石、秦少游、孔尚任、王士祯、朱彝尊、袁枚、曹寅、卢雅雨、郑板桥等文人墨客均曾在此风雅吟唱。因此，大明寺素宴声名远播，成为淮扬素宴的重要组成部分，而鉴真素宴则集中了大明寺素宴中的高雅精要菜品，“素有荤名，素有荤味，素有荤形”是其主要特色。

美食链接

鉴真素宴菜单

冷菜：主盘、松鹤延年。

围碟：素鸭脯、素火腿、素肉、炝黄瓜、拌参须、萝卜卷、发菜卷、果味条。

热菜：宫灯大玉、炒素鸡丁、三丝卷筒鸡、芝麻果炸、金针鱼翅。

大菜：罗汉上素、醋熘鳝丝、三鲜海参、烧素鳝段、蟹粉狮子头、干炸蒲棒、香酥大排、扇面白玉。

甜菜：八宝山药。

汤菜：清汤鱼圆。

点心：人参饼、草帽蒸饺、春蚕吐丝、果汁蹄莲。

水果：时果拼盘。

乾隆宴 清乾隆皇帝在位60年，曾6次南巡，驻跸扬州。乾隆皇帝南巡，除处理政事外，还游山玩水，遍尝江南美食。从乾隆皇帝御膳档案可以看出，乾隆皇帝爱食东北的山珍，特别爱食燕窝、淮扬菜点、苏州点心、锅子菜（火锅）和素食。他曾说："蔬食殊可口，胜鹿脯、熊掌万万矣！"膳食专家对乾隆皇帝的膳食做了这样的评价："讲究荤素搭配，尤精野味烹调""嗜鸡鸭、爱火锅，戒牛兔、远海味""注重食补食疗，以求养生保健"。

根据乾隆皇帝的生活习俗和膳食特点，扬州西园大酒店从乾隆皇帝食单和淮扬菜中精选出20余道菜肴组成乾隆御宴，从高、精、素、补方面统筹搭配，气派豪华。

美食链接

乾隆宴菜单

冷菜主盘：松鹤延年。

围碟：盐味红袍、上素烧鸭、抱财荣归、牡丹酥蜇、紫香虎尾、红油鱼片、鸡汁干丝、桂花鸭脯。

热菜：鸡汁鲨鱼唇、象牙凤卷、酒糟鲥鱼、明珠燕菜、天麻智慧、游龙戏金钱、如意菜心。

甜菜：蜜汁蛤士蟆。

乾隆细点：乾隆玉饼、八珍糕、四喜饺子、蝴蝶卷子、五丁包子、细沙粘饼。

水果：时果拼盘。

开国第一宴　1949年10月1日，中华人民共和国开国大典在首都北京天安门隆重举行，中国历史翻开了崭新的一页。当晚，中央人民政府在北京饭店举行新中国第一次盛大国宴。宴会由时任政务院总理周恩来主持审定，以淮扬风味招待宾客，因为淮扬菜比较清淡，口味适中，南北皆宜。宴会由北京饭店筹备，淮扬名厨执掌，红案主厨为王杜坤、白案主厨为孙久富。宴会还从当时以经营淮扬菜为主的玉华台饭庄聘请了朱殿荣等9名淮扬大厨掌勺料理，又从上海调来淮扬菜鼎顶级名厨、曾在扬州菜根香执厨多年的李魁南等名师。开国第一宴菜品精致而简朴，口味醇和而清新，不仅赢得了中外宾客的高度评价，也为今后的国宴定下了精陈简约的基调。

从1949年起，重大国事活动中需要接待各国贵宾的国宴一直以淮扬风味为主。淮扬菜烹饪大师李魁南先生从1953年起主理国宴，为许多重大国事活动设计以淮扬风味以主的国宴，谱写了淮扬菜的重要篇章。经常入选国宴的有清汤燕菜、蟹黄鱼翅、香麻海蜇、虾子冬笋、芥末鸭掌、酥烤鲫鱼、水晶肴蹄、桂花盐水鸭、清炒翡翠虾仁、东坡肉方、鲍鱼浓汁四宝、干烤大虾、鸡汁干丝、口蘑镬焖鸡、扬州蟹粉狮子头、千层油糕、淮扬汤包、菜肉包子、黄桥烧饼、春卷等淮扬名馔名点。

中华人民共和国成立50周年时，北京仿膳饭庄的领导与厨师根据当年开国第一宴的菜谱，尽量原汁原味复原的国宴仍旧是那么精美绝伦，引万千食客垂涎。

现在，扬州迎宾馆、扬州西园饭店、扬州宾馆、扬州市春兰大酒店、扬州市蓝天大厦均能复制开国第一宴的菜肴。

美食链接

开国第一宴菜单

冷菜：香麻海蜇、虾子冬笋、炝黄瓜条、芥末鸭掌、酥烤鲫鱼、罗汉肚子、水晶肴蹄、桂花盐水鸭。

四调味：扬州小乳瓜、琥珀核桃、白糖生姜、蜜腌金橘。

热菜：清炒翡翠虾仁、鲍鱼浓汁四宝、东坡肉方、鸡汁干丝、口蘑镬焖鸡、扬州蟹粉狮子头、全家福。

点心：炸年糕、艾窝窝、淮扬汤包、黄桥烧饼。

板桥宴 郑燮，字克柔，号板桥，江苏兴化人，乾隆元年（1736）进

士，曾任山东范县、潍县知县，因以粮赈贫忤上司，被罢官，之后居扬州卖画为生。郑板桥是“扬州八怪”的代表，他的画以兰、竹、石为主要题材，表现他孤傲、清逸、淡泊、脱俗的情操。“三绝诗书画，一官归去来”，是他一生最好的概括。

郑板桥也是美食家。他参加过卢雅雨举办的“红桥修禊”，写下了“张筵赌酒还通夕，策马登山直到巅”“日日红桥斗酒卮，家家桃李艳芳姿”“诗人千古风骚在，写出幽怀几砚间”的诗句。郑板桥还品尝过一些淮扬大宴名菜，金农说他“风流雅谑，每逢酒天花地间，各持研笺执扇，求其笑写一竿，墨渍污襟袖，亦不惜也”。

同他的哲学观、美学观一脉相承，郑板桥有自己的饮食观，主要是：儒雅超逸，韵溢品高；师法自然，返璞归真；取材广泛，清新鲜活。他主张“白菜腌菹，红盐煮豆，儒家风味孤清”，他崇尚“左竿一壶酒，右竿一尾鱼，烹鱼煮酒恣谈谑”的生活，提倡田园清供之味，赞扬“江南大好秋蔬菜，紫笋红姜煮鲫鱼”“三冬菜偏饶味，九熟樱桃最有名”。他认为美食的原料要就地取材，讲究鲜活：“卖取青钱沽酒得，乱摊荷叶摆鲜鱼。湖上买鱼鱼最美，煮鱼便是湖中水。”郑板桥日常饮食返璞归真，“白菜青盐粯子饭，瓦壶天水菊花茶”。

郑板桥喜食狗肉，还喜欢在烹制狗肉时加姜少许。他说：“姜者，食物中之隽味，狗肉则为至味，亦神味也。”郑板桥在山东做官时曾给李鱓写信，怀念扬州应时鲜鱼佳蔬，表示“神魂系之”“惟有莼鲈堪漫吃，下官亦为啖鱼回”。

郑板桥继承唐代诗人王维的审美传统，主张超凡脱俗，在青山绿水间品茗尝鲜，饮酒啜蔬，对坐长谈，不作应酬，风流自在。

板桥宴最初是兴化市兴化宾馆以郑板桥诗文中提及的菜肴为基础，结合兴化特产设计的宴席，后被扬州的一些宾馆借鉴。

美食链接

板桥宴菜单

冷菜：主盘兰竹石图。

围碟：板桥炝虾、口福醉螺、糊涂烂豆、昭阳咸蛋、糖醋小鱼、蒜香蒲干。

四调味：三腊菜、花生米、豆腐乳、嫩生姜。

热菜：菊花茶泡炒米、全家福、炖鸡豚、鲜笋烩鳜鱼、五香狗肉、茄儿夹子、烧藕坨子、芽笋扣鹈、麻虾炖蛋、板桥豆腐。

汤菜：青菜豆腐汤。

主食：青菜粯子饭

少游宴　该宴是高邮市政治协商委员会和高邮市烹饪协会的有识之士根据秦少游饮食诗词，结合传统菜肴，指导高邮市秦园宾馆设计制作的宴席。该宴多采用野禽、野蔬、水产品烹制，讲究原汁原味。

美食链接

少游宴菜单

冷菜：主盘醽醁紫蟹。

围碟：红酱肉醢、四九风鸡、春社芽姜、凉拌菜心、菰蒲嫩心、五香蚕豆、秦邮双黄、盐水大虾。

热菜：芦丛春鹂、文游玉带、银钩鸡丝、金丝鱼片、盐汁豚蹄、蟹黄腐羹、纹锦明珠、玛瑙地栗、清汤香莼、砂锅天地鸭。

点心：凤羹金钱、甓社珠光。

水果：时果拼盘。

笼罩少游宴的不只是美味，更有着浓浓的书卷气息。主盘最为醒目别致，以秦少游诗“团脐紫蟹脂填腹”所点的“紫蟹”担纲，围之以红酱肉醢、四九风鸡、春社芽姜、凉拌菜心、菰蒲嫩心、五香蚕豆、秦邮双黄、盐水大虾——这些冷盘，与其说是佳肴，不如说是秀色可餐的少游诗句；热菜10道，由芦丛春鹂、文游玉带、银钩鸡丝、金丝鱼片、盐汁豚蹄、蟹黄腐羹、纹锦明珠、玛瑙地栗、清汤香莼、砂锅天地鸭组成，连同点心凤羹金钱、甓社珠光，似乎皆由婉词丽句所化，品为上品，味为至味。

秦词被搬上了筵席，有两大鲜明特色：既挖掘了这位淮海居士饮食诗词的内涵，又继承了高邮传统原料与菜肴的特色，多采用水产野蔬烹制。品尝少游宴，好像不是在尝菜，而是在诵词。美腹之余，或可品味秦少游的妍丽俊逸，或可品味秦少游的疏淡气骨，而食者之意不在宴，在乎诗词之乐也。

美食链接

红楼雅宴集风流——完善红楼宴的思考

天下珍馐属扬州，三套鸭子烩鱼头。

红楼昨日开佳宴，馋煞九州饕餮侯。

——冯其庸

扬州红楼宴从 20 世纪 70 年代至今，已发展了 40 余年，经过专家学者和艺师的共同努力，成为我国烹饪界的一朵奇葩，不仅在北京、广州、上海、香港特区、澳门特区引起轰动，还在西欧、北美、新加坡、日本、澳大利亚飘香溢彩，虽不是“字字看来皆是血”，却是“十年辛苦不寻常”。扬州红楼宴不仅为扬州餐饮，而且为中国烹饪传统文化与现代文明结合开辟了一条新路。

一、挖掘文化开创品牌

(一) 开发要成功——寻找传统与现实的结合点

红楼宴之所以开发成功有两方面原因。一是《红楼梦》家喻户晓,书中诸多情节百姓耳熟能详,有广泛的群众基础。二是《红楼梦》不同于《三国演义》《水浒传》,后两种是英雄小说,其中饮食部分的描写比较粗糙,多半是为写吃喝而写吃喝,写法千篇一律,凡写到吃喝,无非是"但是下口肉食,只顾将来,摆一桌子"之类。《金瓶梅》和《红楼梦》同属世情小说,理应在吃食的描写上精细些,但《金瓶梅》对吃食的描写也只是粗糙几笔,无甚特色,如描写吃的点心精致,总是用"入口即化"之类词汇,读来味同嚼蜡。《红楼梦》却不同,随着场合的不同,不仅吃的食物不同,吃的方法不同,而且围绕着吃,人物的情态和性格、生活中的矛盾和斗争都像活的一样浮现在读者面前,引起古今中外读者的共鸣。"口之于味也,有同嗜焉",扬州红楼宴正是因为寻找到了人性美的"同嗜",才得到了人们的认同和青睐。

(二) 旧瓶装新酒——寻求小说内容与淮扬食馔的结合点

红楼宴不是一地一店的专利,大家都可开发,但是"千里搭长棚,没有不散的筵席",为何其他地方的红楼宴只是闹腾一阵就偃旗息鼓,扬州红楼宴却能独占风流?原因就在于扬州红楼宴寻找到了小说内容与淮扬食馔的结合点。

首先,整体把握。曹雪芹在南京、苏州、扬州度过了他的少年时光,根据明末清初扬州的饮食习俗和典故,根据曹雪芹祖父曹寅在扬州接驾的相关档案记载,红学界专家论定,《红楼梦》中的菜目都是曹雪芹少年时代在南方亲身体验的知识,由《红楼梦》可以看出,曹雪芹不单知道这些名目,吃过这些东西,而且他还会做其中某些菜。

其次,确定层次定位。红楼宴对扬州肴馔进行了爬罗剔抉,并且择善而从,寻找《红楼梦》内容——"钟鸣鼎食之家,诗书簪缨之族",与扬州菜系——"扬州饮食华侈,制作精巧,市肆百品,夸视江表"的结合点。这不是简单的嫁接,而是两者的融合,因此红楼宴被定位为:完整的美食体系,高层次的饮食文化。

再次,寻找主干菜依据。比如现今红楼宴中的鹅掌鸭信、胭脂鹅脯,就是将扬州菜肴中的盐水鹅与《红楼梦》第八回薛姨妈给贾宝玉吃的"糟鹅掌鸭信"、第六十二回宝玉过生日吃的"胭脂鹅脯"加以变通而成。有了相关文化依据后,红楼宴很快就得到了宾客的认同。

最后将《红楼梦》中关于美食的抽象描写变为红楼宴的形象佳肴。比如《红楼梦》第四十一回写到的"茄鲞"这道菜,书中是借凤姐之口大肆渲染其味之美，刘姥姥因为吃不出这道菜的味儿，便请教凤姐这道菜的做法，其实凤姐从不当厨，但她善于在众人面前炫耀，于是胡诌出了这道菜的做法。红楼宴的厨师不是照搬书中内容，而是刻意创造，因而全新的“美味茄鲞”就被创造出来了。菜品创制者不被原著牵着鼻子走，而是充分发挥扬州烹饪的主观能动性，这样创制出的红楼宴自然就会源于“红楼”又高于“红楼”。

二、东渐西传，红楼重光

红楼宴不仅走出国门，在西欧、北美、东南亚展示，也在我国的北上广及香港特区、澳门特区、台湾地区多次展示，无不引起轰动。

（一）再现不是照搬——寻觅有形与无形的结合点

冯其庸先生说：“红楼宴要根据《红楼梦》，但又不是限死于《红楼梦》，因为《红楼梦》不是一部菜谱，它更没有告诉你一桌宴席究竟有多少菜，有哪些菜，这一切都需要自己去思索研究。”李希凡评价说：“扬州红楼宴虽以美味、丰盛、精致见长，但它目前名扬国内外，都还是因为它有着与《红楼梦》审美意识相当的文化蕴涵。”一句话总结，红楼宴并不只是孤立地把菜品作为美食呈现给宾客，而是精心进行了文化的再创造。

该宴刚研制时，有观赏菜“大观一品”，凉菜“贾府冷碟”，点心“怡红细点”，以及四调料、四干果、扬州绿茶、洋河酒，系列虽已形成，也颇费了一番心思，但与《红楼梦》的关联虽有，却又不大。

作为红学研究者，我受到邀请，参与意见，提出以下建议。

其一，在每个系列突出金陵十二钗中的一钗，力求与主要人物黛玉、宝钗、元春、妙玉，乃至宝玉、警幻仙姑相连。比如“怡红细点”，其中的包、酥、糕、粥都暗合宝玉不习惯吃大菜、喜欢吃点心的习惯，这和书中“寿怡红群芳开夜宴”的描写是吻合的；原来的“四干果”过于土气了，改为“潇湘青果”，其中的瓜果冷碟颇合黛玉喜欢吃零食和水果的习惯；原来的“四调料”也太土气了，改为“衡芜调料”，正好可以反映皇商之女精致淡雅的饮食习惯。可见仅仅稍加变动，就能立即变俗为雅。

其二，将一道道食馔与《红楼梦》中耳熟能详的情节相连，平添菜馔的文化趣味。比如原来的“扬州绿茶”无丝毫的红楼趣味，改为“栊翠香茗”，与《红楼梦》中的“栊翠庵茶品梅花雪”这一情节相应，表现妙玉的高洁之癖；而“洋河白酒”更是没有道理，改为“警幻佳酿”，贾宝玉神游太虚境，警幻仙姑即以太虚境中的“万艳同杯”酒相赠，该酒是以百花之蕊酿制而成；首菜原为“白雪红梅”，是以芙蓉蛋

为主料做成的菜，这道菜以薛宝琴为主题，取意于“琉璃世界白雪红梅”一回。宝琴这个人物在原著中的地位是不够首菜分量的，于是改为“雪底芹菜”，还是以芙蓉蛋为主料，但以扬州芹菜芽衬成花形，巧妙地嵌进了“雪芹”二字，便成了当之无愧的头菜、主菜。

经过无形文化对有形食馔的包装，红楼宴的系列形成，主要菜品有大观一品（元春）、贾府冷碟（贾府）、宁荣大菜（荣国府、宁国府）、怡红细点（宝玉）、栊翠香茗（妙玉）、警幻佳酿（警幻仙子）。尽管“太阳还是那个太阳，月亮还是那个月亮”，但新的太阳更高、新的月亮更明。

其三，考虑细部的每一样菜。应该说这是厨师的擅长，尤其是对有形菜的制作更是驾轻就熟。比如“贾府冷碟”有“糟香鸭掌”“翡翠羽衣”“胭脂鹅脯”“金钗银丝”，再现了贾府的山珍海错。“宁荣大菜”是炸菜烧菜，“老蚌怀珠”“姥姥鸽蛋”“清汤鱼翅”将曹家的“烈火烹油”之盛活画出来了。但是对于无形的、需要以想象完成的食馔，厨师则显得乏力，这就需要我们输入文化的营养。比如“大观一品”，这是观赏菜，最初厨师以三菜为内容，合在一起如同“品”字。这三菜分别为“孔雀开屏”“河塘清趣”“蝶恋花”，但是孔雀并不能代表一品，于是改为凤凰，取名“有凤来仪”，这也是大观园一匾名；“河塘情趣”是乡村野景，与大观园的富丽宏阔毫无联系，故改为“衔山抱水”，仅将河塘中小鸭子换成鸳鸯，便与元妃题的大观园诗相合：“衔山抱水建来精，多少工夫始筑成。天上人间诸景备，芳名应赐大观名。”同时“大观一品”，洋洋大观，一品，是只有一品官才能品尝？还是该宴位极菜肴一品？还是盛请来者品一品？这些理解都可。

（二）走进百姓，服务市场

2019 年 7 月 18 日，扬州冶春红楼宴进驻上海老西门店。该店位于上海黄浦区盐城路 8 号（盐城路和中华路交叉口），面积为 1 200 多平方米，设有 7 个雅致包厢，近 300 个舒适餐位，经营正宗的扬州早茶和各种中、晚宴席。这是冶春茶社继北京高铁南站店、北京世园会店、上海华师大店开业以来，在一线城市开设的又一家门店。

2020 年 4 月 18 日，扬州获得“世界美食之都”称号，“烟花三月”美食节开幕，扬州首家以红楼饮食文化为主题的餐馆在扬州冶春平山堂开业，平民化的红楼宴再次火爆。为了让普通市民也能够品尝到“高、大、上”的美食，餐馆把红楼宴中的一些菜肴进行细分，从中提炼出一些小菜、小点、小食，并结合亲民的价格，组合推出了红楼套餐，主要菜点有油炸骨头、金钗银丝、翡翠羽衣、宝玉锁片、太君酥饼、晴雯包子、姥姥鸽蛋、建莲红枣、鸭油炒饭。平民化的红楼宴有菜点羹汤，融甜咸荤素，顾客既能吃好又能吃饱，也更有记忆点。平民化的红楼宴自面世以来，扬州市民、外地游客，尤其对红楼文化有兴趣的家长带着孩子纷至沓来，体验红楼美食的文化魅力。

（三）改变思维，精心服务大众

举一反三，善于组合，既能聚零为整，也能化整为零。尽管《红楼梦》中多处写到吃食，但作者写吃食是为了表现人物性格，揭示主题，而不是为了写吃食而写吃食，故原著中没有一处有完整宴席的描述。没有明确的宴席记载为红楼宴的整体把握带来了困难，但不受原著制约又给再创造留下了想象的空间和驰骋的天地。因此，可以说完善红楼宴的过程既是淮扬菜挖掘传统的过程，又是扬州菜不断创新的过程。比如“怡红细点”系列，晴雯包、银丝面、松瓤卷、萝卜丝卷、如意饺、天香藕、栗粉糕、小梅花香饼，都是《红楼梦》中似曾相识的，但宾客又能从中感受到属于扬州点心的造型玲珑，珠玉纷呈，精致美观。真耶？幻耶？尽可以由宾客评述。

（四）口福拓展，营造宴赏氛围

红楼宴是一个完整的美食体系，美食、美器、美景、美乐使红楼宴的宴赏氛围次次不同而又次次新巧，宾客进馔有趣、举杯有兴，是从视觉、听觉、味觉到嗅觉的全方位享受。扬州迎宾馆、冶春尽管都是现代化的宾馆建筑，但力求创造小桥流水、竹影花芳的外环境和古色古香的红楼餐厅内环境。清式漆器的红楼桌椅，银、瓷、陶、琉的红楼餐具，金陵十二钗的红楼漆器挂屏，清幽深情的红楼乐曲，“谁解其中味”的红楼菜单，形如晴雯、袭人的红楼宴服务员，清时礼仪，书中情趣，厅外水色山光，厅内欢歌笑语，古琴铮铮，形成了气氛浓郁的红楼美食环境。再以红楼厅门口对联点题：上联“馔玉炊金红楼宴”，从清代明义为《红楼梦》题过的“馔玉炊金未几春，王孙瘦损骨嶙峋。青蛾红粉归何处，惭愧当年石季伦”绝句中取意；下联“烟花明月绿扬城”，从古诗句“烟花三月下扬州”“二十四桥明月夜”“绿扬城郭是扬州”中取意。

（五）与时俱进，开辟外卖平台

“上海红楼美食”在外卖平台上线，顾客可以通过外卖平台点单享用美食。厨师还根据时令季节，定期对食材及制法进行更新。为逐渐彰显红楼宴的魅力，上海红楼美食逐步在中央商务区写字楼里开设去厨师化的快捷店，以供应“早餐+午套餐”为主；在中高端社区开设“冶春红楼驿站”，以供应“点心+熟食+套餐”为主。

三、名宴与美境

扬州名宴强调在妙境中品尝，强调环境美、厅堂雅，如果是在舫上，甚至还要有戏曲助兴，或者宣牙牌酒令互动。清代吴炽昌《客窗闲话》有一篇《淮商宴客记》，真实地反映了盐商家宴的奢华场面：

> 戊辰之岁，予幕游淮上。仲夏，洪商投刺约消炎会，偕同事数友诣其宅。堂构爽垲，楼阁壮丽，姑无论矣。肃客入萧斋，委婉曲折，约历十数重门，入一院。……缘堤而东，千树垂杨之下，别有舫室。渡板桥而入，为头亭，为中舱，为梢棚，宛然太平艘。窗以铁线纱为屉，延入，荷香清芬扑鼻。其椅桌皆湘妃竹镶青花瓷面为之。舱中两筵已具，肃客就坐。筵上安榴、福荔、哀梨、火枣、苹婆果、哈密瓜之属，半非时物。其器具皆铁底哥窑，沉静古穆。每客侍以娈童二，一执壶浆，一司供馔。馔则客各一器，常供之雪燕、水参以外，驼峰、鹿脔、熊蹯、象白，珍错毕陈。妖鬟继至，妙舞清歌，追魂夺魄。酒数行，热甚，主命布雨。未几，甘霖滂沛，烦暑顿消。从窗隙窥之，则池面龙首四出，环屋而喷，宴毕雨止。

清代刘凤诰在《个园记》里说："广陵甲第园林之盛，名冠东南。士大夫席其先泽，家治一区，四时茶木，容与文宴周旋，莫不取适其中。”这段话点出了三个关键词：“园林”“文人”“饮食”，它们三位一体地构建起了淮扬饮食文化的特殊框架。

在这个淮扬饮食文化传统的戏剧性场面中，园林是依托。史载，扬州有湖山园林、住宅园林、寺观园林数百处，仅北郊便有二十四景。扬州城在园中，园在城中，园便是城，城便是园，是一座典型的园林城。

文人是扬州美食文化的主体，从枚乘写王府园林文宴，到唐代的李白、刘禹锡、高骈，宋代的黄庭坚、秦观、陆游、司马光、王禹偁、梅尧臣、晁补之，元代的乔吉、吴师道等，吟咏了扬州美食的大量佳作，其中唐代王播《题木兰院》诗中的“惭愧阇黎饭后钟”、宋代欧苏平山堂诗文酒会等至今为扬州百姓熟道。清代文人荟萃淮左、雅集扬州，孔尚任、曹寅、王士禛、汪中、林苏门及扬州八怪也都欣欣然从不吝啬宝贵的笔墨，留下了可观的美食文学及绘画遗产。

美食是文人的吟咏对象。从满汉全席到面点小吃，都是文人笔下浓墨重彩的咏叹主调，淮扬菜荣幸地被骚客们从食苑领进了文苑。浓郁的饮食文化氛围流泽世代，大大促进了淮扬饮食文化风格的形成，其中文学推波助澜的汗马功劳是显而易见的。

园是名园，人是文人，食是美食。缘结三重，便留下了生活的雅趣。

近年来，作为中国充满活力的区域，长三角正大力推进一体化。2020年6月5日，中央电视台“你好，长三角”特别节目现场直播，让该区域的重要城市亮相，从不同角度反映该区域人民的生产生活，节目的序幕就是从扬州、湖州拉开的，从7：00到8：30，内容是当地人民晨起后的餐饮、锻炼、娱乐，人们对扬州这一美食之都的独特感受是“置身美境，享受美肴”。

现今扬州的餐饮名店多处于风景名胜区，与文化密不可分，人们在餐饮名店享受美食的同时，不知不觉被文化熏陶感染，因而这样的餐饮之地更被人们青睐，趣园、怡园、花园，富春、冶春、锦春，都是自然景与人文景荟萃交融，而且相映成趣。

如冶春虽以餐饮闻名，但注重美境的营造。朱自清是冶春的常客，他给冶春的饮食景观定了调：“曼衍开去，曲曲折折”“曲折而有些幽静，和别处不同”。细数冶春周边的景点，有史公祠、御马头、天宁寺、苎萝村、水绘阁、香影廊、丰市层楼、问月山房、北水关桥等。有人说，冶春周边的景点如词牌，单名称就能引发人的诗情画意。可贵的是冶春人对这一段景观的爱护。

小处说匾额，“文革”破四旧，人们自觉以石灰将石额的字粉起，阴霾过后，稍加清洗，原貌显现，笔触依然：“冶春”是王景琦先生的楷书，雄壮雅健；“北水关桥”是孙龙父先生的章草，古朴雄浑；“香影廊”是隶书，颇得《西岳华山碑》的精髓；“水绘阁”是北碑风格，连落款都饶有趣味：“城北附郭，昔有雉堞，春云之胜，盃茗主人筑阁水滨，索额于余，因袭冒巢民旧称归之。”“丰市层楼”的匾额则是冶春人专程从故宫博物院查来，重新镌刻后悬于楼上。一方方匾额，一个个故事，引动人们品味美食时赏析，从而获得精神的享受。

大处说建筑，冶春、天宁寺，其旧建筑的布局轮廓都没有变，在财力允许时又增其旧制，进行复建或新建，而小秦淮河不止一次疏浚和修整驳岸。中央电视台拍摄专题片介绍说，是扬州人珍惜自己城市的历史，宠爱先辈留下的遗迹，对历史上的景观不仅“趋之若鹜”，还追根溯源，充满自豪，津津乐道。扬州人对兵燹战乱毁灭的历史遗迹能以旧还旧，原样恢复，不建高楼，不修索道，保持着古城的原有风貌，真是山河永存，民众之功。这些肉眼看不见的隐形文化，都是扬州美食文化的重要组成部分。

微处说餐饮的厅堂内部，也是以文化创造独特氛围。现今扬州红楼宴可以说是集大成的宴席，依据《红楼梦》写到的菜馔名称、用料和烹调方法，结合明末清初扬州民间饮食习惯和典故，烹调出色、香、味、形俱佳的宴席佳肴。加之红楼餐厅、海梅桌椅、红楼摆设、红楼小姐，清时礼仪，书中情趣，共同形成了浓郁的红楼氛围。服务人员将名菜、细点、美酒呈现于客人面前，道道有出处，道道有文化，引得红学家冯其庸深情赞美“天下珍馐属扬州”。

从以上可以看出，扬州美食不仅美在烹饪加工后的美味，还美在用餐的环境，美在扬州悠久而丰富的文化底蕴。

扬州茶酒集萃

高尚天禄　酒醇茶闲

——扬州茶酒文化拾零

一、扬州茶俗

茶在扬州人心目中的地位非常重要——开下门来七件事，柴米油盐酱醋茶。

（一）绿杨春茶，味如蒙顶

扬州种茶历史悠久，扬州一带的平原、丘陵特别适合种茶。唐代时，扬州茶以数量多、质量好闻名于海内。扬州蜀冈茶占气候温和、雨水充沛、土层深厚且是酸性等天时地利之便，质地优良，蜚声海内。五代毛文锡在《茶谱》中写道："扬州禅智寺，隋之故宫，寺傍蜀冈，有茶园，其茶甘香，味如蒙顶焉。"晚唐新罗学者崔致远留唐 16 年，其最珍惜的是在扬州的 5 年。其间，淮南节度使高骈对他极为器重，他的《桂苑笔耕集》记载了一事：崔致远收到了高骈送给他的新茶，感激之余，写下了《谢新茶状》，其中"蜀冈养秀，隋苑腾芳"指明了扬州蜀冈就是自己所获赠新茶的产地。唐进士封演所撰旅行笔记《封氏闻见记》记载了当年江淮一带运茶的盛况，说江淮一带运茶车船"摩肩接踵"、相继不断，茶叶堆积如山且品种丰富。

宋代时扬州蜀冈茶还被作为贡品进奉朝廷。乾隆《甘泉县志》载："甘泉县宋时贡茶，皆出蜀冈，甘香如蒙顶。"欧阳修在扬州任职期间特在蜀冈上立春贡亭，他还亲自督制贡茶。欧阳修晚年曾作《时会堂二首》，其一曰："忆昔尝修守臣职，先春自探两旗开。谁知白首来辞禁，得与金銮赐一杯。"说是不曾想到因年老到宫禁中辞官，在金銮殿上品尝到皇帝赐予的茶，而这茶竟然是扬州贡茶。这个"闻茶香如晤故人"的场景，当然令欧阳修感慨万千。另《苕溪渔隐丛话·玉川子》言：

> 苕溪渔隐曰：欧公《和刘惇父扬州时会堂绝句》云："积雪犹封蒙顶树，惊雷未发建溪春。中州地暖萌芽早，入贡宜先百物新。"注云："时会堂，造茶所也。"余以陆羽《茶经》考之，不言扬州出茶，惟毛文锡《茶谱》云："扬州禅智寺，隋之故宫，寺枕蜀冈，其茶甘香，味如蒙顶焉。"第不知入贡之因，起于何时，故不得而志之也。

宋代时，王禹偁受命管理贡茶。一次，他前往扬州茶园考察茶情，作《茶园十二韵·扬州作》诗，直接描绘了扬州茶园生机勃勃的景象："芽

新撑老叶，土软进深根。舌小侔黄雀，毛狞摘绿猿。”秦少游亦盛赞蜀冈茶“煮出新茶泼乳鲜。”

至今蜀冈茶场有茶树500余亩(约33.3万平方米)，其茶以芽尖鲜嫩、条索紧密、汤色明亮、清香浓重，且含茶单宁等多种有益于人体的微量元素和矿物质，尤其是含锌量高于其他名茶等特点而被业内称道。

（二）天下五泉，清冽甘甜

扬州人喝茶讲究泡制，首先是水，扬州人将泡茶水依次分为天水、泉水、江水、河水。郑板桥为官十二载，两袖清风，却极热爱家乡的茶，他家中厨房有联：“白菜青盐粯子饭，瓦壶天水菊花茶”。

扬州五泉水闻名遐迩，“茶圣”陆羽就曾到扬州访茶。张又新的《煎茶水记》载，唐代宗时李季卿出任湖州刺史，他路经淮扬时遇见陆羽，李早闻陆之大名，十分倾慕，两人相聚甚欢。他们的船泊于扬子江边，准备吃饭时，李季卿说：“陆君善于别茶天下闻名，而扬子江南零水又殊绝，难得今日二妙千载一遇，岂能错过?”陆羽欣然应允，于是李季卿令谨慎可靠的军士携瓶操舟，深入扬子江南零取水，陆羽准备好茶具相候。水取来了，陆羽以勺扬其水，说：“这是扬子江中水不假，但不是南零水，而是近岸之水。”军士说：“我划船深入，而且有百人做证。”陆羽让军士端起盆把水倒入另一盆中，倒及一半时，陆羽又以勺扬之，说：“以下都是南零水了。”军士惊吓不已，跪地请罪。原来他最初确实是在南零取的水，可惜近岸时舟船只摇晃，将水泼了一半，于是便就近以江水加满。李季卿和宾客都大为惊叹，恳请陆羽口授天下之水的优劣，陆羽说：“扬子江南零水第七，惠山寺石泉水第二，虎丘寺石泉水第五，丹阳县观音寺水第十一，扬州大明寺水第十二。”陆羽之后的刘伯刍也是一位茶学渊博者，他把江淮最宜于烹茶的水分为七等，扬子江南零水第一，无锡惠山泉水第二，苏州虎丘寺泉水第三，丹阳县观音寺水第四，大明寺水名列第五，吴淞江水第六，淮水最下，为第七。

北宋欧阳修守扬州时曾品尝大明寺泉水，并在井上建美泉亭，还撰《大明寺泉水记》，称赞泉水之美。苏东坡守扬州时也认为，“大明寺塔院

西廊井与下院蜀井的水，以塔院为胜。”真是“从来名士能评水，自古高僧爱斗茶”。

大明寺泉水处一直有塔院井和下院井之说。明代时，大明寺僧沧溟曾掘地得井。嘉靖中叶，巡盐御史徐九皋书“第五泉”三字，青石红字，字形丰腴壮丽，颇有颜真卿遗风，人称此为“下院井”。一井、一亭、一碑，相映成趣。小岛上一井，是乾隆二年汪应庚开凿山池种莲花而得，汪并于井上建环亭。此处还有著名书法家、吏部尚书王澍所书“天下第五泉”。现今在这里的“龙游曲沼”船厅内部是清代的石桌石凳，从井中以木桶汲水，以铜壶煮水，泡蜀冈春茶，观西园美景，实在是人间乐事。可惜这样的场景未成气候，实在令人感慨系之。

(三) 置身妙境，品茶赏景

其实扬州人喝茶讲究的是在妙境中品评，《扬州画舫录》说，扬州的茶肆，“楼台亭榭，花木竹石，杯盘匙箸，无不精美”。

扬州特色茶景很多，《扬州画舫录》载：“吾乡茶肆，甲于天下。多有以此为业者，出金建造花园，或鬻故家大宅废园为之。”冶春、绿杨村、凫庄等景点都是吃茶所在。又如阮元家宅中的清风亭，一方古井，井水清澈，青石井栏上几道深深的井索痕迹，亭边是竹林，抱柱上有对联曰：“水能性淡为吾友；竹解心虚是我师”。联语以水、竹的特征为喻，进而赋予哲理，形象而深刻地提出了修身养性、治学待人应采取的态度。迎面照壁是阮元“生日竹林茶隐避客”的浮雕，与清风亭一起构成廉政自律的景观，是极好的茶肆。

再如最有名的富春，现在虽然是餐饮名店，最初却是品茶胜地。得胜桥的富春老店，墙上是“富春花局”的砖雕，阳刻，字很厚实，不由让人想起富春的历史演变，起初是富春江的花农在此开花园种花，自然叫“富春花园”，旧址在个园旁边。扬州人有观赏花的习惯，有“十里栽花算种田”之说。

(四) 诗人画家，嗜茶吟茶

文人嗜茶，本不以实用为主要目

的，他们尚雅、尚奇、尚友、尚志，这种吟赏烟霞的特有的生活方式与情趣心态，构成了一种内涵复杂的文化情结。可惜扬州的茶文化被冷落了。

茶是高尚的天禄，宋代是一个茶事十分兴盛的时代，历史上有“茶兴于唐、盛于宋”之说。中国的茶艺到宋代已经渐趋成熟，达到一个高峰。宋人的饮茶风格在于精致，从选茶、烹茶到饮茶，形成了一套非常讲究的程式，对后世的茶文化有着重要的影响。秦少游是懂茶之人，他曾用诗文歌赋记录茶文化，这些诗文歌赋对今人仍有巨大的启迪作用。

二、富春名茶“魁龙珠”

扬州不但善种茶，而且善制茶，富春人以扬州本地的珠兰、安徽的魁针、浙江的龙井窨制而成“魁龙珠”，一茶兼三美：龙井的味，魁针的色，珠兰的香。魁龙珠茶来自苏、浙、皖三省，故又称“三省茶”。如用紫砂壶泡制，揭开壶盖，一泓淡淡的碧波中透出清幽的香气，品上一口，口舌生津，直透心脾。诺贝尔文学奖获得者莫言做客富春后，曾欣然题联：“两代名厨四季宴，一江春水三省茶”，高度概括了魁龙珠与运河水息息相关的关系。

“魁龙珠”具有“唯一性”“不一样”“第一名”的文化内涵，富春已经将之注册，是真正的扬州品牌。

2022年11月29日，“中国传统制茶技艺及其相关习俗”被列入联合国教科文组织人类非物质文化遗产代表作名录，扬州市国家级非物质文化遗产项目“富春茶点制作技艺”也包含在内。这也是继古琴艺术、雕版印刷、剪纸之后，扬州被列入人类非物质文化遗产代表作名录的第四个项目。

此次“中国传统制茶技艺及其相关习俗”项目，包括“富春茶点制作技艺”在内，有44个国家级非遗代表性项目，由中国茶叶博物馆、中国茶叶学会、浙江大学茶叶研究所共同参与。在这些项目中，“富春茶点制作技艺”可谓独树一帜。

在“富春茶点制作技艺”中，“茶”是指“魁龙珠”。富春茶社自创建之日起，所用的茶叶就比一般茶社的好，但富春人并不就此满足。他们认为，在自己精心布置的花园式茶轩之中应有更好的茗茶，才能让人得到更美的享受。

富春人悟到色、香、味乃佳茗之三要素，于是便琢磨如何让自家茶能够具备古代文人所追求的“三绝”。通过比较，他们发现安徽的魁针、浙江的龙井、江苏的珠兰，各具特色。富春人通过不断研究、改进，找到了三者的最佳组合比例和制作工艺，并逐步定型，从而于1921年创造出了独具特色的富春茶——“魁龙珠”，开创了扬州拼配茶的一代传奇。魁龙珠茶耐泡，味醇、后劲足，被称为“茶叶中的鸡尾酒”，经得起好几次冲泡，号称“一壶水煮三省茶”。

富春不仅有“茶”，还有“点”。这里的“点”，并不局限于三丁包、翡翠烧卖、千层油糕这样的面点。这些年来，富春不断挖掘，从面点出发，发展到菜肴，乃至于宴席。富春的“四季宴”，根据季节变化，宴席特色各不相同，已成扬州名宴。如此丰富的富春茶可谓有吃有喝，包含着丰富的饮食文化，也是“中国传统制茶技艺及其相关习俗”44个子项目中唯一入选的与饮、食皆有关的项目，是拼配茶。专家如是评说：“北京喝大碗茶，要配凉点，苏州喝碧螺春，要听评弹，扬州人喝魁龙珠茶，配着包子、菜肴，不仅美味，还能解腻。”

魁龙珠茶也吸引了中国茶叶博物馆的注意。在杭州龙井村的半山腰上，中国茶叶博物馆的龙井馆专门辟出一块地方，设为富春茶点小馆，馆中不仅有魁龙珠茶，还有扬州的双麻酥饼、三丁包、豆沙包、春卷等扬州点心，游客可以沉浸式体验富春茶点的滋味。

好茶也要有好茶艺，富春集团内部已经培训了40多位茶艺师。接下来，还准备打造富春茶艺体验馆，邀请有兴趣的市民前来体验。未来还要将茶艺带入校园，从幼儿园到大学，让学生全面接触扬州本土饮食文化。

三、扬州郊县茶香

扬州目前大概有茶园4万亩（约2666.67万平方米），年产茶叶1 000吨左右，但是扬州每年的茶叶销量在3 000吨以上，可见其中有相当部分是外地茶。从实际销售情况来看，有的外地名茶，哪怕是茶中精品在扬州却没有被太多的人接受，还是本地茶更受扬州人青睐，所以扬州地产新茶还要在弘扬扬州茶文化、做大茶产业方面多下功夫。

（一）蜀冈茶

蜀冈五代时曾有茶出，且品质颇佳。宋代《太平寰宇记·淮南道》云：“扬州，江都县蜀冈。《图经》云：今枕禅智寺，即随（隋）之故宫。冈有茶园，其茶甘香，味如蒙顶。”另《苕溪渔隐丛话·玉川子》言：“苕溪渔隐曰：欧公《和刘淳父扬州时会堂绝句》云‘积雪犹封蒙顶树，惊雷未发建溪春。中州地暖萌芽早，入贡宜先百物新。’注云：‘时会堂，造茶所也’，余以陆羽《茶经》考之，不言扬州出茶，惟毛文锡《茶谱》云：‘扬州禅智寺，隋之故宫，寺枕蜀冈，其茶甘香，味如蒙顶焉。’第（但）不知入贡之因，起于何时，故不得而志之也。”今之所出名“平山茶”，亦有佳名。

（二）绿杨春

扬州的“绿杨春”名字儒雅，尽管只有20多年生产历史，但生产工艺不断创新，茶叶品质也不断提升，独具特色，特别是新茶，与众不同，口感鲜爽甘冽，汤色绿而微黄，已得到本地消费者的认可，并逐渐被周边县市茶客所接受。在“中茶杯”全国名优茶评比中，“绿杨春”多次获得特等奖。可以说，以“绿杨春”为代表的扬州茶正成为茶中新贵，扬州茶已完全具备了与外地名茶一样高声叫卖的底气。

现扬州仪征 3 万多亩（约 20 平方千米）茶园蔚为壮观，种茶的感到有利可图，制茶的觉得大有可为，卖茶的更是信心满满，茶科技蓬勃发展，茶文化丰富多彩，茶产业富民强镇，失传多年的传统制作技艺得以恢复。2023 年，“绿杨春茶制作技艺”荣登江苏省非物质文化遗产代表性项目名录。

据业内人士说，扬州的“绿杨春”在品质上并不逊于“龙井”“碧螺春”等外地名茶，可以说独具特色。但扬州茶与这些名茶相比，知名度大相径庭，只有“绿杨春”“皓茗”“平山贡春”“山河撷翠”等品种，而90%左右均为大宗绿茶，没有名称，只能以等级排名，实为中低档茶叶。扬州的茶好，可是茶农们不会吆喝。仪征最早的新茶从 3 月底就开始采摘了，此时扬城大小茶庄陆续打出“绿杨春”新茶上市的招牌，仅个别茶庄在店前支起炒锅，沿袭新茶现炒现卖的老套路进行销售。反观西湖龙井、苏州碧螺春、安徽毛峰等名茶，这些品牌茶无不在“头采”茶上大做文章，极尽宣传之能事，千克新茶拍卖价贵比黄金，而且“头采”价一年比一年高，这种做法值得扬州茶业借鉴。

（三）登月茶

仪征登月岛三面环水，是伸向湖中的一个半岛，人们将它与湖同名，称为“登月岛”。登月岛顶端临水挺立的亭子叫“不染亭”，岛上面是一个生态茶园，闻名的登月茶就出产自那里。

登月茶得天时地利之便，茶园的自然环境和条件十分优越，它三面环水，到夏季气候凉爽湿润，温度比其他地方一般要低 2~3 摄氏度，而且土壤里含有丰富的钾和碘，又没有受到污染，非常适合茶树生长。得天独厚的自然环境和条件，必然生长出风味独特的优质茶，加之精湛的制茶技艺，因而登月茶香气无比馥郁，汤色分外清绿，多次在国家和省、市有关评比中被评为特级、一级名茶。如今的登月茶园已成为集采茶、制茶、品茶于一体的观光园。采茶季节，人们可以在茶园观光采茶，参与制茶过程，尝到最新的香茗。过了采茶季节也无妨，可以品到经过保鲜处理的登月茶。

（四）白羊茶

仪征白羊茶以青山秀水为伴、以清风云雾为侣，得天地之精华。得天独厚的生态条件孕育了“白羊”牌茶叶，它形似松针，色泽翠绿，滋味鲜醇，汤色雅纯。白羊茶的茶叶愈嫩愈佳，一芽为莲蕊，如含蕊未放；二芽为旗枪，如手端又增一缨；三芽称“雀舌”，如鸟儿初启嘴巴。清明前后，游客可以亲自在茶园中采摘茶叶，亲自炒制，细品自己炒制的“白羊”牌生态绿茶。在农家饭特色餐饮服务区可品“白羊”牌生态茶，尝梅记盐水鹅、吴师傅豆腐圆、砂锅鱼头、酸辣黄瓜。

美食链接

秦少游对中国茶的贡献

扬州高邮人秦少游是文艺大家，他曾用诗文记载扬州茶文化。其所作《秋日三首》其二云：

月团新碾沦花瓷，饮罢呼儿课楚词。
风定小轩无落叶，青虫相对吐秋丝。

诗作于元丰初年秦少游家居时期。“月团新碾沦花瓷”，写出了碾茶、泡茶的过程和所用的花瓷茶具。初秋时节，诗人有条不紊地碾茶、泡茶、饮茶。饮茶之后，把儿子叫到跟前教读《楚辞》，多么雅致而有情趣的家居生活！依少游较为殷实的家庭经济状况，他是有条件享受这份雅致和情趣的。他和朋友聚会，回到家中，虽然夜阑人静，但余兴未尽，便与尚未入睡的妻子继续着论茶的话题。明卓人月《古今词统》载：“少游夫妇不减赵明诚，固应深谙茶味与赌茗之乐。”卓氏认为秦少游夫妇在茶的知识和兴致方面应该不输于赵明诚、李清照夫妇，秦少游夫妇在家中论茶应在情理之中。

不仅在家中品茶、论茶，秦少游喜欢出游，他在出行的途中也不忘饮茶。其绝句《还自广陵四首》其一云：“薄茶便当乌程酒，短艇聊充下泽车。坟墓去家无百里，往来犹不废观书。”去广陵祭扫，路途虽然只有百里之遥，秦少游也不忘随身带个茶杯，途中以薄茶代酒，消磨时光，从中亦可见秦少游嗜茶的程度之深。

《次韵谢李安上惠茶》是秦少游在京城为官期间为答谢友人赠茶而作：

故人早岁佩飞霞，故遣长须致茗芽。
寒橐遽收诸品玉，午瓯初试一团花。
著书懒复追鸿渐，辨水时能效易牙。
从此道山春困少，黄书校剩两三家。

诗作于元祐六年（1091）春，秦少游在京城任秘书省校对黄本书籍。春茶刚刚上市，时任高邮县令的李安上特地派遣仆人，不远千里给秦少游送来茗芽。李县令是秦少游的故交，之所以千里迢迢派人送茶，一来是因为他知道少游嗜茶，二来送茶也显示出二人的君子之交。茶乃高雅之礼品，非其他俗物可比，故少游亦能公然作诗答谢，而不必担心有受贿的嫌疑。诗中有“诸品玉”一词，宋人称茶中精品为“玉茗”。看来李县令送来的茶还不止一种，秦少游本来已经空空如也的“寒橐”一下子变得充盈起来。“午瓯”者，宋人有午后用茶的习惯。李县令送来的茶可算是及时雨，秦少游收到后，午后立即冲饮，杯中泛起了一团漂亮如花的细细泡沫。诗歌前四句是对李县令送茶的感激，后两联则是少游情感的抒发：品了李县令送来的好茶，我甚至懒得著书了，不如去追随“茶圣”陆羽，或者那个据说能够辨别淄、渑二水之味的易牙。从今以后我会经常饮茶提神，在秘书省工作也会少打几个瞌睡，校书的效率将大大提高。

四、扬州八怪茗趣

（一）汪士慎品味香茗的乐趣

说到品味香茗的乐趣，寓居扬州的清代书画名家、扬州八怪之一汪士慎见地非同一般。

1. 康健身体

茶对人体健康有好处，还能提神醒脑。汪士慎有诗云：“一瓯苦茗饮复饮，湔涤六腑皆空明”“茗香沁肺腑，秋气敛衰容”“涤我六府尘，醒我北窗寐”“一盏复一盏，飘然轻我身”。他的对联“方床石鼎高情远，细雨茶烟清昼迟”，使人想起佛教徒所说的“嗜茶三德”，坐禅时通夜不眠，满腹时可助消化，可谓不发之药。

2. 感受亲情

汪氏晚景凄凉，生活维艰，有诗云：“野有丛生荠，朝昏匝地挑。盈筐偏易得，作馔可亲操。根蒂除残雪，菁英落剪刀。加餐贫有赖，甘苦共尔曹。”“家园劚山芋，累累盈筐盛。用以作清馔，所谓山芋羹。”虽然一家人以野菜、山芋充饥，但是香茗融合着家人的亲情。每到除夕，一家人欢聚，“稚女剥山果，老妻烹菜羹”，日子虽然清苦，但是有了香茗，“茅堂亦作团圞饮，人影花光共一灯”，充满了欢乐。

3. 结交朋友

君子之交淡如水，一杯清茶见真情。汪士慎家有高寒草堂，这是一班老友新朋交往之处，大家常常在此以一杯清茶谈诗论画、臧否古今。如扬州八怪中的金农、高翔等人，他们都是“穷而后工”的诗人、画家，在此高雅、纯粹的氛围中，他们相互勉励，取长补短，对于艺术水平的提高、文化修养的提升大有裨益。

朋友常常赠汪士慎茶，他乐于接受，有时还主动求取，使人感到汪氏不同于贪求其他物品那样让人觉其寡廉鲜耻，相反还被人们视作富有名士风度。援鹑曾寄给他家乡的庙后秋茶，礼轻情意重，“名茶过水驿，幽客远相投”，这使他思乡之情喷涌而出，想起家乡“庙后一林碧，吟边满碗秋”。茶是好的，“灵芬凝不散，珍品鲜难求”，情意更可贵，“对此情何限，依依隔秀州”。朋友总是路远迢迢，奉上香茗，慰藉他的茶思，他每品一种茶都等于在品尝一份友情，实际也在品尝一种人生。冒葚原惠赠他蜀茗，说是“采于金篦山，山遥得匪易”，他十分看重，体会到朋友“传来意已深”，因而“珍重刮目视”，待到“褫封辨灵草，仿佛蒙顶制”，更为珍视，“老人寂无事，解衣自烹试”，香茗入肚，“涤我六府尘，醒我北窗寐”。他饮茶思友，感慨万分，“伊谁万里心，致此馨香意”。

4. 激发吟兴

品茗能激发汪士慎吟诵的灵感，“几日东风过水驿，满瓯清露注山珍。饮多不觉侵神肺，终夜吟思未著尘”。而他最喜欢对月煎茶吟诗，“题我煎茶卷，诗品清无比。朗吟复高诵，此际饮更美。一瓯复一瓯，通宵对月姊”。汪士慎与朋友赠茶、赠水、赠煎茶图，来而有往，总是情意在茶外，诗文相应和。一次鲍西岗寄给他《煎茶图》诗，汪氏十分兴奋，特作水墨梅花相赠，并写诗道：“吟笺远寄意殷殷，七字铿锵调不群。何日东风笑相见，梅花香里揖参军。”

5. 增添画兴

“雪屋茶烟细，晴窗水墨香”，汪士慎最喜欢饮茶时画梅花，有诗云：“闲贪茗碗成清癖，老觉梅花是故人”“饮时得意写梅花，茶香墨香清可夸”“清爱梅花苦爱茶”“茗碗浮香墨吐华，晴窗拈管静无哗。向平昏嫁看看毕，闲写阶前儿女花”。他的朋友丁敬说他甚至能在双目昏眵时“饮安茗乳平生嗜，画断梅花宿世因”。

高翔曾为汪士慎画《煎茶图》，并在图上题诗说：“巢林爱梅兼爱茶，啜茶日日写梅花。要将胸中清苦味，吐作纸上冰霜桠。”陈章曾为他的《啜茶小像》题赞说：“好梅而人清，啜茶而诗苦，惟清与苦，实渍肺腑。”

汪士慎为何将茶与梅联系在一起？正如他自己所说：“清爱梅花苦爱茶。”他是有才学有抱负的，但胸怀壮志，无人赏识，而他又不愿阿谀奉迎权贵，于是只能在清贫的生活中保持自己清白之身，所以他能与梅花及茶产生共鸣，这确实是因“七条弦上知音少，三十年来眼界空”而产生的自然情感。

54岁时，汪士慎一目失明，但他并未辍笔，仍画《煎茶图》。好友樊谢在他画的《煎茶图》上题诗道：“先生一目盲似杜子夏，不事王侯恣潇洒。尚留一目著花梢，铁线圈成春染惹。春风过后发花香，放笔横眠梦蝶床。南船北马喧如沸，肯出城阴旧草堂。”朋友非常敬重汪士慎的嗜好，金农送他

“茶仙”的雅号，高翔为他画《煎茶图》，厉鹗为其画题诗：“巢林先生爱梅兼爱茶，啜茶日日写梅花。要将胸中清苦味，吐作纸上冰霜桠。”对他嗜茶后以冷峻的态度观察社会、观察人生，以潇洒自适的心态鄙夷王侯很是赞赏，并表示出深深的敬意。而他自己也在这幅图后写长诗明志：

西唐爱我癖如卢，为我写作《煎茶图》。
高杉矮树四三客，嗜好殊能推狂夫。
时余始自名山返，吴茶越茶箬裹满。
瓶瓮贮雪整茶器，古案罗列春满碗。
饮时得意写梅花，茶香墨香清可夸。
万蕊千葩香处动，横枝铁干相纷拿。
淋漓扫尽墨一斗，越瓯湘管不离手。
画成一任客携去，还听松声浮瓦缶。

这段题画诗自述不仅仅是他对自己爱好的诠释，而且升华了他饮茶的初衷：茶不仅可健脑健体，还能触动灵感，引起书兴、诗兴、画兴，茶是对人生艰辛体味、对理想追求的最好触媒。

（二）郑板桥爱仪征的茶

仪征是茶乡，其所产“绿杨春”茶至今还是中国名茶。喝茶讲究的是环境，当时的仪征人已懂得在妙境中品尝香茶。郑板桥爱真州茶，他在《仪真县江春茶社寄舍弟》中记载了当时的茶俗：“此时坐水阁上，烹龙凤茶，烧夹煎香，令友人吹笛，作《落梅花》一弄，真是人间仙境也。”郑板桥与诸友在仪征江春茶社文聚，茶炉上煮泡的是龙凤茶，香炉中焚烧的是夹煎香，与二者互衬，名茶与好香既有幽趣，也增添了一番胜缘：

虾菜半肩奴子荷，花枝一剪老夫携。
除烦苦茗煎新水，破暖轻衫染旧绨。

五、扬州名酒拾珍

从古到今，扬州也有多种地产好酒。

（一）乔家白酒

早在唐宋时期，宝应的酿酒业就十分兴旺，民间酒坊、酒肆星罗棋布。明末清初，宝应的乔家白酒脱颖而出，冠领里下河酿酒业数十年，成为皇室贡品。1934年，以传统工艺酿酒、选用陈瓜为辅料的乔家陈瓜酒荣获巴拿马国际博览会金奖，蜚声中外。20世纪中叶，宝应人又沿袭并光大乔家白酒之工艺，生产出第三代产品五琼浆、龄酒，连续十多年荣获“江苏省名酒”称号，是江苏省著名商标。乔家白酒为浓香型大曲酒，经固态发酵酿制，其酿制技艺源自千年酒乡，经历代酿酒师传承、改进，日臻成熟、完美。它选料考究，工艺要求精细，操作要求严格，关键控制点把握精准。

（二）琼花露酒

琼花是古城扬州的象征，为扬州市花。琼花露酒为扬州市新恢复酿制的历史名酒，相传因隋炀帝下扬州看琼花而得名。据宋史记载，琼花露酒味极美，海内闻名。宋代欧阳修任扬州太守期间曾赋诗赞曰："琼花芍药世无伦，偶不题诗便怨人。曾向无双亭下醉，自知不负广陵春。"今天的琼花露酒是扬州五泉酒厂在挖掘、整理传统酿制工艺的基础上，吸取各地名酒的酿制方法精制而成。

琼花露酒的独特之处在于以扬州五泉水系的泉水酿造，这也是琼花露酒水质纯净、风味独特的原因。琼花露酒在味道上也有着独特的表现，它以性平和、醇香甘洌著称，每一口都让人回味无穷。这是因为酒厂在酿造琼花露酒的过程中，采用了多种配方和传统的发酵工艺，从而使酒充分释放出浓郁的香气和丰富的口感。无论是饮用还是品味，琼花露酒都能给人带来舒畅的感觉。而且，琼花露酒还有一个重要的特点，就是在酿造过程中添加了有助于健身强胃的中药材。

（三）"嘉福久远"酒

2019年8月2日，在第六届中国（南京）国际酒博会上，扬州的"嘉福久远"酒引起轰动，江苏朗福酒业有限公司也因此得到业内首肯。

"嘉福久远"酒文化底蕴深厚，其得名于汉代瓦当"永受嘉福"。《汉书·礼乐志》有载："其诗曰：承帝明德，师象山则。云施称民，永受厥福。承容之常，承帝之明。下民安乐，受福无疆。"嘉福久远"酒是浓香型白酒，精选小麦、高粱、大米、玉米、糯米制曲，采用五大精酿技术，以优质的水源、精确的温度控制、合理的发酵工艺、巧妙的蒸馏技术酿制而成。其口感醇香浓郁，入口柔和顺畅，回味余香绵长。

（四）"烟花三月"酒

"烟花三月下扬州"是唐代大诗人歌颂扬州的名片，它让时空在扬州永恒。"烟花三月"酒是扬州人挖掘传统工艺精心酿制而成的白酒。其入口醇厚，层次分明，绵柔适口，回甘生津，陈味突出，深得懂酒、爱酒者喜爱。

"烟花三月"酒用复制的元梅瓶盛装。元梅瓶全称"元代霁蓝釉白龙纹梅瓶"，造型独特，小口、短颈、丰肩，稳重而又不失优雅，是扬州博物馆镇馆之宝。

（五）"公顺和"酒

"公顺和"是清朝末年高邮的酒糟坊老字号，其所产"公顺和"酒系浓香型白酒，其窖香浓郁、绵柔甘洌、香味协调、尾净余长，既为饮者青睐，又得百姓赞誉，清代著名循吏、学者王念孙与王引之父子对此酒情有独钟。

江苏江府酿酒有限公司承继传统，特聘名师，精心选料，古方勾兑，科技助力，守正创新，使这款已有百年历史的地方名酒重新散发出迷人的酒香。“公顺和”酒曾荣获“江苏省名优创新产品”称号，多次被选定为“中国·扬州‘烟花三月’国际经贸旅游节”、中国扬州世界运河名城博览会、世界运河名城市长论坛、中国双黄鸭蛋节、中国邮文化节指定用酒，并多次被作为国礼赠送给国际友人。

（六）东关街酒

近年来，扬州出土了大批与酒有关的文物，如漆制羽觞（即酒杯）等，说明早在汉代，扬州就已经有酒的酿造和酒的饮用。东关街历史街区是扬州的城市名片，1122米的东关街贯穿扬州城，东关街上的美酒佳肴承载着扬州城太多的记忆。

扬州地产名酒东关街酒是对扬州历史的尊重与诠释，是扬州味道的集中体现。它用自己的方式演绎着扬州的文化，表述着东关街的情调，丰富着扬州人的味觉，也让四方宾朋享受着板板扎扎的扬州味道。它激活了古城的唐宋酒香，是真正意义上代表扬州酒文化的历史品牌。

六、扬州八怪酒缘

“百礼之会，非酒不行”，酒与茶、点、肴都是高尚的天禄，风雅文化的精华。扬州八怪都食人间烟火，他们与帝王、官员、儒商、文人、百姓多有诗酒交往，且常常是“斗酒翰墨畅”。酒不仅是扬州八怪交际的工具，还可以激发他们的创作灵感。“八怪”行状中有闻不够的酒香，听不完的酒事：以酒寄情，去忧解烦；煮酒赋诗，契阔谈宴；曲觞流水，行令联词；歌舞侑觞，红颜同醉；啸傲江天，放达人生。“我与飞花都解饮，好风相送酒杯中”（金农），“画船飞过衣香远，多少风光属酒人”（黄慎），传统酒文化的俗与雅在扬州八怪的诗画中相融相合。他们虽没有美食的专著，但他们的诗酒表现出了人物的情态性格，生活的矛盾斗争，折射出社会交往的诚伪，从中可窥见世间百态。可以说，酒是研究扬州八怪不可或缺的内容。

（一）布衣高贤高翔的艺情酒德

高翔是“八怪”中唯一的扬州本地人，他终身布衣。现甘泉复原的高翔故园门厅有一副楹联：

白袷惯倾花屿酒，青山只取砚田钱。

这两句联出自马曰琯的《哭高西唐》，“白袷”即布衣，“花屿”即野外花岛，弹指阁建成后，高翔甚是欣喜，遂写诗云：“东偏更羡行庵地，酒榼诗筒日往还。”古香书屋的对联也取自他的诗句：“画君携去兴何远，新到邗江酒正清。”确实，他一生清贫，可贵的是其妻女也甘守清贫，夫妇相濡以沫，相敬如宾。其妻晚年织屦贴补家用，生活颇艰辛，但也充满情趣。“芝砌春光，荷池夏气；菊含秋馥，桂映冬荣。”短短四句诗，反映了主人一家的追求，家余风月四时乐，鲜花为伴香满园。

石涛是高翔的老师，石涛去世时已 67 岁，其时高翔不足 20 岁，两人可谓忘年交，常举杯论画，无所不谈。石涛生前曾画《墓门图》，题诗云："谁将一石春前酒，漫洒孤山雪后坟。"诗句是凄苦的，似乎并未指望谁能慰藉他死后孤魂。《扬州画舫录》的作者李斗十分崇敬高翔的举动，说他"每岁春扫其墓，至死弗辍"。石涛所看重的不是扫墓这一形式，而是人与人之间最真挚的友谊，尤其是在世态炎凉、人情浇薄的社会。石涛并没有看错学生，他在把自己的绝代画艺无私传授给学生的同时，也将人与人之间的交往准则原原本本教给了学生。今在高翔故园中建石涛纪念塔也是为了让世人忆及当年的师生感情。

其实高翔不是不可以改变自己的窘困状况，但是他"俭不苟取，生性高洁"。他与扬州大盐商马曰琯同年，而且两家是邻居，过从甚密，他也多次参加小玲珑山馆的雅集。马是儒商，自身的诗画造诣也高，对郑板桥等都有过资助，但高翔不仅不要资助，甚至为其作画也"只取研田钱"。乾隆二年（1737），马氏兄弟曾以诗贺高翔 50 岁生日。高翔生病了，马曰璐非常关心，作诗曰："念切平身友，敲门问讯频……何时杯酒共，把臂复相亲。"乾隆十八年（1753），高翔去世，马曰琯写有《哭高西唐》诗："垂髫交契失高贤，傲岸夷犹七十年。白袷惯倾花屿酒，青山只取砚田钱。两家老屋常相望，一样华颠剧可怜。同调同庚留我在，临花那得不潸然。"表达对老友的敬仰和对二人交往岁月的怀念。

（二）虹桥和诗流传

两淮盐运使卢见曾主持红桥修禊，诗酒唱和者达 7 000 余人，编次得诗 300 余卷，盛况空前。郑板桥、罗聘等是座上宾，诗歌自然得到大家青睐；李葂作为卢见曾的特邀嘉宾，曾为盛会绘《虹桥揽胜图》，那是意足神完，著称于世。

卢见曾任职扬州期间并不以势压人，而是看重友情。在卢见曾复任两淮盐运使时，郑板桥正好罢官南游而归，与阔别十四年的老友相逢，甘苦悲欢难以言表，卢雅雨当即赋诗："一代清华盛事饶，冶春高宴各分镳。风流间隙烟花在，又见诗人郑板桥。"他们常在一起饮酒赋诗，"日日虹桥斗酒卮"。尤其是每年三月初三，二人在大虹桥效仿兰亭修禊进行虹桥修禊，诗酒唱和，书画切磋。有诗为证：

再和卢雅雨

郑　燮

莫以青年笑老年，老怀豪宕倍从前。
张筵赌酒还通夕，策马登山直到巅。
落日澄霞江外树，鲜鱼晚饭越中船。
风光可乐须行乐，梅豆青青渐已圆。

扬州食俗

四时食风　五色斑斓

——扬州饮食习俗

三餐四季是百姓平常生活美食，扬州人懂得食物是大自然的馈赠，味道是由口到心的旅行，扬州每家每户都擅长烹调，力求每一道菜都收藏着季节的痕迹，每一啖食都存着时光的温度。享受三餐烟火暖，追求四季皆安然。

一、扬州日常饮食

在扬州普通人家，家长就是家厨，多由家庭主妇担任。男人有空也会在家做菜，甚至以此为乐。如汪曾祺即使成为大作家，也仍以厨事为乐，而且有好几种拿手菜，以至许多大作家都以到他家饮食为乐。

旧时在扬州一带流传着两首歌谣，描述了淮扬人一天的饮食。

第一首

早上起来日已高，只觉心里闹潮潮，茶馆里头走一遭。

拌干丝，风味高；“蟹壳黄”，千层糕，翡翠烧卖三丁包；

清汤面，脆火烧，龙井茶叶香气飘。

吃过早茶想中饭：

狮子头，菜心烧；

煨白蹄，酱油浇；

大烧马鞍桥，醋熘鳜鱼炒虾腰；

绍兴酒，陈花雕，一斤下肚乐陶陶。

吃过中饭想下午：

浇切董糖云片糕，再来一包香橼条。

吃过下午想晚饭：

金华火腿镇江肴，盐水虾子撒花椒，

什锦酱菜麻油浇，香稻米粥儿粘胶胶。

吃过晚饭想夜宵：

一碗莲子羹，清心又补脑，一觉睡到大清早。

第二首（戏说）

早上吃的蟹黄汤包，中上吃的牛肉熏烧，

晚上吃的豇豆角子，鲇鱼哇子，

冬瓜汤两勺子，肉丁子钉到下巴壳子。

从这两首歌谣可知，扬州人的一日五餐十分考究，而且富有层次，早上外吃，中午重头戏，晚饭简单，中间还有小中点心、下午茶点、夜宵小吃。

歌谣中提到了许多具有淮扬风味特色的著名菜点，其中有不少是老百姓耳熟能详而且家家会做的，如拌干丝、蟹壳黄、千层油糕和翡翠烧卖等。

二、扬州节日食俗

我国是农业国，注重春、夏、秋、冬四季变化，俗语有云："春耕、夏耘、秋获、东藏"，是说人们随着季节更替自然形成了鲜明的生活节奏，劳逸交替，张弛有度，忙里偷闲，享受大自然带来的不同季节的美食。随着社会生产力的不断发展，扬州美食不断丰富，人们戏称扬州人的餐桌上"有代序的春秋、变化的冬夏，能从四季的饮食中品尝出光阴的味道"。

扬州人每到传统节日都会请食俗助兴，围绕节日演绎出的应节美食已成为快活淳朴的扬州民风民俗的一部分。如旧时扬州人立夏日要尝"八新"，"八新"中的"八"是虚数，"八新"多指鲥鱼、樱桃、新笋、麦仁、蚕豆、苋菜、新茶、青梅、李子、洋花萝卜、咸鸭蛋等时令食品，其中鲥鱼最为珍贵。清董伟业《扬州竹枝词》描写了扬州人立夏时的生活场景："晴和天气晚风徐，脱尽棉衣四月初。庆誉典旁沽戴酒，樱桃市上买鲥鱼。"

（一）清明食俗

清明时节，春回大地，自然界到处呈现一派生机勃勃的景象，无论从清明节的起源还是从清明节的流变，都可以归纳出清明节象征意义的衍变，一是"感恩纪念"，二是"催护新生"。《旧唐书》载，开元二十年（732）敕云："寒食上墓，礼经无文，近代相沿，寝以成俗。士庶之家，宜许上墓，编入五礼，永为常式。"唐代杜牧的著名诗句"清明时节雨纷纷，路上行人欲断魂"，宋代高菊磵的"南北山头多墓田，清明祭扫各纷然。纸灰化作白蝴蝶，泪血染成红杜鹃"，正是这种习俗的写照。

扬州人自古重踏青，热衷探春、寻春、踏青这种节令性的民俗活动，其源头可以追溯到远古农耕祭祀的迎春习俗。随着生产力的发展和社会生活的演进，扬州市民在清明时节的迎春活动逐渐由神圣祭祀向世俗娱乐转化，祭祖的意义逐渐淡化，人们因利趁便，全家老少在扫墓之余也会在山乡野间游乐一番。有词云："江南好，胜日爱清明。白袷少年攀柳憩，绣鞋游女踏莎行，处处放风筝。"明代张岱《陶庵梦忆》这样记载扬州清明的郊游活动："长塘丰草，走马放鹰；高阜平冈，斗鸡蹴鞠；茂林清樾，擘阮弹筝；浪子相扑，童稚纸鸢；老僧因果，瞽者说书。"

美食是扬州清明风俗的重头戏。据载，扬州的得名与杨树有关，唐代许嵩《建康实录》云，扬州"地多赤杨，因取名焉"。宋代郭忠恕《佩觽》云："杨，柳也，亦州名。"扬州人爱柳，清明这一天早晨，扬州家家以柳叶和面做饼，油煎，蘸糖享用。也有以米粉做果或压糯米为糕者，均拌以柳叶，浇上糖汁食用，犹有寒食之遗风。清明时节，扬州百姓还用青艾汁或雀麦草汁和糯米粉捣制成米粉团，再以豆沙为馅做成青团祭祖和食用。青团一直流传至今，虽然是老面孔，但其功能已由用于祭祖转化为应令尝新。

清明时节，扬州人喜吃野味、拾野菜，品味尝新。在瓜洲、十二圩，沿江有广阔的江滩、茂盛的芦苇丛，孕育了众多土特产，如“长江三鲜”刀鱼、鮰鱼、河豚，以及野鸡、野鸭、野兔等；滩中则有芦笋、洲芹、芦蒿、荠菜、马兰头、鲢鱼苔、野茭白、柴菌、地藕、青菜头、枸杞头、菊花脑、鹅肠菜等原生态的“洲八鲜”，其他野菜不胜枚举。十二圩茶干是扬州的名特小吃，踏青途中以茶干小菜佐餐，主食饱腹，甚是美味。

清明节扬州百姓还有食野的习俗，早餐后，或夫妻携子同往，或三两女子结伴，携酒食往郊外野餐，或将扫墓的祭品烹调后享用。

瘦西湖清明游春是扬州人的盛会，每年此时扬州的餐饮店都会抓住季节做足文章，应时小吃、时令宴席不一而足，不仅供应堂食，还有船宴。《扬州画舫录》载，画舫就是用废弃的驳盐船改造成的游船，“大者可置三席，谓之‘大三张’；小者谓之‘小三张’”。湖中还有来往的酒船，送美食往游船的飞船。船宴既可预订，也可临时招呼，酒茶皆备，肴点独特，食具精美，服务精到，且丰俭由人。

（二）端午食俗

端午是大节令，据司马迁《史记·屈原列传》记载，战国后期楚国三闾大夫屈原被流放汨罗江畔，因忧国忧民感叹自己的身世，于五月五日愤而投汨罗江而死。后人为了纪念这位伟大的诗人，举行各种祭祀活动，相沿成俗，各地都纷纷响应，并形成了特色。人们重视端午节还有一个重要原因是，五月天气渐热，正是疠疫发生的时节，在端午时进行的一系列活动有利于辟鬼止瘟、祛祸禳灾。

吃粽子是端午的一项重要内容，也是全国性的习俗。端午这一天，扬州家家食粽，户户飘香。端午前，各家各户购买糯米、芦叶开始裹粽子，农村妇女更是三五成群，相互帮着裹。粽子多用上好的糯米、新鲜的芦叶，再加上众多佐料用粽叶包裹而制成。扬州粽子有菱角、斧头、三角、小脚、元宝等形状，扬州人认为粽子裹得越紧越有滋味；扬州粽子的馅心荤素都有，荤的有鲜肉、咸肉、火腿、香肠等，素的有豆沙、蚕豆、赤豆、枣子等，馅馅鲜美，五味调和，真是“角黍（粽子）包金，香蒲切玉”。

端午节重在午刻，这一天中午，扬州家家设午宴，且必饮雄黄酒，吃鲜桃、桑椹、樱桃、粽子等，还互相宴请，这一切活动扬州人谓之“尝午”。根据旧俗，扬州端午食物中有药膳元素。这一风俗起源也很早，宋代孟元老《东京梦华录》“端午”条云：“次日，家家铺陈于门首（指摆上桃、柳、葵、蒲叶及五色瘟纸、时果等)，与粽子、五色水团、茶酒供养，又钉艾人于门上，士庶递相宴赏。”《红楼梦》第三十一回也写了王夫人在端午节治酒，请薛家母女等人尝午。应该说，曹雪芹笔下的端午节扬州元素颇多。

端午节扬州人家午宴的菜都要带红色，号称“十二红”，就是用酱油红烧或是自然红的十二样时鲜菜，如煮黄鱼、烧猪肉、爆虾子、咸鸭蛋、炒苋菜、腌黄瓜、糖醋萝卜及莴笋等。午宴上的煮黄鱼、爆虾子、咸鸭蛋、炒苋菜、炝黄瓜，虽都是“红”，却是嫩红、朱红、紫红，或红中夹绿，或雪白托红，配置和谐，极富层次。正如清代黄惺庵《望江南百调词》写的那样：“扬州好，端午乐如何？到处艾绒悬绣虎，大家蒜瓣煮黄鱼。跳判闹通衢。”

喝酒除“五毒”，是扬州人过端午节的重要活动之一。“五毒”是指蛇、蝎、蜈蚣、壁虎和蟾蜍。为了消除“五毒”，扬州百姓用大红纸剪成“五毒”形状，并让孩童戴老虎形帽、穿五毒衣（用带有五毒图案的布料裁制，旧时布店有售)、背老虎袋、穿老虎鞋，再在一双手腕上绕系名为“百索”的五色彩钱，胸前还要挂一只彩色丝线编成的小网袋，内装蒜头或熟鸭蛋等。这一天，扬州家家必备雄黄酒，配之中药蒲艾簪门、熏艾叶菖蒲悬门，燃烧中药苍术、白芷和各种香料等，这些活动对驱蚊蝇或防病治病确实有好处。另外，五月五日扬州民间还有踏百草之戏，唐代称“斗百草”。这一天，扬州百姓还有饮“百草汤”、浴“百草水”的习惯。《扬州画舫录》载，扬州人在端午这一天多有洗澡者，谓之“百草水”。

赛龙舟，龙舟竞渡，是端午节的又一重要活动。李斗在《扬州画舫录》中记述了乾隆年间扬州龙船竞赛的盛况。龙舟长十多丈，分为龙头、龙腹、龙尾三部分。船上枋柱，挂着彩幡，悬着绣旗。端午节这一日，长江的龙舟竞渡，参与表演的主要成员有手执长钩被称为“跕头”的篙师和掌握船舵的“拏尾”。擅长水戏的，在船艄上演出各种技艺，谓之“掉梢”。节目有“独占鳌头”“红孩儿拜观音”“指日高升”“杨妃春睡”等。旧俗，龙舟过处，岸上游人向水中投掷银圆、铜钱，放入活鸭子，船上人可以入水夺之，称之为“夺标”；竞赛期间还有小船载乳鸭，往来画舫间，游人好事者，买后抛入水中，船上人执戈竞斗，谓之“抢标”；还有以瓶或猪脬置钱或果抛掷的；或以浮于水面的各种吃食为彩头，舟中表演者入水抢夺，以显示戏水功夫。

观赏龙船竞赛的百姓看重的是美食，因为这一天竞赛现场各种美味应有尽有，成为市井美食的盛会。

（三）中秋食俗

在中国古代社会，月称为“太阴”，又称为“夜明”。先民非常注意月亮的变化，祭月是很严肃诚敬的祀典。但是，八月中秋节的各种风俗并不十分古老，《荆楚岁时记》只载有八月十四作眼明襄事，没有提到八月十五的风俗，到唐代才有八月十五是中秋的说法。李峤有《中秋月》诗，杜甫有《八月十五夜月》诗，韦庄《送李秀才归荆溪》诗有“八月中秋月正圆”之句，均是明证。元朝末年，民间又广泛流传八月十五吃月饼的故事。现在八月中秋已成为我国传统节日，其庆祝仪式日趋隆重。

扬州人过中秋节会备有鲜菱、嫩藕、芋艿、石榴、鸭梨、苹果等当令果品和月饼。月饼，又称“团圆饼”，象征圆月和合家团聚的吉祥。扬州的月饼很讲究，茶食店供应的各式月饼，品种繁多，有苏式、广式、京式等，荤素兼备，制作精巧，味美可口。月饼的馅子有果仁、葱油、火腿、肉松、白果等。中秋节日期间，扬州家家采购，人人爱吃。做女婿的中秋孝敬岳父岳母，礼品中必有二斤月饼。家做的糖饼和烧饼，同样具有特色，甜的有豆沙、枣泥、芝麻糖、桂花、荤油丁馅儿的，咸的有萝卜丝、韭菜、青菜馅儿的，搅上肉丁、笋丁等，非常美味。扬州人备的月饼中必有一块特大的，供拜月后全家分食之用。

“礼月”即中秋拜月，昔日是扬州人过中秋节的主要仪式。入夜，一轮明月高悬，各家在庭院内摆上香案，案上红烛一对，鲜果四色，正中放上月饼，阖家焚香礼拜。家人们烧斗香、点宝塔灯，供设瓜果饼饵，对月祈祷。扬州民间对瓜果饼饵等供品的挑选和制作都很讲究，形成了扬州特有的习俗。如瓜果、藕要选长有小枝的“子孙藕”，莲要取不空的“和合莲”，瓜要镂刻成城垛形的“狗牙瓜”，以示吉祥；饼饵，除应时月饼外，另制一盘宝塔饼，由小到大，五层或七层，塔顶还插上一枝花。香案前的宝塔灯则体现了传统工艺特色，纸做或玻璃做的七层宝塔，金勾彩绘，奇巧异常。两旁摆放对称的方灯，点上蜡烛。星夜极目远望，只见灯塔齐明。《扬州竹枝词》吟咏道：

八月中秋秋气新，满街锣鼓闹闲声。

光明宝塔光明月，便益男人看女人。

《望江南百调词》则道：

扬州好，暮景是中秋。大小塔灯星焰吐，团圞宫饼月痕留，歌吹竹西幽。

（四）春节食俗

以往，民间过春节，从腊月开始忙到正月十八日才结束，涉及吃、穿、购、娱、游等活动。一月又称“正月”，“正”音读“征”。正月初一，古人称“元日”，今人称“春节”，是我国传统节日中最大的节日。此时已是收获后的农闲季节，平时中国人多省吃俭用，但春节一定要丰足，所谓人寿年丰。一年劳作后，人们需要休养生息，在外地工作的人无论如何都要回家过年，全家团聚，走亲访友。

扬州人的春节食俗是系列食馔，腊月二十四送灶，吃糯米饭，春节前炒十香菜，煮咸鱼腊肴，风鸡熏鹅，包馒头点心，备水果蜜饯，买糕饼糖酥茶食，十三上灯元宵，十八落灯面，持续近一个月，酒杯交错，笑语欢歌，共祝阖家欢乐，人寿年丰。

新年早晨，各家先放鞭炮，然后开门。“放开门炮”，表示开门大吉，传说能免除全年的疫疠灾晦。

扬州旧俗，放过“开门炮仗”就开始向新年所定之喜神方位行进，叫“兜喜神方”，亦称“迎年”。与此同时，各家堂上点灯燃烛，祭祀天地灶神及祖宗，供上年糕、甜食，讲究点的人家则陈列宣炉、花瓶、果盒。宣炉中燃起檀香，花瓶中插满花朵。各家备有糖茶，既可自喝也用以待客，寓意甜甜蜜蜜。有些人家还会在糖茶中放红枣和橄榄，叫“元宝茶”，寓意吉利。新年早点，扬州一带多食元宵，还喜食“包子”，馅心有细沙、梅干菜、萝卜丝、青菜、鲜肉等。

早餐后，便是拜年。接待贺年的客人，除备茶烟外，还备有果盘，讲究的人家备有一种漆器“桌盒”，盒为圆形或方形，有盖，敬客时将盖打开。盒内分若干格档，中间一格放一枚大福橘，周围格档分别装有各色糖果。主人从盒内取出糖果待客时，每取一样都要说些吉利话。抓花生说“长生不老”，抓瓜子说“瓜瓞绵绵”，抓糖块说“甜甜蜜蜜”，抓黑枣说“早早发财”“早生贵子”，拿橘子说“走大局”。按习俗，客人不能推辞，多少要尝一点，也要说些吉利话，如对老人说“祝身体健康”，对同事说“祝工作顺利”，对新婚夫妇说“祝早生贵子”，对商人说“祝你发大财”，等等。

中、晚两餐，一般都是家人团聚，饭菜十分丰盛。会厨者掌勺，使出最好本领，烧出美味佳肴，配以各式名酒或饮料，合家团聚，其乐融融。如今，过去只有富贵人家才有的火锅已进入寻常百姓家，或用炭燃，或用酒精煮，近年又多用液化气或电火锅，姜汤沸腾，香气扑鼻，全家人团团围坐，共享天伦之乐。

初一过后，亲友相邀宴请，谓之“吃年酒”。初三这天，已婚的女儿都会回娘家探亲，特别是新婚女婿，总要偕同新娘到岳父家拜年，俗称“吃年初三”。乘龙快婿上门，岳父母自当分外热情地以美食相待。

从初一到初五，人人舒心愉快，家家幸福美满，民间称为“五天年”。年初五俗传为财神诞辰，旧时有接财神的习俗，各地皆然，扬州最盛。扬州的一些大商和富户，常在初四夜间置酒守夜，谓之“吃财神酒”，单等子时一到，便焚香燃烛，鸣鞭放炮，叩头礼拜，然后在路口焚烧金钱（凿了眼的黄纸）银锭（锡箔摺的元宝），谓之“烧利市”。家家户户，都在这天清晨食元宵，谓之“端元宝”。行完这些接财神的仪礼后，便到财神庙里进香。

三、扬州时令食俗

岁时风俗是民俗的主要内容之一。我国传统的岁时风俗五彩缤纷，常因各具不同的地域特征而衍化出独具乡土特色的民俗事象。

请看儿歌《巴巴掌》：

一抹金，二抹银，三抹四抹打手心。
巴巴掌，打到二月二，家家人家接女儿；
巴巴掌，打到三月三，荠菜花开赛牡丹；
巴巴掌，打到四月四，皂角叶子赛茉莉；
巴巴掌，打到五月五，家家裹粽过端午；
巴巴掌，打到六月六，剪下百索撂上屋；
巴巴掌，打到七月七，牛郎织女会七夕；
巴巴掌，打到八月八，八个瘌子抬宝塔；
巴巴掌，打到九月九，大家都喝重阳酒；
巴巴掌，打到十月十，收拾棉衣过冬日；
巴巴掌，打到冬月冬，包个汤圆过大冬；
巴巴掌，打到腊月腊，青菜萝卜煮腊八。

这是采录于扬州广陵地区的一首民俗歌谣，每月指明一事，概述了扬州全年 12 个月份的民间习俗。

（一）春天必吃野菜

春天，扬州人必吃野菜。扬州传统野蔬伴时令而生，芦蒿、芦笋、燕笋、马兰头、枸杞头、荠菜、马齿苋、秧草、香椿头、洲药芹、菊花脑、野菱、慈姑、荸荠、水芹、莼菜、蒲菜等都是扬州人的最爱。野蔬不仅风味独特，一般也各具一定的清热解毒、抗菌消炎、健胃理气、舒肝明目、宽胸祛湿等功效。

惊蛰一过，各种野菜也到了繁盛生长的季节。野菜因为营养丰富、味道鲜美，被越来越多的人喜爱，错过又要等一年。盛产野菜的季节，外出春游的时候顺手摘上些野菜回家吃，简直不要太美滋滋。

野菜入馔也很讲究，既可凉拌、腌制，又可清炒、上汤，还可与荤菜配伍或制成馅儿，包成圆子、饺子、包子、春卷等，林林总总，不一而足。

香椿　老扬州最爱吃香椿炒鸡蛋，一般从 3 月初吃到 5 月底。3 月初的香椿几乎全是嫩芽，价格昂贵。但老扬州还是愿意买上两小把，回家炒香椿鸡蛋吃，或者香椿炒饭。到5月份，香椿就有些老了，味道也淡了。所以，想吃就趁早！

荠菜　春天的代名词，每年4—6月份鲜嫩得能掐出汁来，所以人们才常说，“荠菜三月三，赛过牡丹丸”。《诗经·谷风》中有“谁谓荼苦，其甘如荠”，唐诗中则有“春日春盘细生菜”“盘装荠菜迎春饼”之句。

在荠菜的选择上，深绿色叶子的才是真正的野生荠菜。“春到溪头荠菜花”，过了春日，荠菜开花，老得嚼不动，再无人问津。

荠菜肉饺子，是扬州人春天对自己的犒劳。一口咬下去，满嘴都是早春的气息，鲜美而微有生涩味。

荠菜除了包饺子外，还可以做成荠菜肉丝豆腐羹，是扬州人小时候泡饭吃的美味。

蒲公英　蒲公英开花结籽后，毛茸茸的圆球看起来很可爱。其实，蒲公英还能做出许多美味的食物。而且蒲公英本身就是一种很宝贵的药材，号称“药草皇后”，有食疗作用。

新鲜蒲公英要选择叶片干净、略带香气者，干燥蒲公英则要选择颜色灰绿、无杂质的作为食材。

马兰头　扬州人爱吃的野菜真的很多，马兰头算是极其有特色的。马兰头嫩叶嫩茎的采收期主要集中在3—4月，这个时候的马兰头是最好的。

马兰头色泽葱翠，本身具有独特的清香，凉拌清淡可口，魅力独特。

选马兰头，要选茎秆比较细直的，而且光是看“气质”还不够，还要与它亲密接触下，如果叶子摸起来有短毛感，那就是新鲜的马兰头。

每年春天马兰头是必吃的，请客也是必点的，过了这个季节口感就没有这么好了。

蕨菜 蕨菜有“山菜之王”的美誉，不仅美味，它还富含维生素、膳食纤维。蕨菜根和一小部分茎都可食用，但叶子已经舒展开的蕨菜不应再食用。茎干细且绿的不要，吃的时候一定要去掉。蕨菜有毒，鲜蕨菜最好焯火处理。

马齿苋 扬州人对于马齿苋的记忆是酸酸甜甜的。不仅农村有马齿苋，城市住宅小区楼下也能见到它的身影。挑选马齿苋主要是要识别真假马齿苋。马齿苋又名“五行草”，“五行”对应有五色，叶子是青色的、梗是赤色的、花是黄色的、根是白色的、子是黑色的，集五色于一身。

汪曾祺在《故乡的野菜》中写道：

> 中国古代吃马齿苋是很普遍的，马苋与人苋（即红白苋菜）并提，后来不知怎么吃的人少了。我的祖母每年夏天都要摘一些马齿苋，晾干了，过年包包子。

到了春天，除了荠菜，人们最爱吃的野菜就要数马齿苋了。它不仅风味独特，鲜香可口，而且有不少药用功效，对于治疗大肠热毒、脓血下痢、痈肿恶疮、妇女湿热带下、丹毒、瘰疬等症有显著效果。临床还可用于治疗咳嗽、牙龈红肿和虫蛇咬伤。因为能保人安康，扬州人给它起了个吉祥的名字——“安乐菜”。

芦蒿 芦蒿，看着有点像水芹，口感又有点像芦笋，扬州人的常见做法是清炒芦蒿。

原以为只有清炒才能保留它的清香，其实不然，芦蒿炒肉丝，香气独特诱人，吃多了更会上瘾。

菊花脑 初春时的菊花脑嫩茎叶具有最佳口感，入夏之后则会木质化，味道也变得苦涩起来。

由于含有菊科植物特有的芳香性挥发精油，因此菊花脑的味道可以提神醒脑。锅中放入翠绿叶片，再打入丝丝鸡蛋融成一碗金玉交错的汤，足够提神醒脑、沁人心脾。

蚕豆　在扬州，3 月底 4 月初，蚕豆差不多就上市了。这时的蚕豆绵绵软软，入口即化，一点点鲜香，一点点回味，嫩到可以连壳一起吃。

但蚕豆尝鲜的期限就这十几天，过了这个时间段，要吃嫩蚕豆，还得等来年。

食野注意

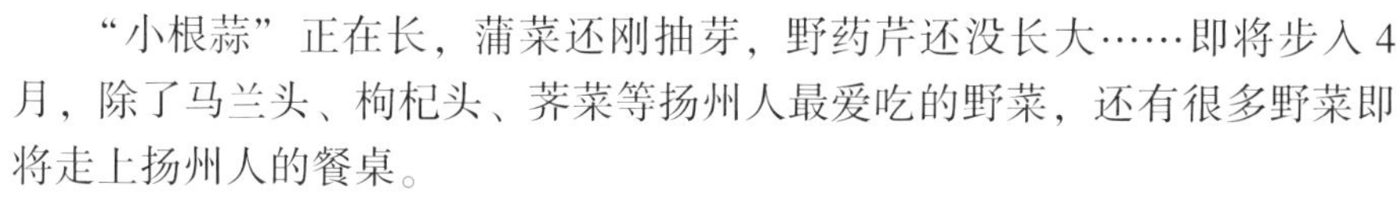

一是野菜多是“地方特产”。

“小根蒜”正在长，蒲菜还刚抽芽，野药芹还没长大……即将步入 4 月，除了马兰头、枸杞头、荠菜等扬州人最爱吃的野菜，还有很多野菜即将走上扬州人的餐桌。

“其实，能走上餐桌的很多野菜纯粹是‘地方特产’。”扬州大学生物科学与技术学院教授淮虎银介绍。有些野菜在外地能吃，放在扬州却不能吃，如艾草。另有一些则相反。而且同一种野菜，有些人吃了就没事，有些人吃了就中毒，这是人的个体差异所致。总体而言，生长在自然环境中的野菜，大多含有一定的毒素，因此在吃之前，应该用沸水加盐焯一焯，既可去除苦味，又可杀菌消毒。

二是吃野菜宜少不宜多。

吃野菜，讲究的是个“鲜”字。因此，吃野菜大多要赶在清明前。“这是因为清明后，气温高，野菜长得猛，很快就老了，口感不好。”扬州大学教授金银根说。

“其实，吃野菜最好只是吃个‘新鲜’。”金银根认为，野菜好吃，少吃一点对身体有保健作用，但不宜多吃，如苦荬菜，吃一点是可以的，多吃肯定不好。而且从药理上讲，绝大多数野菜都可以作为中药材来用，“是药就有三分毒，不讲规则地多吃，肯定是没有益处的。”

三是水生野菜扬州人“不待见”。

扬州有很多具有水乡特色的水生野菜，如蒲菜（香蒲嫩的假茎）、野菱、菱儿菜等。但这些水生野菜在扬州并不受“待见”，一是采摘不便，二是没有形成食用习惯。扬州多香蒲，据悉，在古代，蒲菜还被作为一种救荒的重要野菜。另外，过去曾救了很多人命的榆树叶，现在也很少有人吃了。而最常见的葎草，其实它的嫩叶也是可以吃的，但味道不好，也少有人吃。

四是有些野菜已消失，有些野菜要保护。

随着城市的扩张，生态环境也发生了大的改变，有些野菜现在已难以见到了。如孩儿参、鱼腥草曾经在扬州瘦西湖风景区、润扬森林公园有分布，但现在已经找不到了。即使有，也很少很少了。在凤凰岛生态旅游区聚凤岛上，有一种野菜叫“泽生香豌豆”。这种野菜全江苏都已经很少见了，如果挖野菜时看到这种菜，最好不要挖，吃了可惜。

不要挖马路边的野菜，最好在田埂、周边的公园挖野菜。扬州可去挖野菜的地方有蜀冈西峰生态公园、茱萸湾风景区、凤凰岛生态旅游区、润扬森林公园、西郊森林公园等。

（二）入夏必尝邵伯龙虾

历史上扬州的水产极富地方特色，如瓜洲的鲥鱼、大桥的鲴鱼、邵伯的龙虾、宜陵的螺蛳、高邮的虎头鲨，等等。近年来长江及相关水域10年禁捕，江鲜、湖鲜退出餐桌。当然，扬州人不仅会利用自然，也会适应自然，改造自然。如今不少特色水产品种已基本实现了人工养殖，可谓“野”意犹存，美味得呈。

邵伯龙虾在江浙一带赫赫有名，与高邮湖龙虾、盱眙龙虾齐名，是广受欢迎的著名小吃，尤其是在扬州一带，邵伯龙虾更是家喻户晓。扬州市下辖江都区邵伯镇美食街专门经营邵伯龙虾的菜馆有数十家，每天中午以后，这里车水马龙，数以百计的车辆堵塞了街道，这些车主中有不少是从全国各地不远千里特地赶来的，他们的目的只有一个——吃邵伯龙虾。

之前，邵伯龙虾的主料小龙虾都产自邵伯湖，可是随着邵伯龙虾的声名鹊起，邵伯湖里的龙虾早已供不应求，所以，现在食客们嘴里的龙虾都是从邵伯周边的龙虾养殖场运来的。不过，没有关系，养殖龙虾的口感与邵伯龙虾的口感并没有什么不同。

邵伯湖位于运河西侧，湖区面积14.7万亩（约980平方千米），湖水清澈，水草丰美，盛产龙虾。邵伯湖龙虾从外形看，壳是青中带红，肚皮发白，个头大而饱满，不仅干净卫生，味道也很鲜美，与内河沟塘的龙虾大不相同。

邵伯龙虾的烹调手法也与众不同。目前，邵伯龙虾美食大概有5种口味，分别是红烧味、清水味、椒盐味、蒜蓉味与腐乳味。顾客可根据个人口味不同进行选择。邵伯美食街有不少生意火爆的龙虾馆，来一盘龙虾，配上特色的腰花汤、炒面，即可大快朵颐。

（三）夏秋之际必吃宝应荷藕

到了夏秋时节，扬州人必吃宝应荷藕。而在宝应藕菜系列中，最为著名的当数蜜饯捶藕、藕粉、藕夹子、藕粉圆子，对于这几种荷藕美食，前文已有详述，此处不赘述。

(四) 秋季高邮大闸蟹是应时食品

高邮湖水域宽阔、水质优良，生态环境得天独厚，水生物产丰富，尤以高邮湖大闸蟹闻名遐迩，早在北宋年间就已成为皇家贡品。早在千年之前，高邮人就善制作味美的醉蟹并作为嘉礼馈赠亲友了。

2004 年，高邮大闸蟹被中国渔业协会评为“全国十大优质名蟹”。2015 年 3 月 7 日，高邮湖大闸蟹被列为国家地理标志产品、高邮市特色水产品。2017 年，高邮大闸蟹荣获“中国十大名蟹”称号。

四、扬州喜庆民俗中的食俗

在农耕社会，作为社会的细胞，家庭考虑的就是如何立身处世、繁衍兴旺，喜庆民俗中的美食正是表现家庭兴旺、地位、追求的生活内容，因而为社会所认可。扬州人在喜庆民俗中也有自己的饮食习俗。

(一) 生育食俗

历史久远的小农经济以一家一户为实体，人丁增殖成为家族兴旺的标志。扬州民间十分重视新生命的诞生，求子、生子、百露、抓周等习俗神秘而又烦琐，也是品尝美食的好时机。

扬州乡村有“摸秋求子”的风俗，《真州竹枝词引》中说：“妇人摸秋，必摘瓜归，以为得子之兆。”因瓜中子多，且瓜藤绵绵，因此“摸秋求子”具有祈求“瓜瓞绵延”传宗接代的象征意义。并且这类风俗逐渐由暗到明，发展为亲友间馈赠相关礼物，如莲子、石榴、“子孙藕”，都是表示种瓜得瓜、种豆得豆、子孙满堂之意。

妇女怀孕俗称“有喜”，分娩前，娘家不仅要送催生礼，还要送专门给孕妇的营养滋补品。旧时农村接生婆有“吉祥奶奶”的美名。孕妇生孩子补元气，往往一周前就治“舍母羹”。简单的在饭锅上蒸龙眼肉，复杂的或以上等桂圆、莲子和红枣等滋补品，每天在大锅饭上蒸，使汤汁不断纯浓，到孕妇生产时熬了喝下去，或盛入小茶壶内，产妇来“阵子”时饮上几口，以补阴益气。在《广陵潮》中，少奶奶临盆时，“内里便煨参燕汤、桂圆汤，煮细米粥，染红蛋”。婴儿到人间，要行“开奶礼”，用犀黄、大黄和黄连熬成“三黄汤”，在孩子的唇上蘸几下，还要说：“今朝吃得黄连苦，将来日子比蜜甜”。才能婴儿要先吃几口别的产妇的奶，才能吃亲生母亲的奶。据说母亲的初奶“呛”口，怕小儿不适应，先吃几口熟奶，为的是有个过渡。小孩一出生，就要守世俗的规矩。孩子生下以后，首先要向外婆家报喜，女婿要亲自送红蛋、糯米粥。红蛋多为鸡蛋，过去煮熟后染红，现在送多了，则改为生的，不染了，以礼盒装。《邗江三百吟》有载："扬俗生儿三日，以蛋涂红，配未涂者各半，遍送亲友"。扬州旧俗为生男孩子才送蛋，生女孩子送粥。在《广陵潮》中，少奶奶生了女儿，丈夫云麟就改送寿桃，还有一场争论，他说："何尝没有，不送蛋，便送寿桃。"红珠道："过生日送寿桃，我倒看见过，却不曾看见过养小孩子也送这个。"云麟找了借口道："你可晓得外面的世情吗？现在生活程度日高，人家养小孩子，没有个不打算盘的。"红珠道："我不相信养小孩子还要打算盘。既要打算盘，他就应该不养。"云麟道："你真呆了。养不养能由她做主吗？他打算盘，也有他的理由，他因为经济上关系，觉得蛋的价值，比较寿桃贵上几倍，与其送蛋，不如改送寿桃。"这样的"算盘"，表面是节省，其实更顾忌于礼俗不合，"其实省不省并不在乎这一点。即以我而论，家道虽系清贫，也还要敷衍一点门面"。其他地方的人家中新生了宝宝送喜蛋，有的地方会取双数，意谓"压子"，而扬州人送喜蛋是取单数。

扬州俗话有"三朝上取名，长大了聪明"，所以孩子降生后即取名，而且还要办酒宴。满月、百露、周岁的酒宴是十分重要的，亲戚朋友都要来。婴儿满月要办满月酒，又称"剃头酒"，因是人生中第一次剃头，师傅以酒代水，给孩子润发，此后孩子可以由母亲抱着外出，母亲外出称"出窝"，孩子外出称"见世面"，而且第一次"出窝"必须先到娘家去，然后才能到其他人家走动。外婆家送"满月担"，礼品甚丰，有食品、衣着、玩具、鞭炮之类。亲友都送糕团、小儿衣帽、饰件，尤其是姨母、舅母，要送用五色丝线编成的彩带，下悬"长命百岁"的金银锁片，表示对孩子的祝福。此日家中敬香燃烛，祀神祭祖，张灯结彩，设宴唱戏，十分隆重。百露即孩子出生 100 天，家里要办"百露酒"。俗话说，"抓周年年有，百露一回头"。在百露的宴席上，最重要的是要为孩子"开荤"，即象征性给孩子吃一点鱼汤之类的荤食，增加营养。办周岁宴时的重要仪式是"试儿"，俗称"抓周"，给婴儿打扮一新，在他面前放只托盘，内装书籍、刀、尺、算盘、秤、针线、玩具、脂粉，看他先抓哪一样，以判断孩子的前途。男孩取书，将来是读书人是文官，拿刀剑是武官，取算盘是精于计算，玩具是贪玩，如果男孩取脂粉则可能是好色之徒，女孩拿针线尺是善治家，否则就是懒散。

（二）庆生食俗

庆生日、寿辰是扬州传统礼俗的一项重要内容，一般 60 岁以下叫"生日"，60 岁以上称为"辰"，从孩子周岁开始，年年做生日，不是整数的是小生日，小孩子叫"长尾巴"，家中人吃顿饭就行。只有整生日才大宴宾客以示庆祝。旧时女孩的 20 岁生日是在妈妈家中过的最后一个大生日，所以一定要隆重庆祝；30 岁时则是在婆家过的第一个大生日，所以婆家一定要大大操办。扬州有的地方还重视男孩和女孩的 16 岁生日，称为“寿庆”，又叫“满罗汉”，摆的酒席叫“罗汉酒”。因为从 16 岁开始孩子成了大人，此时要做“16 岁塔饼”，分送亲友邻里，以示孩子可以撑门立户了。60 岁生日叫“耆寿”，70 岁叫“耋寿”，80 岁叫“耄寿”，88 岁叫“米寿”，100 岁叫“期颐之寿”，108 岁叫“荣寿”。扬州人做生日有“做九不做十”之说，追根寻源，此俗源自江南，因为在吴语中“十”与“贼”同音，“做十”即“做贼”，不吉利、不光彩。但在苏中、苏北，年纪大的逢九、逢十都做，而且年龄越大越是做得隆重。往往父母的庆寿酒宴由儿子负担，女儿则为父母添置新衣、新鞋、新帽。

寿面因面在食品中最长，取延年益寿、福寿绵长之意。汉代东方朔《神异经》中有“东方有树，高五十丈，名曰桃，其子径三尺二寸，小核味和，和核羹食之，令人益寿”之说。麻姑献寿献的是桃，福、禄、寿三星中老寿星的形象也是左手托桃，因此祝寿献寿桃在国人中早已相沿成习。在扬州，父母寿诞，多由女儿送寿桃、寿糕。寿酒是取“酒”“久”谐音，宋黄庭坚有“欲将何物献寿酒，天上千秋桂一枝”的诗句。扬州人寿宴的第一杯酒必先敬老寿星，然后宾客才能开怀畅饮。

寿堂多为临时布置，寿堂内中置“贵寿无极”的中堂祝福男寿，“蓬岛春霭”祝福女寿，两旁悬挂寿联贺幛，中间的供桌上摆放寿面、糕馒、寿桃，糕是“高”的谐音。拜寿时，点上香烛，供桌旁置双椅，往往由寿星夫妇端坐其上接受亲友的贺拜。

寿日可提前，一般不推后。前一天称为“暖寿”，晚上办酒。正日则是中面、晚酒。酒宴后，主办方还要向前来祝寿的客人赠送寿碗、寿筷、糕馒寿面。现在如果是上半年生日，扬州人常常将寿日提到春节，因为春节儿女都要回家看望父母。据说此俗是由南方传来。相传治水专家、无锡人嵇曾筠遇母亲寿辰，因朝命赴河南治理黄河，治水不容延缓，无法在正日到时庆寿，于是就在岁首过年时会集亲朋好友预为母亲祝寿。从此扬州人民间流行春节举办寿庆。实际上此俗起源甚古，因为春节恰逢农闲，又是亲友团聚之时，是举办吉庆喜事的最好时间。

（三）婚嫁食俗

晚清至 20 世纪 20 年代，江苏全省通行旧式婚姻，地域虽不同，贫富也有差距，但必须经过一定的程式才能建立婚姻关系。20 年代后，民主开放，城市盛行新式婚姻，婚俗渐变，但旧俗仍存。

美食是扬州婚姻习俗的主要内容，一是仪式美食，二是主要宴席。

1. 仪式食俗

繁缛的仪式和美食，呈现的是喜结良缘的欣喜，偕老白头的祝福扬州人订婚要送聘礼，又叫“下茶”“行茶礼”。扬州人对茶感情特殊，古代起，扬州人订婚时，男方向女方下聘送礼，其中必定有茶，如果女方收下，则表示婚事成功。原来茶树不能移动，一移即死，以茶相赠，表示男女爱情专一；女方接受，表示爱情坚定不移。另外还要送糕点，鸡、猪肉、鱼代表三牲，以祭女方的宗祖；红枣、花生，则寓意早生贵子，而且是花着生，即男孩女孩轮着生。女方要回礼，通常是把男方送的东西适当退回一些，或者另备一份回礼，表示礼尚往来。当晚，男方备酒，宴请媒人和亲友，叫吃“定亲酒。”

“大定”之后，男女双方开始筹办婚事。婚事择吉日，古代《六礼》中有“请期”一仪，指的就是男女结婚选择良辰吉日。扬州确定结婚日期的流程是，先由男方提出几个好日子，如八月十六日、腊月二十四日等，请算命先生测算后，由媒人通信给女方，请女方挑选确定下来。确定婚礼时间还讲究必须是吉日，皇家单日，百姓双日，以二、六、八、十为好，一定要避开四、十一（失业）、十四（失事），所以在扬州，饭店在上述日子很少有婚庆活动。

筹办婚妆。吉日一定，女方随即准备姑娘陪嫁。俗话说“陪不尽的姑娘过不尽的年”，女方的陪嫁没有准数。现金、家具、房屋、土地都可以陪嫁，要求不低于男方礼金的数目。脚盆和紫铜马桶（箍是紫铜的）是女方必陪的东西。紫铜马桶里还有一个小马桶，会盛放美食，如 13 只红蛋、瓜子、核桃、枣子、莲子等。还要陪嫁一些生活必需品，如两个皮箱，里面盛放着替公婆做的“孝顺鞋”和未出世孩子穿的“小狗鞋”。小狗鞋做工讲究，在纱布上贴绒布，上绣各种花样。另有灯柜、箱柜和两个抬盒。抬盒里放着 8 件或 10 件物件，如富贵碗、胭脂缸、漱嘴缸、煤油灯、蜡烛台、汤壶、脚炉等日常用具。其余为衣服、被子之类。男方则筹办新房家具、结婚庆典一应用品，宴会酒席等，并发放请帖，邀请亲朋好友前来参加婚典。

发嫁妆，暖房酒。这两项活动通常安排在结婚前一天，其时媒人带领小叔子等人（人数要成双）来女方家中，进门先吃三道茶。发送嫁妆时，脚盆和紫铜马桶须用红布带子系好，由小叔子来挑，没有嫡亲小叔子的，堂房也可替代。嫁妆出女方大门和进男方大门都要燃放爆竹。嫁妆送到男家，自有清册一份，由媒人先呈男家，待各种嫁妆放置完毕后，婆太太就给全福太太一个“钥匙封子”（钱），全福太太接过钥匙，代表男家打开箱子按册清点嫁妆。检点陪嫁，一为炫耀，二看是否够数。点毕，由新郎谢妆并赏赐送妆之人，再请主婚人送喜，送嫁妆仪式到此完毕。晚上，男女方各自请自家亲戚欢聚，称为“暖房酒”。

送亲、迎亲。婚礼当天早上，女方要送亲，男方要迎亲。这一天，新娘天不亮就起来洗澡，里外换上新衣服。昔日有“饿嫁”习俗，新娘饿得发慌，最残酷的甚至在婚礼三天前就开始饿。这项习俗原是古代妇女反抗包办婚姻的一种遗俗，后是为防止在迎新路上有大小便等不吉利的事，现已改变。

新娘上轿之前要“辞亲”，这样做既是婚仪，也是为了表达姑娘的感情。男家迎亲花轿的出发和到达时间按习惯是由算命先生算好的。迎亲队伍前面是两面灯笼，一面灯笼是大红金字“双喜”，一面灯笼是男方姓氏和堂名，接着是六面头牌，“状元及第”“探花及第”“榜眼及第”，三牌成双，后面是乐队，新娘乘花轿，新郎乘绿呢轿，媒人乘小轿。扬州城内风俗，迎亲回程，不管女家住在何处，都要途经多子街，《扬州竹枝词》曰：“遥遥华胄缔婚姻，鼎食钟鸣轿上春。多子街前看热闹，彩舆宾从有千人。”男女双方都会根据自己的实力尽量排场奢华，街市的美食店趁机送上糕点，以讨封赏。

新娘花轿到男家门口时，男家要放爆竹迎接，新娘装扮结束，“搀亲”的全福太太为新人做“富贵”，新郎、新娘坐在床边，全福太太说喜话，让新人吃“交杯酒”，还用调羹盛些小圆子之类食物给新娘吃一点，给新郎尝一点。新郎还要将新娘的衣角拉过来坐在上面，表示一辈子把新娘拽住了。

新郎、新娘进新房有“送房”礼仪。扬州的“送房”有一套固定程式，收集于江都的民歌《送房喜话》说了“谢轿神”“点香”“辞酒”“捧盘”“送房”“叫门”“开门”等七种程序；有的地方要举行“撒帐”仪式，清《平山堂话本》记有《撒帐歌》，描写很详细，江都民歌《洞房撒花》也反映了撒帐习俗，但撒的是四季百花。

闹新房，吃过喜酒，新郎、新娘入洞房，婆太太把马桶内东西拿出来用围裙兜包好后放在新房里面，叫“兜子”。接着便是“闹新房”。“闹新房”不属于婚礼的内容，也没有一定的程式，五花八门，无奇不有，参加者都是专拣吉利的话说，专挑有趣的事做，喜庆的气氛因此达到了高潮。闹房的最初用意是驱邪避鬼，后来借此机会让亲朋好友相聚，庆贺结婚大喜。闹过新房，客人都散了，唯有伴娘不离开，而是负责看护富贵烛。“新娘进了房，媒人撂过墙”，担子落到了伴娘身上。新郎、新娘要上床了，悄悄把个“封子”给伴妈，伴妈拿到“封子”便离开新房，接着便是良辰美景，洞房花烛夜。

2. 婚宴食俗

待亲的宴席，表现的是主家的实力，对新生活的祝福，对新亲的热情款待。

结婚当天，男女双方都会受到亲友的祝福并收到贺礼。为表庆祝和答谢亲友，都要举办盛大的酒宴。

婚宴一般有婚庆晚上的“暖房酒”、新郎接新娘的“迎亲茶”、新娘到新郎家的“进门点”、中午“喜面”、晚上“喜酒”。第二天新娘家迎接新娘回门，新郎首次登新娘门还要办“回门酒”。婚后，小夫妻还要办谢媒酒，对媒人表示感谢。

随着新人对婚礼的要求越来越精致，扬州人办的婚宴规模越来越大。婚宴数量大、消费高、利润丰，商家为招徕顾客也是极尽巧思，婚宴菜单不断出新。扬州婚宴总体上是继承传统，创新弘扬。

一般婚宴菜肴数目都是以双数为主，8 个菜象征着发财，10 个菜象征着十全十美，12 个菜象征着月月幸福。扬州地区流行的婚宴菜肴通常由 8 道冷菜和 8 道热菜组成，并且举办婚礼的日子也大多是选择农历双月的初八、十八、二十八等，有“要发”“发了又发”的吉祥寓意。

婚宴的菜肴名字均为吉祥语，以此寄寓对新人的美好祝愿，从心理上愉悦宾客，烘托喜庆气氛。比如，珍珠双虾可以取名为“比翼双飞”，奶汤鱼圆可以取名为“鱼水相依”，红枣桂圆莲子花生羹可以取名为“早生贵子”等。

婚宴菜单因人配菜，要求尽量高档新鲜，鸡鸭鱼肉都上，时令蔬菜水果全有，而且菜品要不重复，求新奇巧趣。菜单的设计过程遵照因人配菜的原则，注意独特风俗，避开饮食禁忌，满足炫耀实力的心理。当下扬州星级宾馆办的婚宴都是数千元一桌，经济条件好些的会上鲍鱼、海参、鱼翅、燕窝、鱼肚，还有进口的牛肉、海鲜和水果，所费不菲。

现在扬州婚宴多以 16 个菜常见，以下系扬州常见的婚宴菜单。

（1）普通型。红烧鱼、东坡肘子、香辣虾、梅菜扣肉、口水鸡、凉拌拼盘、烧肥肠、白灼基围虾、一品蒸鸡、梅菜扣肉、大盆藕片、清蒸排骨、干锅啤酒鸭、泡椒田鸡、炒时令蔬菜、三鲜汤。

（2）传统型。八冷碟：鸳鸯彩蛋、如意鸡卷、糖水莲子、称心鱼条、大红烤肉、相敬虾饼、香酥花仁、恩爱土司；八热菜：全家欢乐——烩海八鲜、比翼双飞——酥炸鹌鹑、鱼水相依——奶汤鱼圆、琴瑟合鸣——琵琶大虾、金屋藏娇——贝心春卷、早生贵子——花仁枣羹、大鹏展翅——网油鸡翅、万里奔腾——清炖金踢；四果点：甜甜蜜蜜——喜庆蛋糕、欢欢喜喜——夹心酥糖、热热闹闹——糖炒栗子、圆圆满满——豆沙圆子。

（3）地方型。江南鸿运八味碟、宫廷极品佛跳墙、蒜蓉粉丝蒸龙虾、广式豉油东星斑、鲍汁澳洲大鲜鲍、陈年花雕珍宝蟹、手抓深海基围虾、京葱焖鲟龙鱼筋、富春竹林泉水鸡、蜜椒新西兰牛排、三椒爆炒猪颈肉、香酥德国大咸蹄、清新百合炒西芹、上汤时令养生蔬、幸福早生贵子羹、时令水果大拼盘。

（4）吉祥型。百年好合八味冷碟、翅汤黑松露日本婆参、正宗北京酥不腻烤鸭、芝士乌冬焗红澳龙虾、清蒸台州大陈屿大黄鱼、清蒸帝王蟹、豉汁蒸生态江鳗、文火澳洲顶级牛菲力配蒜香法棍、招牌红烧德清有机猪蹄膀、金蒜粉丝蒸青边九孔大连鲍鱼、宫廷小炒皇、金汤野菌时令鲜蔬、鲍汁天目山有机腊笋、早生贵子银耳羹、腊味荷叶糯米饭、幸福美满点心拼盘。

五、“藏在深闺”说家厨

扬州食俗中有一个独特的现象——家厨。有人说，真正的扬州厨子是家厨。到清代，扬州厨师的行当分工更加齐全，传统的有厨业的肆厨、衙门的官厨、共临时租用的外厨、富豪家庭的家厨、游走四方的行厨、庵观寺庙中的斋厨。同行之间的交流竞争，促进了扬州厨子整体厨艺水平的提高。

淮扬菜系这株大树得力于一大批盐商对名庖大厨的精心培育。盐商的饮食文化是食文化的通用密码，其影响不是仅限于扬州，而是辐射全国，它是扬州美食文化的源头之一，盐商家厨的饮食绝技延及后世，是扬州重要的文化资本。

盐商养得起名厨，盐商家厨“藏在深闺人未识”，自然能钻研出绝技，琢磨出名品。盐商生活讲究，人们这样形容他们的生活：“衣服屋宇，穷极华靡。饮食器具，备求工巧。俳优伎乐，恒歌酣舞。宴会嬉游，殆无虚日。金银珠贝，视为泥沙。”盐商家的名厨在烹调上争奇斗艳，《扬州画舫录》载：“烹饪之技，家庖最胜。如吴一山炒豆腐，田雁门走炸鸡，江郑堂十样猪头，汪南溪拌鲟鳇，施胖子梨丝炒肉，张四回子全羊，汪银山没骨鱼，江文密蛼螯饼，管大骨董汤、鮆鱼糊涂，孔切庵螃蟹面，文思和尚豆腐，小山和尚马鞍桥——风味皆臻绝胜。”

文人们很乐于为盐商家的名厨记艺。袁枚是扬州盐商家的座上客，他在《随园食单》中所记扬州盐商家的名食都冠以主人的名号。如“程立万豆腐”条说：“乾隆廿三年，同金寿门在扬州程立万家食煎豆腐，精绝无双。其豆腐两面黄干，无丝毫卤汁，微有蛼螯鲜味。然盘中并无蛼螯及他杂物也。次日告查宣门。查曰：‘我能之，我当特请。’已而，同杭堇浦同食于查家，则上箸大笑，乃纯是鸡雀脑为之，并非真豆腐，肥腻难耐矣。其费十倍于程，而味远不及也。惜其时，余以妹丧急归，不及向程求方。程逾年亡，至今悔之。仍存其名，以俟再访。”他评价扬州菜可谓言简意赅：“味要浓厚，不可油腻；味要清鲜，不可淡薄，”精致到“使一物各献一性，一碗各成一味”。

著名的《调鼎集》是清代扬州盐商童岳荐编撰的大型菜谱，该书对扬州盐商家菜点的选料、切削、烹调都有精细的阐述。

现代作家曹聚仁是扬州的常客，他在《食在扬州》《扬州庖厨》中对扬州盐商家的厨子推崇备至：“昔日扬州，生活豪华。扬州的吃，就是给盐商培养起来的。扬州盐商几乎每一家都有头等好厨子，都有一样著名的拿手好菜或点心。盐商请客，到各家借厨子，每一厨子，做一个菜，凑成一整桌。我教书的那家吴家，他家的干炒茄子，是我一生吃过的最入味的。我的朋友洪逵家的狮子头，也是扬州名厨做的，一品锅四个狮子头，每一个总有菜碗那么大，确是不错。”

扬州美食与名人

醉月诗赞　品肴文传

——名人盛赞扬州美食

一、名人品肴扬州城

扬州美食的传播与名人的品赏、赞美紧密相关，这里仅举数例。

宋代知府王禹偁首咏扬州“冷淘”，其《甘菊冷淘》诗云：

淮南地甚暖，甘菊生篱根。
长芽触土膏，小叶弄晴暾。
采采忽盈把，洗去朝露痕。
俸面新且细，溲摄如玉墩。
随刀落银缕，煮投寒泉盆。
杂此青青色，芳香敌兰荪。

“随刀落银缕”一句指的是扬州面条，在过去它不是机器制作的，而是刀切而成。具体做法是：在板上放用水和好的面片，面片上再放两米多长的擀面杖，一头套在活扣上，制面工人以臀部坐在杖的另一头，像扇子一样来回碾压面片，一层层折叠，不停地碾压，使之变得薄而均匀，这样做出的面厚薄均匀又筋道，下锅不糊汤，不烂，爽口。把面下到热水锅里，熟了再捞起放入冷水中晾凉，然后凉拌，是扬州人的夏日美食。

美食链接

凉拌杞芽　苏东坡知扬州时，去江都邵伯巡视江淮水利，当地治水官吏和文士以雅集相迎，次日早茶一款生拌枸杞芽令东坡动容。邵伯有诗曰：“昨夜春风拂湘帘，晨观杞芽绽嫩尖。采来和羹映翠绿，犹有清拌动子瞻。”清代，扬州儒商马曰璐在雅集时以“杞苗”为题赋诗曰：“井口苗寒茗，小摘未盈掬。其味元功成，其下灵犬伏。”该菜是扬州人的春令佳肴，其特点是杞芽爽脆，茶干香嫩。

三皛饭　“三皛”指白米饭、白萝卜和白汤（一说白盐）。苏轼知扬州时喜欢吃三皛饭。到清代，扬州两淮都转盐运使司每年都有祭祀苏轼的活动。杭世骏诗曰：“思公所嗜如公在，花猪竹鼬元修菜，皛饭仍参白糁羹，棕笋稀奇少人卖。”郑燮有联：“萝卜青盐粳子饭，瓦壶天水菊花茶。”三皛饭有着丰富的风味，特点是萝卜清香，饭粒晶莹，虾仁玉润鲜香。

在扬州还广泛流传着乾隆皇帝微服私访时享用老百姓家常菜的故事。这道家常菜本是菠菜煎豆腐，当乾隆皇帝见到后问老百姓菜名时，老百姓故作谜语道："金镶白玉板，红嘴绿鹦哥。"乾隆皇帝耳目为之一新，并赞："费省而可口，无逾此者。"

"扬州旧梦早已觉"，曹雪芹的幼年、少年时代是在扬州、苏州等地度过的，《红楼梦》中多处写到食品，无论是饮粥类的鸭子肉粥，枣儿熬的粳米粥，还是山珍海味鲟鳇鱼、火腿炖肘子，糕点类的藕粉、桂花糖糕、豆腐皮卷子，无不透显着扬州美食的影子。红学家冯其庸曾说："红楼菜实在是扬州菜体系。"

清代扬州八怪的代表人物郑板桥也是美食家，他安贫乐道，"白菜青盐粯子饭，瓦壶天水菊花茶"，自得其乐，他常和朋友聚会，在大虹桥与好友王渔洋，袁枚等诗酒唱和，挥翰书画，为我们留下"文人相亲"的佳话。

清代学者、诗人袁枚长期在扬州生活，过后移居金陵，在小仓山建随园自娱。他是美食家，认为淮扬菜精致，能做到"使一物各献一性，一碗各成一味"。他尤其欣赏扬州的肴馔及厨师，夸奖面点大师萧美人做的点心"小巧可爱，洁白如雪"。

朱自清是扬州人，他多次在作品中描写扬州名馔，肉包、蟹黄肉包、笋肉包、菜烧卖、干菜包，扬州街头小吃，瓜子、花生、炒盐豆、炒白果，摊在荷叶上的五香牛肉，现捞、现切、现烫的干丝。他称赞扬州菜是从盐商家的厨子做起来的，虽不到山东菜的清淡，却也滋润利落，决不腻嘴腻舌，不仅味道鲜美，颜色也清丽悦目，可见他看到了扬州菜与徽菜、鲁菜结合后的全新面貌，形象地说明了借鉴、撷取、交融的重要性。

作家李涵秋的名著《广陵潮》以鸦片战争至五四运动时的扬州为背景，铺陈展示了当时扬城的社会风情。在这部著作中，扬州的各种美食不时露面，让人齿颊生香。如第十五回写臧太史一行乘船游玩，上岸后聚餐，桌上摆着几个瓜子碟子，几个盐豆碟子，一碟熏鱼，一碟糖醋萝卜干，还有一大盘红烧猪头肉，一盘面筋烧白菜，一碗雪里蕻豆腐皮子汤，都是寻常菜肴。第九十四回写鲍橘人再遇云麟，约请做客，说："虽则内人已故，尚有小妾在家，烧点菜倒也有扬州风味，颇可口的。"第三十九回中云麟和老师何其甫一行乘船到南京秦淮河一带赶考，晚上停靠岸边，碰上渔父们卖鱼虾，大家馋涎欲滴。云麟凑趣，自己掏出几百文买了两尾鱼、一荷叶活虾，喜得何其甫心花怒放。到了冬天，扬州人都会备点咸鱼咸肉。一进腊月，家前屋后，成串的香肠、成片的咸猪肉、成条的咸鱼和整只的风鸡，在阳光下和风中散发着年味。《广陵潮》第四十七回中，毕升说他的厨房里"咸鱼咸肉最多，一到天要落雨，他在几日前便会津津的有些咸卤出来，风雨越近，他那咸卤越多"。第二十九回写阔太太卜书贞醉酒后哭了半个时辰，丫鬟待她止泪后，“雪藕、冰梨成片地喂着她”。第四十七回毕升笑对如夫人荷容道：“停一会，我们来煮一碗莲心绿豆汤。”第七十七回写臧太史捧起莲子羹来咀嚼，说：“这莲子羹味道真美，不知如何制法。”云麟答道：“先将莲子煮烂，然后参加上杏酪，煮得溶和后，再点上冰糖，所以比别好些。”第四十五回中，刘祖翼拍着孩子笑道：“这是我的小儿子，今年八岁了。每天夜里我将他携带出来，到我们这舍亲郝财喜铺子里吃两碗豆腐浆。”庵膳，尼姑灵修殷勤让菜，嘴里念叨：“请用一块火腿。大奶奶请呀，请用一角皮蛋。少爷、小姐，你们不用客气呀，鸡子、鸭子随意吃点呀！”信佛的贺夫人大惊失色：“我说过是吃斋呀，如何有这许多荤菜？”细细一瞧，原来是庵里素菜荤做，形状、颜色、气味就像真的火腿、皮蛋、鸡鸭。扬州茶食有枣糕、玉带糕、火烧卷子、团圆月饼等，其中各有民俗的含义。第八十八回说：“小安道，难得大家今日在此相会，我请趾翁到惜余春去小酌，奉烦成翁作陪，二位务必赏脸。”第九十一回写乔家运邀请伍晋芳和云麟在杏花村吃西餐，正餐吃完上甜点，最后再上咖茶。

汪曾祺，扬州高邮人，当代作家，京剧《沙家浜》是他执笔。他写过《故乡的食物》，野菜有蒌蒿、枸杞头、荠菜、马齿苋；水产品有虎头鲨、螺蛳、蚬子；野禽有鹌鹑、斑鸠；小吃有炒米、焦屑双黄鸭蛋。他无限眷恋扬州咸菜慈姑汤：“腌了四五天的新咸菜很好吃，不咸，细、嫩、脆、甜，难可比拟。”“我很想再喝一碗咸菜慈姑汤。”

1979 年春天，老一辈电影表演艺术家赵丹与大名鼎鼎的赵朴初先生来富春茶社品尝淮扬菜点，赵丹尤其赞美香气四溢的红烧扒蹄，他开心地说：“今儿个扒蹄烧得火工到家了！酥烂脱骨，咸中带甜，真是菜好酒香，心情舒畅。”

著名作家陆文夫原籍泰兴，以《美食家》饮誉文坛。他曾先后与冯牧、艾煊、高晓声等同道来富春茶社，一道“生炒蝴蝶片”令其大赞不已，认为鲜嫩无比，烹调高明，火候拿捏十分到位，并欣然题写“果然家乡风味”。

著名作家贾平凹曾经这样评论扬州菜：“这些美味原料并非高档，但制作精良，口味多样，重在‘细腻’。这个‘细腻’体现在刀工上、做工上，只有扬州这样的传统工艺城市，才会出现这样工艺感极强的食品。”

二、秦少游与扬州美食

秦少游的老师苏东坡是宋代著名文学家、美食家。秦少游对淮扬美食情有独钟，参加过苏东坡在扬州的许多饮食活动，写下了不少脍炙人口的美食诗篇。

如秦少游与苏东坡、孙莘老、王巩在高邮东岳庙楼台载酒论文，与苏东坡扬州饮别，与苏东坡在扬州、邵伯等地诗文酒会等。秦少游赞赏淮扬食事和美食的名句有“雨槛幽花滋浅泪，风卮清酒涨微澜”“炊成香稻流珠滑，煮出新茶泼乳鲜”“无双亭上传觞处，最惜人归月上时”“殢酒为花，十载因谁淹留”“和羹事，且付香醪”。在秦少游的《淮海集》中有一首诗：

以莼姜法鱼糟蟹寄子瞻

秦 观

鲜鲫经年渍醽醁，因脐紫蟹脂填腹。
后春莼茁滑于酥，先社姜芽肥胜肉。
凫卵累累何足道，饤饾盘飧亦时欲。
淮南风俗事瓶罂，方法相传为旨蓄。
鱼鲭蜃醢荐笾豆，山蔌毛溪例蒙录。
辄送行庖当击鲜，泽居备礼无麇鹿。

这首诗描述了淮扬众多的腌糟制品和土特产，表现了诗人对苏东坡的崇敬和二人之间的友谊。苏东坡也有吟咏扬州美食的诗：

扬州以土物寄少游

苏 轼

鲜鲫经年秘醽醁，团脐紫蟹脂填腹。
后春莼茁活如酥，先社姜芽肥胜肉。
凫子累累何足道，点缀盘飧亦时欲。
淮南风俗事瓶罂，方法相传竟留蓄。
且同千里寄鹅毛，何用孜孜饫麋鹿。

这首诗收在《苏东坡集续集》中，写了当时扬州的土产食物。“鲜鲫经年秘醽醁”说的是用一种特别的方法腌渍的鲫鱼，这种鲫鱼在腌渍的过程经过了发酵，从古代的食品制作工艺来看，这很可能是用鲫鱼做的鲊。“团脐紫蟹脂填腹”说的是蟹，既然可以寄到远处，肯定不会是活蟹，从晋唐时人吃蟹的情况来看，有可能是醉蟹、糟蟹，而苏东坡喜欢吃甜，这个或许是糖蟹也未可知。“后春莼茁活如酥，先社姜芽肥胜肉”两句说的是莼茁与姜芽，莼茁不知是何物，有可能是莼菜之类。在“凫子累累何足道，点缀盘飧亦时欲”中，凫子是鸭蛋，至今高邮的鸭蛋都是非常有名的。从这两句诗来看，北宋时高邮人就已经养鸭子了，或许有可能已经出现了较大规模的养鸭场。“淮南风俗事瓶罂，方法相传竟留蓄。”这两句是说高邮人有制作腌制品的风俗，其方法从古相传。这首诗里提到的食物应该都是腌制品，扬州人当时很可能有腌渍食品的习惯，今天扬州有名的高邮咸鸭蛋、四美酱生姜有可能是从北宋传承而来。

上面这两首诗的内容差不多，究竟谁是真正的作者呢？扬州学者邱庞同先生推测，“秦少游为高邮人，他送扬州土物给蜀人苏轼才对”。他还推测有可能是苏东坡与秦少游开玩笑，将秦诗改写了一下再寄还给他。邱先生的推测是很有道理的。如今事过千年，其中细节已无须说清了。从秦少游的诗题及诗的内容来看，蟹是糟腌的，与后来的醉蟹还不完全相同，另外他还送了苏轼一些用鱼虾做的醢酱和高邮的一些野菜。苏东坡是一个老饕，对饮食极有研究也极其讲究，所以，不论诗中的这些扬州土物是谁送谁的，其滋味鲜美是肯定的。

三、郑板桥与扬州美食

郑板桥生活的扬州属江淮大平原，这里河流湖泊纵横，农副产品丰富，有“物产富饶甲江南”之称。“臣家江淮间，虾螺鱼藕乡”“江南鲜笋趁鲥鱼，烂煮春风三月初。吩咐厨人休斫尽，清光留此照摊书”“笋菜沿江二月新，家家厨爨剥春筠。此身愿劈千丝篾，织就湘帘护美人”，这些都是他吟咏淮扬美食的诗句。

（一）为官时吟咏扬州的饮食

郑板桥曾写高邮的美食：

一塘蒲过一塘莲，荇叶菱丝满稻田。
最是江南秋八月，鸡头米赛蚌珠圆。

柳坞瓜乡老绿多，幺红一点是秋荷，
暮云卷尽夕阳出，天末冷风吹细波。

诗歌描述了金秋八月的高邮到处是丰收景象，田里湖里，莲香藕嫩，鸡头圆，稻谷香，瓜瓠绿，柿子红“稻蟹乘秋熟”。有别于其他地域，这里鱼腾虾跃，鸭噪蛋肥，那是“百六十里荷花田，几千万家鱼鸭边”。渔家是辛苦的，“打桨十年天地间，鹭鸶认我为渔子”，但他们又是欢乐的，性格很豪爽。尽管打鱼辛苦，但是渔家卖鱼很随意，“卖取青钱沽酒得，乱摊荷叶摆鲜鱼”，也不刻苦自己，他们最知道“湖上买鱼鱼最美”，更何况是自己打的呢？近水楼台，“煮鱼就是湖中水”，起水鲜，湖水煮湖鱼，这是渔家特有的享受。当然，如果有了上等鱼，高邮人也是会精工细做的。“买得鲈鱼四片腮，莼羹点豉一尊开”，四鳃鲈鱼本是江河中的上品，再以湖中的新鲜莼菜做羹、豆豉为佐料，可谓锦上添花，再把酒捧盏，其鲜、其美、其乐、其趣当可想见。

郑板桥曾在真州读书，真州是他的第二故乡，他对真州的美食充满了感情。这里的百姓很勤劳，“最是老农闲不住，墙边屋角韭为畦”。正是因为他们的辛劳，所以真州物产富庶。而真州的百姓也会忙里偷闲，苦中作乐，“虾菜半肩奴子荷，花枝一剪老夫携。除烦苦茗煎新水，破暖轻衫染旧绨”。他们从不辜负时令，应时尝新，“新笋劚来泥未洗，江鱼买得酒还携”。当时不仅鲜笋平常，鲥鱼也不是稀罕物，鲥鱼炖鲜笋不过是家常菜。此时亲友相聚，其乐融融，“昨夜春灯鱼藕市，青帘春酒见人情”“三冬荠菜偏饶味，九熟樱桃最有名。清兴不辜诸酒伴，令人忘却异乡情”。这里郑板桥给人们展现了最具代表性的扬州物产，荠菜经过了三冬，鲜嫩无比；樱桃已到九熟，又红又甜。那饮食氛围也好，春灯鱼藕夜市的喧闹，充满了乡土气息；高楼青帘品尝春酒，别具幽雅风情。

如果说清李斗在《扬州画舫录》中描绘清代扬州的美食“山地种蔬，水乡捕鱼。采莲踏藕，生计不穷”，那么郑板桥则以诗文的形式赞颂扬州的丰富物产、餐饮风习，为我们勾勒出了旧时扬州的富甲天下。

（二）退隐后享受平民的美味

“宦海归来两袖空。”郑板桥为官十二载，两袖清风，人们评价他“饥则赈贷，暇则论文，爱民如子，民奉若神”。民间曾说他嗜狗肉，屡屡因嘴馋而被骗走书画，其实不过是世人杜撰的罢了。退隐后的他很快融入了普通人的生活，不是田园牧歌式的旁观，而是真心感受美食的味美逾恒。

他对自己要求严格，在他兴化家中的厨房里至今还挂着一副对联：“白菜青盐粯子饭，瓦壶天水菊花茶”。至今扬州迎宾馆也有一联：“一庭春雨瓢儿菜，满架秋风扁豆花”。郑板桥的对联尊崇自然，写的完全是里下河地区百姓生活的日常。即使是极低档的食物，他也兴趣盎然，甘之如饴。这应该是他“些小吾曹州县吏，一枝一叶总关情”人格的反映。

他甚至盼望能无客登门，“终日苦应酬，连阴得闭门”，于是“家酿亦已熟，呼童倾盎盆。小妇便为客，红袖对金樽”“柿叶微霜千点赤，纱厨斜日半窗虚。江南大好秋蔬菜，紫笋红姜煮鲫鱼”“一塘蒲过一塘莲，荇叶菱丝满稻田。最是江南秋八月，鸡头米赛蚌珠圆”，充满田园之乐。这并非作秀，更非无奈。为官时，郑板桥即认为做官“是众人之富贵福泽，我一人夺之也，于心安乎，不安乎！可怜我东门人，取鱼捞虾，撑船结网，破屋中吃秕糠，啜麦粥，搴取荇叶蕴头蒋角煮之，旁贴荞麦锅饼，便是美食，幼儿女争吵。每一念及，真含泪欲落也”。确实，退隐后的郑板桥以平民的心态安排自己的生活，难能可贵。且看郑板桥的这首诗：

后种菜歌

菜叶青，霜叶零；菜叶落，桃李灼。

别有寒暄只自知，骨头不比松枝弱。

郑板桥在仪征生活了较长时间，当地低山丘陵，杂树丛生，野味很多，樵夫活动最为频繁，郑板桥认为他们很辛苦，“捆青松，夹绿槐，茫茫野草秋山外”。

山家心态和平，无拘无束，性格这样形成，郑板桥看到的却是“荒冢一堆草没了”的惨景，看透在“丰碑是处成荒冢”的背后，官宦家、帝王家的暂时荣华不过是过眼烟云“任凭他铁铸铜镌，终成画饼”。透过他们的鲜花着锦、烈火烹油之盛，山家人却投以轻蔑和冷笑“待他年一片宫墙瓦砾，荷叶乱翻秋水。剩野人破舫斜阳，闲收菰米”。所以他们更是达观自适，“啖林中春笋秋梨，当得灵芝仙草”“也不须服食黄精，能闲便好”。

郑板桥也以《道情》的形式赞美樵夫看透世情，其冷峻之态令人敬佩：

老樵夫，自砍柴，捆青松，夹绿槐；茫茫野草秋山外。丰碑是处成荒冢，华表千寻卧碧苔，坟前石马磨刀坏。倒不如闲钱沽酒，醉醺醺山径归来。

（三）调研、实录各阶层美食及习俗

“心无百姓莫为官”，郑板桥为官一任，造福一方；手握公权，为民办事，“民胞物与”之情至今令人感佩。他认为“天下之大，必作于细”。像他这样满腔热情注目中下阶层美食的官员极少，他的不少吟咏美食的诗歌不仅是当时民情的实录，对我们今日建设世界美食之都也仍有启示，因为美食的丰度、广度、独特性全在民间，在振兴乡村、运河文化带的建设中，只有努力挖掘美食文化的渊源、丰富创新，才能促进城镇餐饮行业的复原、整合、提升，从而改变千村一面、千店雷同的状况，使未来扬州的美食产业大放光彩。

1. 赞美船宴的野趣

扬州州界多水，尤其是瘦西湖在清代时就成为集景式滨水园林群落，湖上画舫游弋，船宴已成特色。郑板桥从山东罢官回扬后，似乎并没有丢官的烦恼，倒是有解脱的轻松，比起为官的山东，家乡以水见长，“江上澄鲜秋水新，邗沟几日雪迷津”。亲水戏水比起案牍劳形自然多了乐趣。归途中，他就对船宴有过遐想，“买山无力买船居，多载芳醪少载书。夜半酒酣江月上，美人纤手炙鲈鱼”。这是江水、江月、江酒、江鱼还有江女诸美的融和。他还喜欢到江边渔村，“不舍江干趣，年来卧水村。云揉山欲活，潮横雨如奔。稻蟹乘秋熟，豚蹄佐酒浑。野人欢笑罢，买棹会相存”。这是秋日的江村，一派粮茂年丰，豚肥蟹熟的景象，自然很美，山景、云景、潮景、雨景，诗人和渔家共享充满野趣的船宴。诗人似乎设置了理想世界：在返璞归真中，尽享无人干扰、无人欺凌的桃花源式自由和愉悦。

板桥为开发运河船宴提供了思路，以他当年的诗文为依据设计的般宴当是有吸引力的。

2. 歌颂山宴的逸趣

扬州文人雅士聚会十分讲究氛围，尤其喜欢选择高地，登高极目，心旷神怡。平山堂，不仅因其在扬州算最高，“过江诸山，到此堂下”，而且因欧阳修、苏东坡曾在此诗酒流连，因而成为海内外名士向往之地。郑板桥就描写过山宴，当年欧阳修在此，“太守之宴，与众宾欢”，如今人们效仿前贤，饮酒观景赋诗言情，此乐何及？诗人饮酒观景，睹景忆史，借史伤今。“江东豪客典春衫，绮席金尊索笑谈。临上马时还送酒，寒鸦落日满淮南。”他和诗人及画友纵横驰骋，直抒胸臆，无拘无束，这种宴饮早已突破口福的范畴，而是寄托了有识之士的忧国忧民之情。而诗文更是扬州宝贵的文化财富，如：

平山宴集诗

野花红艳美人魂，吐出荒山冷墓门。

多少隋家旧宫怨，环佩声在夕阳村。

3. 欣赏友宴的雅趣

扬州自古为人文荟萃之地，南来北往的文人途经此地都要驻足，或访友，或赏游，或任职，于是做东举办文酒之宴，应邀出席文酒之会，以文会友，借酒结谊。两淮盐运使卢雅雨与郑板桥即有过多次友宴、诗宴。卢雅雨在复任两淮盐运使时，郑板桥正好罢官南游而归，阔别14年的老友相逢，甘苦悲欢难以言表，卢雅雨当即赋诗：“一代清华盛事饶，冶春高宴各分镳。风流间隙烟花在，又见诗人郑板桥。”郑板桥信手拈来的诗词，情趣盎然：

菩萨蛮

留春不住由春去，春归毕竟归何处？明岁早些来，烟花待剪裁。

雪消春又到，春到人偏老。切莫怨东风，东风正怨侬。

4. 喜欢田家家宴的乐趣

郑板桥在《家书》中说农民“耕种收获，以养天下之人”，这种天下以农民为贵的思想是难能可贵的。他认为：“天地间第一等人，只有农夫，而士为四民之末”，“使天下无农夫，举世皆饿死矣”，“工人制器利用，贾人搬有运无，皆有便民之处，而士独于民大不便，无怪乎居四民之末也”。

（1）真诚描摹农民之苦。郑板桥在仪征教馆之余，遍访民间。在与百姓的长期相处中，郑板桥感受到了当地百姓的勤劳，“夜月荷锄村犬吠，晨星叱犊山沉雾”；老少同艰共苦，“最是老农闲不住，墙边屋角韭为畦”；见缝插针，“青秧绺绺，埂岸上撒麻种豆。放小桥曲港春船，布谷烟中杨柳”；不违农时，春耕秋获，天道酬勤，“邻鸡喔喔来，庭花开扁豆”“青蒲水面，红榴屋角。原上摘瓜童子笑”“鹤儿湾畔藕花香，龙舌津边粳稻黄。小艇雾中看日出，青钱柳下买鱼尝”“春韭满园随意翦，腊醅半瓮邀人酌”，倒也自得其乐。正是他们的辛劳使得仪征物产富庶，一般年景百姓能够自给自足。

（2）品味生活之美。可贵者，农民在周而复始的劳作中品味生活之美，郑板桥曾借《食瓜》诗表明这一志向：“五色嘉瓜美，问东陵故侯安在？圃园残废。多少金台名利客，略啖腥膻滋味，便忘却田家甘旨。门径薜萝荒不剪，绿杨桥板断空流水，总不作，抽身计。吾家家在烟波里，绕秋城藕花芦叶。渺然无际。底事欲归归不得，说是粗通作吏，听此话令人惭耻。不但古贤吾不逮，看眼前何限贤劳辈，空日费，官仓米。”

他认为家乡的嘉瓜、荷藕是“田家甘旨”，批判做官的“略啖腥膻滋味，便忘却田家甘旨”，实在可笑可怜，而他自己也认为是“空日费，官仓米”，颇为无聊。

郑板桥发现，百姓特别会忙里偷闲，苦中作乐，“虾菜半肩奴子荷，花枝一剪老夫携。除烦苦茗煎新水，破暖轻衫染旧绨”。尤其是他们从不辜负时令，应时尝新，“新笋劚来泥未洗，江鱼买得酒还携”。在当时的扬，不仅鲜笋平常，鲥鱼也不是稀罕物，鲥鱼炖鲜笋不过是家常菜。

待到丰收时，邻里同庆，尽享喜悦，“匏樽瓦缶，村酿熟，拉邻叟”“紫蟹熟，红菱剥，桄橘响，村歌作”“共说今年秋稼好，碧湖红稻鲤鱼肥”“烹葵煮藿，秫酒酿成欢里舍，官租完了离城郭。笑山妻涂粉过新年，田家乐”，此时亲友相聚，其乐融融。

（3）真情赞颂农家生活。郑板桥真情赞颂农家生活，歌颂他们日出而作，日落而息，自给自足，阖家和睦，虽平淡却乐在其中。写的田家生活至今令人向往：

> 江天新雨后，正山下人家，野花如绣。
> 平田大江口，喜潮来夜半，土膏津透。
> 青秧绺绺，埂垄上撒麻种豆。
> 放小桥曲港春船，布谷烟中杨柳。
> 株守，最嫌吏扰，怕少官钱，唯知农友。
> 匏尊土盎，村酿熟，拉邻叟。
> 每长吁，稚女童孙长大，婚嫁也须成就。
> 到头来，新妇家家，情亲姑舅。

农民是朴实的，郑板桥善于观察生活，挖掘现实生活中最美好的东西，将农家生活写得那么富于情趣，春种秋收，邻里和睦，婚丧嫁娶，生儿育女，真正是一幅风俗画。

（4）将普通物料做成美味。现代作家汪曾祺曾据《郑板桥集》中所提到的食品写成《郑板桥家乡的小吃》连载于《兴化日报》，说兴化民间广泛流传“郑板桥治理甲壳虫”的故事，说是这一带农民不知螃蟹可食用，又因其形状可怖，称之为“甲壳虫”，有的人甚至从田里捡起螃蟹扔到别家田去，钳伤邻居手足，咬坏邻居庄稼，进而引起讼事，而郑板桥却将螃蟹做成“十全大蟹宴”，变废为宝，化害为利，这十道菜分别是繁花似锦、东床绣球、凤眼云子、珍珠四喜、年年发财、大闹花灯、霸王别姬、挂印封金、黄金满园、欢聚一堂，不仅味美逾恒，而且充满文化内涵。

郑板桥用通俗易懂、新鲜活泼，近乎民歌体的诗，反映农民的栽枣种梨、植桑养蚕，放鸭养鹅的日常，很有生活气息，充满了“民胞物与”的深厚情感，至今都散发着人情美。

扬州美食文献

乾隆乙卯年鐫
揚州畫舫錄
自然盦藏版

循理求道　落花收实

——扬州传统美食名著

扬州特有的自然环境、丰富的水陆物产、便捷易得的舶来食材、大众的民俗民风等，虽都是淮扬菜系形成不可或缺的因素，但主要原因还是扬州历代经济繁荣，尤其明清时扬州盐业经济进入鼎盛时期，富商们在经济活动中获取的巨额利润，多被用在建造园林宅第、蓄养歌伎舞女、讲究日常饮食上，经济富裕的土壤生长出了淮扬菜系这株参天大树。

扬州的美味佳肴经过千百年的积累和完善，在清乾隆年间形成了中国的一大菜系，成了中国东南广大地域烹饪技艺的代表，折射出中国东南地域的经济、文化、物产、风俗民情。

明清以来的很长一段时期内，扬州菜一直被叫作“扬帮菜”，从事“扬帮菜”烹饪的厨师被叫作“扬帮帅傅”。而扬州菜提升到“淮扬菜系”，是近几十年的事。要形成世人认同的“菜系”或“菜帮”，在原材料方面要有特殊的要求，在烹饪方面要有独特的技艺，在品种方面要有相当的数量，在风格方面要有浓郁的地方特色。以上这些都有赖于名贤的总结提升。最初，人们对扬州菜的记述是随意的，文人多在其作品中捎带一笔，如光绪《江都县续志》说：“商人多治园林，饬厨传，教歌舞以自侈。”易宗夔《新世说》则说：“凡宫室、饮食、衣服、舆马之所费，辄数十万金。”到了清乾隆年间，扬州三位精于烹饪之道的学者对扬州菜进行了汇集、整理和总结，形成了烹饪专著，从而推出了备受大众赞誉的“扬帮菜”，并使之荣耀地屹立于当时的世界美食之林。他们有财力，有名厨，能品鉴，是美食家。历史上，称得上是美食家的人少之又少，《礼记·中庸》云：“人莫不饮食也，鲜能知味也。”而当时扬州的官员、文人和富商中有一批高水平的美食家，他们精于肴馔，长于品鉴，能够对美食从色、香、味、形、滋、养等诸多方面提出专业且独到的见解。盐商童岳荐就是其中之一，他“精于盐策，善谋画，多奇中”。他既有经济条件制作各种美味佳肴，同时又精于烹饪之道，悉心探究食事并撰写了《调鼎集》一书，把扬州的美食文化推荐给了世人，使之成为社会财富的一部分。正是由于枚乘、王磐、童岳荐、袁枚、李斗、林兰痴等一批美食家的培土浇肥、修枝剪叶，淮扬菜才枝繁叶茂，为世人瞩目。

一、汉代枚乘《七发》

枚乘（？—前140），字叔，西汉辞赋家。淮阴（今江苏淮安）人，

《汉书》记载为淮阴（今河南淮阳）人。原为吴王刘濞郎中。枚乘因在七国之乱前后两次上谏吴王而显名，后拜在梁孝王帐下，汉景帝下诏升枚乘为弘农都尉。

枚乘在文学上的主要成就是辞赋，《七发》是其代表作。作品的主旨在于劝诫贵族子弟不要过分沉溺于安逸享乐，表达了作者对贵族集团腐朽纵欲的不满。其中有关于饮食的描写，兹录如下。

客曰："犓牛之腴，菜以笋蒲。肥狗之和，冒以山肤。楚苗之食，安胡之飰，抟之不解，一啜而散。于是使伊尹煎熬，易牙调和。熊蹯之臑，芍药之酱。薄耆之炙，鲜鲤之鲙。秋黄之苏，白露之茹。兰英之酒，酌以涤口。山梁之餐，豢豹之胎。小飰大歠，如汤沃雪。此亦天下之至美也，太子能强起尝之乎？"太子曰："仆病未能也。"

翻译如下。

吴客说："煮熟小牛腹部的肥肉，用竹笋和香蒲来拌和。用肥狗肉熬的汤来调和，再铺上石耳菜。用楚苗山的稻米做饭，或用菰米做饭，这样的米饭抟在一块不会散开，但入口即化。于是让伊尹负责烹饪，让易牙调和味道。熊掌煮得烂熟，再用芍药酱来调味。把兽脊上的肉切成薄片制成烤肉，将鲜活的鲤鱼切成鱼片，佐以秋天变黄的紫苏和被秋露浸润过的蔬菜。用兰花泡的酒来漱口。还有用野鸡、家养的豹胎做的食物。小口吃饭、大口喝汤，就像沸水浇在雪上一样。这是天下最好的美味了，太子能勉强起身来品尝吗？"太子说："我病了，不能去品尝啊。"

《七发》描述的饮食太精妙了，应该是汉代高档美食的实录，不仅质料非同一般，而且烹饪技艺扑朔迷离，其中的一些山珍海味已是我们今天难以见到的了。

二、明代王磐《野菜谱》

王磐（约1470—1530）被称为"南曲之冠"。明代散曲作家、画家，亦通医学。其所著《野菜谱》是明代四部通行的植物图谱之一。因见当时江淮一带灾荒流行，唯恐灾民误食毒菜毒草，王磐便精心编成《救荒野谱》（又称"野菜谱"）三卷，行于世，以赈灾荒，现有增补本行于世。凭借医家、画家的双重身份，王磐一面翻阅群书，一面向百姓查访，亲摘亲尝，挑选了60种野菜，编撰成该书。在成书过程中，王磐还自题手绘，配图附诗。配诗秉承了他散曲的一贯风格，多以菜名起兴，文字又明白如话，俗中藏雅，被明代农学家徐光启收入《农政全书》。

仅举两例。

丝荞荞，如丝缕。

昔为养蚕人，今作挑菜侣。

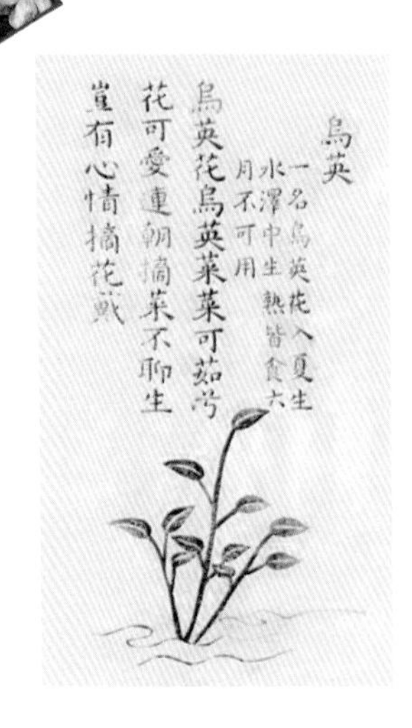

养蚕衣整齐，挑菜衣褴褛。
张家姑，李家女，
陇头相见泪如雨。
救饥：二三月采，熟食。四月结角不用。

乌蓝担，担不动。
去时腹中饥，
归来肩上重。
肩上重，行路迟，
日暮还家方早炊。
救饥：此菜只可熟，乌即大，农家叫大为乌。

当代美食家汪曾祺曾深情评价王磐：“他的《野菜谱》只收了五十二种，不过那都是他目验、亲尝、自题、手绘的。而且多半是自己掏钱刻印的，——谁愿意刻这种无名利可图的杂书呢?”

三、清代童岳荐《调鼎集》

《调鼎集》的作者一般认为是童岳荐，《扬州画舫录》记载：“童岳荐，字砚北，绍兴人，精于盐策，善谋画，多奇中，寓居埂子上。”在扬州众多盐商中，童岳荐虽算不上是巨富，但也精于馔饮（可见当时盐商对饮食的讲究、对厨艺的内行）。也有人认为，《调鼎集》并非童岳荐独立创作，是他采摘诸家饮食著作，结合自己的独到见解编撰而成，后人又做了增补。全书编排较乱，不像出自一人之手，当为无名氏所编，之后像滚雪球一样逐渐丰满充实，成书时间应在清乾嘉时期或更后。

该书是厨艺秘籍孤本，更是清代食谱大观，以手抄本传世，20 世纪 70 年代末被发现。该书序言说：“是书凡十卷，不著撰者姓名，盖相传旧抄本也。”“不著撰者姓名”盖是因“君子远庖厨”的传统观念。旧时一些并非出自名士之手的烹饪专著也常以手抄本散传于民间。也正因为是手抄本散传，故而所见版本、内容会略有不同。

但其“厨艺秘籍孤本”的地位是毋庸置疑的。如该书的序言说：“上则水陆珍错、羔雁禽鱼，下及酒浆醯酱盐醢之属，凡《周礼》庖人、烹人之所掌，内饔外饔之所司，无不灿然大备于其中。其取物之多，用物之宏，视《齐民要术》所载物品饮食之法，尤为详备。为此书者，其殆躬逢太平之世，一时年丰物阜，匕鬯不惊，得以其暇，著为此篇，华而不僭，秩而不乱。”这段话与其说是对该书文字的赞美，倒不如说是对康乾盛世扬州经济繁荣的实录。

这本书的内容以记述扬州菜为主，兼及南北风味。书中有各类菜点，也有进馔款式；有成席大菜，也有家常小菜；有茶酒饭粥，也有风味调料，林林总总，多达2000余种。

全书共10卷，卷一为“作料部”，卷二为“菜式部”，卷三为“特牲杂牲部”，卷四为“羽族部”，卷五为“江鲜部”，卷六为“衬菜部”，卷七为“蔬菜部”，卷八为“茶酒部”，卷九为“饭粥点心部”，卷十为“果品部”。各卷的起首有总论，主要论及烹饪原料、操作技术等。如卷三《特牲杂牲·猪》在谈及猪肉的选用时说：“猪每只重六七十斤者佳，金华产者为最。婺人以五谷饲豚，不近馊秽之物，故其肉肥嫩而甘。肉取短肋五花肉，宜煮食，不宜片用，亦不宜炒用。”

此书特点明显，可总结为以下几点。

1. 以淮扬菜系为主

在该书中，从日常小菜的腌制到宫廷满汉全席，应有尽有。全书收荤素菜肴2000种、茶点果品1000类。《调鼎集》中记载的许多菜肴和点心，如文思豆腐、葵花肉圆、套鸭（今称“三套鸭”）、荷包鲫鱼、芙蓉鸡、芙蓉豆腐、金银鸭、千层糕（今称“千层油糕”）、酥盒、春卷等，至今仍是淮扬菜点中的佼佼者，有些还是一些酒肆的招牌菜。仅该书“江鲜部”所载的菜品就有近百种至今仍在制作，只是制作方法古今略有变化而已。

2. 便于查找

该书将烹调、制作、摆设方法分条一一讲析明白，便于读者查找。

3. 菜肴花式品种多

该书收有不少制作精美的菜肴，如花色菜类、烧烤菜类、酿菜类等，对研究名菜历史及古为今用大有裨益。

4. 资料齐全

该书保存了不少名宴资料，有戏席、满席、汉席、素席等。其对调料、酒等的记述也很详尽。实为我国古代烹饪艺术集大成的巨著，十分实用。

该书的可贵之处在于戒奢靡。童岳荐敏锐地观察到盐商好豪奢美食，败坏了扬州的社会风气。该书的序说道：“今以伊、傅之资，当割烹盐梅之任，则天下之喁喁属望，歌舞醉饱，犹穆然想见宾筵礼乐之遗。而故人之所期许，要自有远大者，又岂仅在寻常匕箸间哉。”可见该书对这一社会现象持批判态度，这在当时实在是难能可贵。

也正因为此该书提倡节俭。在“铺设戏席（进馔式）”篇目中，作者告诫世人："居家饮食，每日计日计口备之。现钱交易，不可因其价贱而多买，更不可因其可赊而预买。"分明让大家准备食材应"可着头做帽子""量用为买"，只有这样才能够在源头上节省。关于重复购买，童岳荐怕文字空泛，于是举例说："今日买青菜则不必买他色菜，如买菰不买茄之类"，这样"油酱柴草不知省减多少也"。在膳食安排方面，童岳荐将节约与营养健体联系起来，实际上是呼吁倡导节约不应是被动勉强，而应是主动养成的良好习惯，不仅要将"食"与"俭"结合，更要将"食"与"疗"紧密结合，并具体化为"早饭素、午饭荤、晚饭素""宴客宜中饭，晚饭未免多费""每日饭食，三日中不妨略为变换，或面或粥，相间而进可也"。关于戒酒，童岳荐简直有先见之明，所论几乎是今日对酒驾、醉驾的告诫，"酒宜晚饭饮、限以壶""客用酒，令其自饮，不必苦劝"。童岳荐这些论点不仅是后世研究中国饮食文化的珍贵史料，对今人形成良好的饮食习惯也有引鉴的价值。

四、清代袁枚《随园食单》

袁枚（1716—1798），字子才，号简斋，世称"随园先生"。钱塘（今浙江杭州）人。乾隆四年（1739）进士，历任沭阳、江宁等地知县。与扬州诸多文士友善，多次往来扬州。其关于美食的代表作是《随园食单》。

袁枚长期生活在江淮，又多次到过扬州，所接触的大多是擅长扬州菜的人士，所以《随园食单》主要是在扬州菜的环境里总结出来的，一直被视为以扬州菜为主的烹饪专著。袁枚与其他文人不同，他不奉行"君子远庖厨"，而支持"民以食为天"，将饮食上升为大雅学问。他是美食家，《随园食单》是他四十年美食实践的产物。

《随园食单》共有14单。一是"须知单"和"戒单"，阐述了作者对饮食的独到见解，可以看作烹饪的基础理论，讲的是美食制作的规范。书中先以须知单通报：先天须知、作料须知、洗刷须知、调剂须知、配搭须知、独用须知、火候须知、色臭须知、迟速须知、变换须知、器具须知、上菜须知、时节须知、多寡须知、洁净须知、用纤须知、选用须知、疑似须知、补救须知、本分须知。这一系列须知为他人所未考虑到，唯袁枚上升到了理论。

如关于食材洗刷的须知如下。

> 燕窝去毛，海参去泥，鱼翅去沙，鹿筋去臊。肉有筋瓣，剔之则酥；鸭有肾臊，削之则净；鱼胆破，而全盘皆苦；鳗涎存，而满碗多腥；韭删叶而白存，菜弃边而心出。《内则》曰："鱼去乙，鳖去丑。"此之谓也。谚云："若要鱼好吃，洗得白筋出。"亦此之谓也。

关于食材配搭的须知如下。

谚曰："相女配夫。"《记》曰："拟人必于其伦。"烹调之法，何以异焉？凡一物烹成，必需辅佐。要使清者配清，浓者配浓，柔者配柔，刚者配刚，方有和合之妙。其中可荤可素者，蘑菇、鲜笋、冬瓜是也；可荤不可素者，葱、韭、茴香、新蒜是也；可素不可荤者，芹菜、百合、刀豆是也。常见人置蟹粉于燕窝之中，放百合于鸡、猪之肉，毋乃唐尧与苏峻对坐，不太悖乎？亦有交互见功者，炒荤菜用素油，炒素菜用荤油是也。

关于烹饪火候的须知如下。

熟物之法，重火候。有须武火者，煎炒是也，火弱则物疲矣。有须文火者，煨煮是也，火猛则物枯矣。有先用武火而后用文火者，收汤之物是也；性急则皮焦而里不熟矣。有愈煮愈嫩者，腰子、鸡蛋之类是也。有略煮即不嫩者，鲜鱼、蚶蛤之类是也。肉起迟则红色变黑，鱼起迟则活肉变死。屡开锅盖，则多沫而少香。火熄再烧，则走油而味失。道人以丹成九转为仙，儒家以无过、不及为中。司厨者，能知火候而谨伺之，则几于道矣。鱼临食时，色白如玉，凝而不散者，活肉也；色白如粉，不相胶粘者，死肉也。明明鲜鱼，而使之不鲜，可恨已极。

关于饮食器具的须知如下。

古语云：美食不如美器。斯语是也。然宣、成、嘉、万，窑器太贵，颇愁损伤，不如竟用御窑，已觉雅丽。惟是宜碗者碗，宜盘者盘，宜大者火，宜小者小，参错其间，方觉生色。若板板于十碗八盘之说，便嫌笨俗。大抵物贵者器宜大，物贱者器宜小。煎炒宜盘，汤羹宜碗；煎炒宜铁锅，煨煮宜砂罐。

再以戒单禁止：戒外加油、戒同锅熟、戒耳餐、戒目食、戒穿凿、戒停顿、戒暴殄、戒纵酒、戒火锅、戒强让、戒走油、戒落套、戒混浊、戒苟且。

二是"菜谱"，自海鲜单至茶酒单，《随园食单》介绍了342种菜肴、饭点、茶酒的用料和制作方法，可以看作厨师的技艺集成。袁枚对于菜品的研究具体、深入而详尽。

如海鲜单有燕窝、海参三法、鱼翅二法、鳆鱼、淡菜、海蝘、乌鱼蛋、江瑶柱、蛎黄。又如杂素菜单有蒋侍郎豆腐、杨中丞豆腐、张恺豆腐、庆元旦豆腐、芙蓉豆腐、王太守八宝豆腐、程立万豆腐、冻豆腐、虾油豆腐、蓬蒿菜、蕨菜、葛仙米、羊肚菜、石发、珍珠菜、素烧鹅、韭、芹、豆芽、

茭白、青菜、台菜、白菜、黄芽菜、瓢儿菜、菠菜、蘑菇、松菌、面筋二法、茄二法、苋羹、芋羹、豆腐皮、扁豆、瓠子、王瓜、煨木耳、香蕈、冬瓜、煨鲜菱、豇豆、煨三笋、芋煨白菜、香珠豆、马兰、杨花菜、问政笋丝、炒鸡腿蘑菇、猪油煮萝卜。再如茶酒单有：茶，武夷茶、龙井茶、常州阳羡茶、洞庭君山茶；酒，金坛于酒、德州卢酒、四川郫筒酒、绍兴酒、湖州南浔酒、常州兰陵酒、溧阳乌饭酒、苏州陈三白酒、金华酒、山西汾酒。

五、清代李斗《扬州画舫录》

《扬州画舫录》是一部记述清代全盛时期扬州风物、掌故的专著，保存了丰富的人文资料。

清朝统治者入关取代明朝统治者后，把满洲菜与汉族的几个菜系混合在一起，形成了满汉全席。最初的满汉全席以东北菜、山东菜、北京菜、江浙菜为主，后来闽、粤等地的菜肴也渐渐出现在巨型宴席上。完整的满汉全席包括南菜 54 道——30 道江浙菜、12 道闽菜、12 道广东菜，北菜 54 道——12 道满族菜、12 道北京菜、30 道山东菜。

李斗的《扬州画舫录》是最早记录满汉全席菜单的著作。《扬州画舫录》于乾隆二十九年（1764）开始搜集资料，于乾隆六十年（1795）成书刊行，历时 30 余年。书中记载了扬州的城市区划、运河沿革，以及文物、园林、工艺、文学、戏曲、曲艺、书画、风俗等，保存了丰富的人文历史资料，历来为文史学者所珍视。

关于满汉全席，《扬州画舫录》如是记载："上买卖街前后寺观，皆为大厨房，以备六司百官食次。"

满汉全席传到民间之后，富豪之家对此种风尚趋之若鹜。但由于条件的限制，原料、技术、口味的差异，各地的满汉全席仍有不小的差别，清中期的满汉全席分南、北两派，南派以扬州菜为主，北派以孔府菜为主。且看李斗记录的一份满汉全席——扬州满汉全席菜单，以了解其奢华程度。

第一分头号五簋碗十件：燕窝鸡丝汤、海参烩猪筋、鲜蛏萝卜丝羹、海带猪肚丝羹、鲍鱼烩珍珠菜、淡菜虾子汤、鱼翅螃蟹羹、蘑菇煨鸡、辘轳锤、鱼肚煨火腿、鲨鱼皮鸡汁羹、血粉汤、一品级汤饭碗。

第二分二号五簋碗十件：鲫鱼舌烩熊掌、米糟猩唇猪脑、假豹胎、蒸驼峰、梨片拌蒸果子狸、蒸鹿尾、野鸡片汤、风猪片子、风羊片子、兔脯、奶房签、一品级汤饭碗。

第三分细白羹碗十件：猪肚假江瑶鸭舌羹、鸡笋粥、猪脑羹、芙蓉蛋、鹅肫掌羹、糟蒸鲥鱼、假斑鱼肝、西施乳、文思豆腐羹、甲鱼肉片子汤、茧儿羹、一品级汤饭碗。

第四分毛血盘二十件：获炙哈尔巴小猪子、油炸猪羊肉、挂炉走油鸡鹅鸭、鸽臛、猪杂什、羊杂什、燎毛猪羊肉、白煮猪羊肉、白蒸小猪子小羊子鸡鸭鹅、白面饽饽卷子、什锦火烧、梅花包子。

第五分洋碟二十件：热吃劝酒二十味、小菜碟二十件、枯果十彻桌、鲜果十彻桌。

“满汉席”仅是伺候六司百官所用，虽名为“满汉席”，但从食材来看，仍是以山珍海味和江淮间的特产为主，烹饪技法也是以汉席为主，扬州菜的特征十分明显。“旧时王谢堂前燕，飞入寻常百姓家”，该席一开始仅供皇帝南巡时用，其后成盐商的日常饮食，陈退庵在《莲花筏》中云：“余昔在邗上，为水陆往来之冲，宾客过境，则送‘满汉席’。”他还说明，这种宴席“惟富室盐商及官场为多”，寻常人家便只有“耳食”的份，即只能“耳闻”，听听而已，而不会有口福品尝。民国初年满汉全席依旧存在，经改良甚至有了大、小之分，大席菜品有108道，小席菜品有64道，这些都是富豪夸耀及对皇室饮食文化猎奇心理的重要表现，也构成了中华民族丰富的饮食文化的一部分。

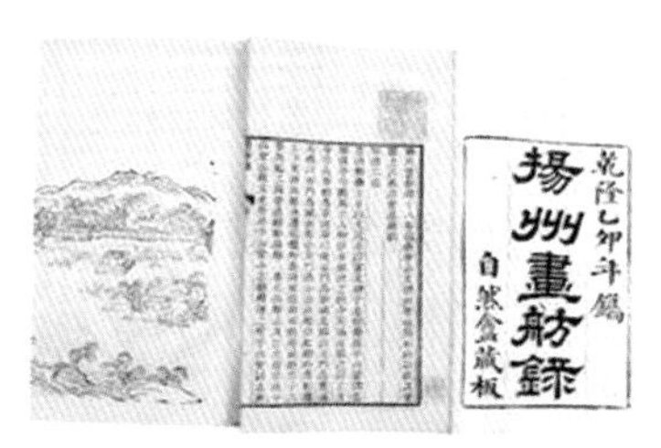

李斗《扬州画舫录》还记录了江南的其他饮食，并记载了大量与饮食有关的事项。如扬州的饮食氛围，“水陆肴珍杂果蔬，珠帘十里醉东风”；如扬州饮食业的大繁荣，仅《扬州画舫录》记载的有名有姓的餐馆就达50多家，瘦西湖上，画舫沙飞，有船娘行厨，以宴饮助游兴；如食肆和食品，“小东门街多食肆，有熟羊肉店，前屋临桥，后为河房，其下为小东门码头”“小东门街食肆，多糊炒田鸡、酒醋蹄、红白油鸡鸭、炸虾、板鸭、五香野鸭、鸡鸭杂、火腿片之属，骨董汤更一时称便”；等等。

六、清代林兰痴《邗江三百吟》

文人以饮食为题材的诗画是清代中叶淮扬菜走上巅峰的推手。当时的文人对淮扬菜不仅有诗词唱和，以扬州八怪为代表的画家还以烹饪原料作画，以表达他们对淮扬饮食的情有独钟。文人与扬州美食，早在汉赋、唐诗、宋词中就已结缘，但以清代为甚，现在我们能欣赏到的清人咏食史、咏采料、咏菜点、咏宴席、咏厨艺、咏酒楼、咏食俗、咏饮话的诗篇至少在200篇以上，它们使淮扬菜的格调更加高雅，大大提升了淮扬菜的文化品位。《邗江三百吟》即是其中的代表。

《邗江三百吟》由清林兰痴撰。林兰痴，甘泉人。阮文达之舅氏，广陵耆宿，曾协同程雪坪校勘《四库全书》，学识赅博，今存《邗江三百吟》系嘉庆十三年（1808）刻本。全书共10卷：卷一播扬事迹，卷二大小义举，卷三俗尚通行，卷四家居共率，卷五周挚情文，卷六新奇服饰，卷七趋时清赏，卷八适性余闲，卷九名目饮食，卷十戏谑方言。“其子目各以方言为对偶，共三百目，各纪以诗，前加以注，上自政治名胜古迹，下迄俚俗琐事，皆详且尽，属志乘的支流。此作注语简明，诗备诸体，文辞方雅。凡扬州事迹，大略具备。可与阮相国《广陵诗事》、李文堂《扬州画舫录》靳骖并驰。”今流传之本已甚少，本书列举卷九“名目饮食”中的一首如下：

肩挑入市力能胜，巷口铺摊卖亦曾。
直到秋来成实后，新鲜白果老红菱。

荷包内造佩京刀，热客来游声价高。
访得玉坡尝口味，大连熬面杖蜱鳌。

除此之外，惺庵居士《望江南百调》中也有多首歌咏扬州佳肴的词。如：

扬州好，豪啖酒家楼，肥烤鸭皮包饼夹，浓烧猪肉蘸馒头。口福几生修。

扬州好，茶社客堪邀。加料干丝堆细缕，熟铜烟袋卧长苗。烧酒水晶肴。

对于法海寺的“焖猪头”，惺庵居士《望江南》之十五云：“扬州好，法海寺闲游。湖上虚堂开对岸，水边团塔映中流。留客烂猪头。”

郑板桥也有“江南鲜笋趁鲥鱼，烂煮春风二月初”之句。

扬州美食与非遗

匠心艺胆　出神入化

——非遗传承赖匠心

扬州美食非物质文化遗产资源丰富。在传统手工艺日渐式微的今天，非遗技艺的空间被压缩。但文旅融合为推进扬州旅游高质量发展带来了新机遇，扬州以旅游业为优势产业，充分挖掘特色文化，将文化与旅游有机结合，主打“非遗牌”，将美食品尝、美景游玩、戏曲欣赏、工艺参观融为一体，探寻非遗传人的执着与匠心，通过美食活动让市民与游客更有获得感、认同感和幸福感。

一、淮扬菜非遗传承人

留住城市的味道和记忆，多年来，中国淮扬菜博物馆、扬州市档案部门与本地多位烹饪大师联系，以个人捐赠档案为基础，建立了淮扬菜非遗传承人美食档案，以留下扬州美食 DNA，居长龙、薛泉生、徐永珍等非遗传承人的菜单和菜模被永久珍藏。

随着扬州成为“世界美食之都”，扬州加快了淮扬菜非遗传承人美食档案的征集工作。其艰辛创业的过程，形成风格的自豪，桃李满天下的喜悦，代表作模型的征集制作，进馆的展示陈列都应该大书特书。

（一）*居长龙*

居长龙（1940—　），旅日中国淮扬菜大师。2017 年发布《居氏淮扬食单》，收录了 120 道淮扬菜的食单，是对整个淮扬菜系的一次梳理，他被誉为元老级中国烹饪大师，获得中国烹饪界最高奖项——中国烹饪大师金爵奖，是江苏省非物质文化遗产“扬州三把刀 · 烹饪技艺”传承人、世界中餐业联合会国际中餐评委、江苏省美食工匠等。目前在世界各地已经有超过 50 名弟子。他要求弟子团结同道，刻苦钻研，传承形意武艺，弘扬淮扬菜文化。其弟子们必须做到：秉承师训，遵从门规；钻研理论，勤于实践；虚心求教，诚信为本；互帮互学，精益求精；光明磊落，德艺双馨；报答社会，奉献爱心。他对弟子更是倾囊相授，教导学生以成为淮扬菜的味觉大师为目标。2020 年 9 月，居长龙在扬州三次收徒，其弟子各显高招：周佳佳的桃李满天下、李力的鸡包鱼翅、董海鹏的荷香藕韵、窦凯的迷你葫芦鸭、许晖的梁溪脆鳝、潘爱勇的翡翠白玉狮子头、李如军的太极八卦双味泥、吴斌的河香鱼跃（糖艺）、常开荣的盘龙带鱼、蔡平的豚聚祥瑞、沈奎的富贵平安、黄锐基的西悦大观园，得到了居长龙的认可，也得到了人们的普遍赞许。

（二）薛泉生

薛泉生（1946—　）是淮扬菜泰斗丁万谷的关门弟子，中国十大名厨之一，中国淮扬菜传承人、江苏省非物质文化遗产“扬州三把刀·烹饪技艺”传承人，曾获中国烹饪大师终身成就奖。

在烹饪学校里当学徒的那三年，薛泉生一心扑在砧板上，对厨艺的钻研近乎痴迷，学校里稍有点技艺的前辈都成了薛泉生的师傅。勤奋的薛泉生得到了丁万谷的关注，对于一些做菜的诀窍，丁师傅开始有意“私授”技艺。1961 年，薛泉生在冶春园主任张利清的见证下，向丁万谷叩献了拜师茶，成为一代烹饪大师的关门弟子。

1. 振兴淮扬菜

改革开放后餐饮行业飞速发展，贫苦出身的薛泉生更加珍惜这来之不易的机遇。最好的功夫不在一招一式，而是一心一意。凭借日益精进的技艺与蓬勃迸发的创新力，苦学近 20 年的薛泉生终于成为有口皆碑的淮扬菜大师。

在中国淮扬菜博物馆，他携徒弟制作完成的 16 道淮扬菜的模型在档案馆永久保存。这 16 道菜涵盖了淮扬菜中的传统菜、创新菜，从刀功、烹饪技艺及食材创新运用等方面展示了淮扬菜独特的文化魅力和精湛的烹饪技艺。其冷菜拼盘“扬州文昌阁”“虹桥修禊”等是薛泉生从厨半个多世纪期间所获大奖作品的再现。

薛泉生在烹饪生涯中摘得了不计其数的金牌和“第一”。1988 年，在全国比赛中摘下了包括冷菜、热菜和点心在内的“三项全能”，在全国同行中的得牌数也是第一名。回忆起当年的荣誉，薛泉生内心感慨：“是改革开放的伟大时代让淮扬菜能有更多机会走出去交流、学习，发扬光大。”此后，他多次率团出国表演大江南北宴、乾隆宴、红楼宴等，在当地引起极大轰动。他先后被评为中国十佳烹饪大师，出任中国烹饪国际大赛评委，入选中国烹饪大师名人堂。

在成绩和荣誉面前，薛泉生仍不断创新突破、超越自我。在长年的厨师工作与生活中，薛泉生熟知京、川、粤和外国主流风味的特点与消费时尚，将外国菜的款式、调味、原料、烹法及装盘技术等移植过来与淮扬菜结合，推动淮扬菜发展。

薛泉生说，淮扬菜在传承、创新的同时要克服过于追求精细、耗工耗时的缺陷，不断与兄弟菜系切磋交流、共同发展。

2. 桃李满天下

“淮扬菜传人越多越好，淮扬菜之乡越多越好。”这是薛泉生曾说过的一句话，他期待着淮扬菜后继有人，期待着淮扬饮食文化的传承与发展。薛泉生从不摆名厨的架子，从不卖关子、留后手，无论是自己的徒弟，还是其他年轻厨师，他都毫无保留地把自己的技艺传授给他们。

为了传授淮扬菜的精髓、展示淮扬菜的广博与精深，薛泉生每年走南闯北四处讲学、授艺，追随他学艺的厨师不计其数。除了 23 位记名弟子外，通过电视函授及课堂教学汲取薛泉生厨艺的学生保守估计已经超过 43 万人，可谓桃李满天下。

薛泉生的一些徒弟已经在海外扎根，成为传播淮扬菜文化的使者。薛泉生还将自己研究的新烹饪方法及菜肴结集出版，《薛泉生烹饪精品集》等书籍已成为淮扬菜厨师的必修书。薛泉生说，他要“把这些技艺留给年轻的厨师们，传承下去，更好地为社会服务”。

3. 走向世界

薛泉生已成为中国烹饪界的翘楚、淮扬菜烹饪技艺的泰斗，其出神入化的刀功火候，绝美精致的食雕食艺，激活味蕾的色香美食，可谓“厨刀上的舞蹈”。薛泉生向世人展示了博大精深的淮扬菜文化，推动了淮扬菜的发展，使淮扬菜走出去、走向了世界，他也成为扬州地域文化的一名优秀推广者、代言人。

为了让全世界的宾客品尝到丰富多彩的淮扬美食，让全世界人民了解灿烂悠久的扬州文化，时至今日，薛泉生仍然坚守在终生热爱的锅灶和炉台前。

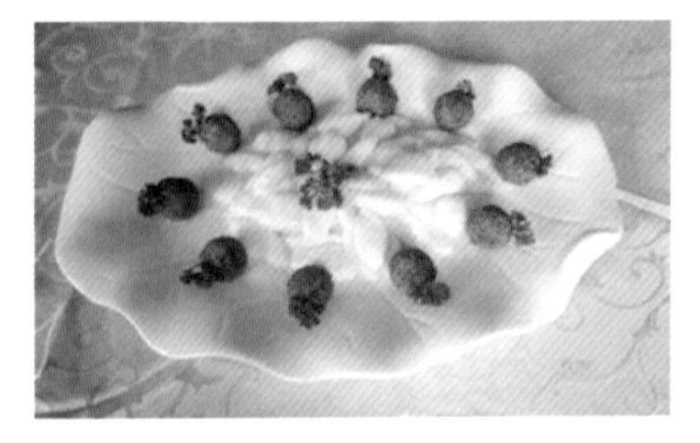

在食品雕刻的观赏性和应用性上，薛泉生取得了突破性的进展。薛泉生将丁万谷师傅传授的西瓜吊灯改制成御果园做盛器，增加了实用性，获全国特技

表演奖。后又将此技法传授给学校学生殷双喜，殷双喜在希尔顿酒店集团举办的国际大赛上获得金奖。现此技法已普及很多城市的高级饭店。

薛泉生将园林建筑风貌移植于冷菜制作，创作了冷盘“虹桥修禊”“文昌阁冷拼”“玉塔鲜果”，创作了热菜翠珠鱼花、翠盅鱼翅、葫芦虾蟹、扬梅芙蓉、踏雪寻梅、三鲜鱼锤、乾隆大包翅等，创作了大型立体雕刻作品龙凤呈祥、百花齐放。他还挖掘出隋炀帝称为“东南第一佳味”的金齑玉脍，乾隆皇帝南巡爱吃的九丝汤、西施乳、斑肝烩蟹等菜品。薛泉生先后设计过红楼宴、乾隆宴、秋瑞宴、春晖宴、古筝宴、新三头宴、大江南北宴、满汉全席等多款宴席。

（三）陈恩德

陈恩德，高级技师，扬州市烹饪协会常务理事，全国餐饮业一级评委，人社部一级裁判员，江苏省名厨专业委员会副主任，江苏非物质文化遗产“扬州三把刀·烹饪技艺”传承人。

20 世纪 80 年代初，陈恩德在江苏省首届美食比赛中成绩优秀。他曾主理国宾和政要的白案。2002 年，陈恩德随国务院总理朱镕基出访柬埔寨，专司餐饮服务。1986 年，陈恩德赴日本表演淮扬菜点制作技艺。1988 年，陈恩德随《红楼梦》剧组赴新加坡制作扬州红楼宴。2005 年 10 月，陈恩德获中国烹饪协会颁发的中国烹饪大师金厨奖。陈恩德曾参与研制红楼宴等名宴，创制的红楼细点被列入中国名宴红楼宴菜单。

陈恩德先生是速冻扬州包子标准的主要起草人之一，受聘扬州多家速冻包子企业任技术顾问。1997 年，扬州包子的工业化生产被扬州第一食品厂作为主攻方向，陈恩德先后为该厂培训了近 200 名熟练技术工人。他还凭借多年的实践经验及大量技术数据的测算，为扬州“五亭”牌包子生产过程中的 100 多个环节制定了量化标准。

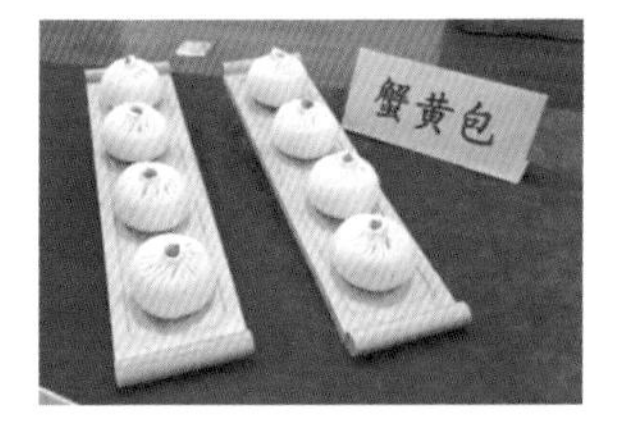

（四）徐永珍

徐永珍（1944—　），国家级非遗“富春茶点制作技艺”传承人，中国烹饪大师、高级面点师、中国烹饪协会副会长、全国劳动模范、全国商粮供明星、全国三八红旗手、全国技术能手、第七届全国人大代表、江苏省优秀女企业家，以及省和市党代会代表、《中国淮扬菜：淮扬面点与小吃》一书的主编，富春的第五代掌门人。

徐永珍 15 岁即从师学艺，专攻美点制作。磨刀，剁馅，擀皮子，捏包子，“身不离案板，手不离面杆”。长年累月的艰苦磨砺，加上心灵手巧，她逐渐熟练地掌握了擀、捏、斩、剁、蒸等面点基本功，并且由熟生巧。

20 世纪 60 年代初，在扬州地区青工技术比赛中，徐永珍以两分钟擀出 72 张饺皮的惊人速度夺得第一名，扬州市团委、扬州市总工会为她颁发了荣誉证书，“巧姑娘”的美名霎时传遍了扬州的大街小巷。1984 年，在江苏省首届“美食杯”烹饪技艺锦标赛中，徐永珍技压群芳，一举夺得“最佳点心师”的桂冠，成为江苏省第一位“点心女状元”。在 1988 年和 1993 年的全国第二届、第三届烹饪大赛上，徐永珍又独得 3 枚个人奖牌，并与同事一起奋力夺得了团体金牌。1997 年，徐永珍继在日本表演之后，又作为江苏省唯一的代表、全国女点心师唯一的代表，随中国技能工人访法观摩表演团去了法国。访法期间，她超人的美点技艺震惊了欧洲大地。

在继承与发扬传统点心技艺的基础上，徐永珍十分注重创新。富春包子以前只有几个品种，在她和同事的努力下，如今富春已有白玉包、海参包、野鸭菜包、萝卜丝包、干菜包、生菜包、雪菜包、荠菜包等30余种新品，而且还在不断推陈出新。低糖的冬瓜烧卖、南瓜包子和以豆腐作馅的白玉包子等，让糖尿病患者也能在富春一饱口福。她的玉果粉点、双麻酥饼、野鸭菜包、月宫玉兔、三鲜雪梨、鸳鸯枣泥等面点的制作技压群芳，成为绝技档案被留存在扬州市档案馆。她说，创新才是烹饪发展的生命。

她把全部身心都放在了富春的发展上，以富春为家。凭借多年的经验，她研究出一套红白案的制作规范，对于红白案的原料和配料有着严格的量化标准，甚至烹饪时对火候的掌握都有具体要求，从而规范了操作流程，提升了员工的操作技能。这种类似洋快餐的标准化制作工艺，其实凝结了众多淮扬菜名厨多年的烹饪经验与智慧，在很大程度上保证了淮扬菜传统风味的地道与纯正。她无私地培养人才，其徒弟不可胜数，其中许多徒弟已学有所成，独当一面，遍布大江南北、长城内外，甚至在西欧、北美成为行业的领军人物。

徐永珍长年在富春茶社和学校甚至媒体传授扬州早茶制作技艺。在央视节目的镜头中，她头戴厨师帽、身着白褂演示“荸荠鼓、鲫鱼嘴”，传授有着28个褶的扬州包子的做法；在高校讲台上，她为学生讲解淮扬面点的传承与创新。扬州被评为“世界美食之都”后，她更忙了，她表示：“我将不忘初心、牢记使命，将淮扬菜的味道好好传承下去。”

二、扬州饮食技艺类非物质文化遗产项目代表性传承人

1. 国家级非物质文化遗产项目代表性传承人

徐永珍（富春茶点制作技艺）。

2. 江苏省级非物质文化遗产项目代表性传承人

第一批 徐永珍（扬州富春茶点制作技艺）。

第二批 陈恩德、薛泉生（扬州三把刀·烹饪技艺）。

第四批 周晓燕、居长龙（扬州三把刀·烹饪技艺）。

崔海龙（扬州富春茶点制作技艺）。

3. 扬州市级非物质文化遗产项目代表性传承人

第一批 陈恩德、薛泉生、王立喜、居长龙、周晓燕（扬州三把刀·烹饪技艺）。

第二批 陈春松、王仲海（扬州三把刀·烹饪技艺）。

第三批 嵇步春、肖庆和、茅建民、陈忠明、张迅（扬州三把刀·烹饪技艺）。

第四批 王恒余、方志荣（扬州三把刀·烹饪技艺）。

第五批 刘顺保、徐惠荣、刘才兵、程发银、陈万庆、郭宝华（扬州三把刀·烹饪技艺）周建强（淮扬菜制作技艺）。

第一批 张玉琪、曹寿斌（扬州炒饭制作技艺）。

第二批 黄万祺（扬州炒饭制作技艺）。

第四批 夏朝兵（扬州炒饭制作技艺）。

第一批 徐永珍、崔海龙（扬州富春茶点制作技艺）。

第二批 叶千金（扬州富春茶点制作技艺）。

第三批 高秀松、张福香（扬州富春茶点制作技艺）。

第五批 吴玉芷（扬州富春茶点制作技艺）。

陈庆文（共和春小吃制作技艺）。

阚国庆（大仪全牛席烹饪技艺）。

陈华、吴松德（三头宴制作技艺）。

张皓、夏伟（扬州盐商菜烹饪技艺）。

倪秋香（冶春面点制作技艺）。

陈鸿礼、李德露（宝应捶藕和鹅毛雪片制作技艺）。

邵祥［董糖制作技艺（秦邮董糖制作技艺）］。

柴阿满（曹甸小粉饺制作技艺）。

张玉鹏（黄珏老鹅制作技艺）。

李顺才（扬州食品雕刻）。

第一批 姚长英、何传俊（扬州面塑）。

第二批 何燕兰（扬州面塑）。

第五批 孟晓红（扬州面塑）。

邵鹤、姜传华（三垛方酥制作技艺）。

陈书元（泾河大糕制作技艺）。

朱福明、董巨林、张秀丽（维扬干丝干制作技艺）。

胡元德、王才富、袁登祥（界首茶干制作技艺）。

朱刚（范水素鸡制作技艺）。

张爱平（十二圩五香干制作技艺）。

胡华兵（安丰卜页制作技艺）。

邵连云、吉杏（全藕席制作技艺）。

董国云（大仪草炉烧饼制作技艺）。

那学峰（陈集大椒盐制作技艺）。

卢廷彦（宝应卢记烧饼制作技艺）。

周玉军、赵银銮（高邮咸鸭蛋制作技艺）。

宁成钢、谢振华（三和四美酱菜制作技艺）。

梁永清（宝应德和酱油制作技艺）。

2020年，扬州市文化广电和旅游局批准施志棠、王镇为扬州市非物质文化遗产保护工作专家库成员。

三、扬州饮食技艺类非物质文化遗产项目

（一）世界级非物质文化遗产：富春茶点制作技艺

2022年11月29日晚，在摩洛哥拉巴特召开的联合国教科文组织保护非物质文化遗产政府间委员会第十七届常会上通过评审，“中国传统制茶技艺及其相关习俗”顺利入选新一批人类非物质文化遗产代表作名录。该入选项目由44个子项目组成，扬州市国家级非物质文化遗产项目“富春茶点制作技艺”名列其中。

（二）国家级非物质文化遗产：茶点制作技艺（富春茶点制作技艺）

富春茶点制作是扬州地方传统手工技艺，属于国家级非物质文化遗产代表性项目。清朝宣统年间，富春茶社独树一帜、改革创新，在茶点的多元化战略上下功夫，独创出“魁龙珠”茶，经过改良被誉为扬州面点“绝代双骄”的千层油糕、翡翠烧卖、三丁包等美味茶点，一直流传至今。

（三）省级非物质文化遗产

扬州市入选饮食类（江苏）省级非物质文化遗产项目名录见表1至表4。

表1　第一批饮食类（江苏）省级非物质文化遗产代表性项目名录（扬州部分）（2007年3月公布）

序号	项目名称	项目类别	保护单位
1	扬州富春茶点制作技艺	传统手工技艺	扬州富春饮服集团有限公司富春茶社
2	扬州“三把刀”	民俗	扬州市烹饪餐饮行业协会

表2　第二批饮食类（江苏）省级非物质文化遗产代表性项目名录（扬州部分）（2009年7月公布）

序号	项目名称	项目类别	保护单位
1	宝应捶藕和鹅毛雪片制作技艺	传统技艺	扬州荷吉镇生物技术有限公司
2	董糖制作技艺（秦邮董糖制作技艺）	传统技艺	高邮市食品厂

续表

序号	项目名称	项目类别	保护单位
3	豆腐制品制作技艺（界首茶干制作技艺）	传统技艺	高邮市界首茶干协会
4	酱菜制作技艺（三和四美酱菜制作技艺）	传统技艺	扬州三和四美酱菜有限公司
5	扬州炒饭制作技艺	传统技艺	扬州市烹饪餐饮行业协会

表3　第四批饮食类（江苏）省级非物质文化遗产代表性项目名录（扬州部分）（2016年1月公布）

序号	项目名称	项目类别	保护单位
1	高邮咸鸭蛋制作技艺	传统技艺	江苏高邮鸭集团高邮鸭良种繁育中心
2	共和春小吃制作技艺	传统技艺	扬州共和春饮食文化发展有限公司

表4　第五批饮食类（江苏）省级非物质文化遗产代表性项目名录（扬州部分）（2023年8月公布）

序号	项目名称	项目类别	申报地区或单位
1	淮扬菜烹饪技艺	传统技艺	扬州市
2	扬州三头宴烹制技艺	传统技艺	扬州市
3	大仪全牛席制作技艺	传统技艺	仪征市
4	宝应全藕席烹饪技艺	传统技艺	宝应县
5	牛肉制作技艺（裔家牛肉制作技艺）	传统技艺	邗江区
6	羊肉烹制技艺（临泽汤羊烹制技艺）	传统技艺	高邮市
7	老鹅制作技艺（黄珏盐水老鹅制作技艺）	传统技艺	扬州市邗江区
8	汤面制作技艺（扬州面制作技艺）	传统技艺	扬州市
9	汤面制作技艺（氾水长鱼面制作技艺）	传统技艺	宝应县
10	面点制作技艺（冶春面点制作技艺）	传统技艺	扬州市
11	糕点制作技艺（大麒麟阁糕点制作技艺）	传统技艺	扬州市
12	糕点制作技艺（泾河大糕制作技艺）	传统技艺	宝应县
13	糕点制作技艺（三垛方酥制作技艺）	传统技艺	高邮市
14	糕点制作技艺（萧美人糕点制作技艺）	传统技艺	仪征市
15	酱油酿造技艺（宝应德和酱油酿造技艺）	传统技艺	宝应县
16	绿茶制作技艺（绿杨春茶制作技艺）	传统技艺	仪征市

四、扬州饮食技艺类非物质文化遗产体验

（一）淮扬美食书场

为了满足游客多样化的美食需求，扬州正式推出5家淮扬美食书场。美食书场是扬州全力打造的文化旅游新亮点，该项目打非遗组合拳，在“美食+曲艺”“美食+旅游”“美食+礼仪”等美食与其他行业的融合方面大胆尝试。如在趣园淮扬美食书场，在品尝美食的过程中，扬州曲艺名家登台献艺，让游客体验到了别具一格的扬州特色“吃”文化。

（二）饮食类非遗传习所、展示馆（厅）、工作室

扬州在486工艺集聚区集中展示非遗项目并进行销售；在瘦西湖游览区主打“非遗”牌，将美食品尝、美景游玩、戏曲欣赏、工艺参观融为一体，让游客从视觉、听觉、味觉等方面多角度地感受非遗，领悟传统文化的魅力和精髓；在住宅小区，如江南2号别墅区打造非遗空间，以旅游线路的形式进行有效的串联；还将静态的陈列与动态操作结合，将单纯美食品尝和参与制作结合，鼓励游客参与，以激发起游客的品尝欲、购买欲。文化旅游的一系列活动和产品让市民与游客更有获得感、幸福感和认同感。

（三）淮扬菜可视化工程

为了让更多的人认识并体验淮扬菜，传承发扬淮扬菜文化，扬州市开发了中文版和法语版的《国际游客淮扬美食品鉴与服务指南》，出版了书籍《淮扬面点大观》，制作了32道淮扬菜品鉴视频，举办了多次正宗淮扬美食公益品鉴会，直播了32期淮扬美食书场活动。

（四）冬游扬州，“食”“泉”十美

2023年11月30日下午，“2023扬州冬季文旅消费推广季启动仪式”在北京举行，扬州市向全国游客发出“冬的邀约”：泡温泉、品美食、逛古城、赏美景……冬季来扬州，一同开启养眼、养胃、养心、养身之旅。

扬州进一步将淮扬美食与温泉、沐浴等冬季特色旅游资源进行整合，丰富文旅产品供给、促进文旅消费，推出了一系列扬州冬季特色文旅产品。同时，扬州还着力优化文旅消费体验、强化服务保障，花样“宠客”模式再加码，拿出了满满的诚意，欢迎全国各地游客冬季到扬州，感受“好地方”扬州独特的文旅魅力。

为了让游客有更好的体验感、愉悦感、归属感，扬州市统筹全域旅游资源，围绕美食、温泉、非遗等元素，策划推出“冬游扬州，‘食’‘泉’十美”主题文旅活动和精品线路，用精心、匠心、热心，让每个游客乘兴而来、尽兴而归。

扬州烹饪群英谱

艺师独运　巧思精作

——扬州烹饪艺师谱

一、扬州近现代烹饪先贤

丁万谷（1898—1971）　扬州人。1915年，入扬州金魁园餐馆拜孙黄毛、许明禄为师。孙、许长期在盐运使衙门主厨，精通满汉全席、官府菜、文人菜、盐商菜，丁万谷得孙、许真传，擅长叉、烤、炖、焖，善制醋熘鳜鱼，又擅刀刻瓜灯。1930年，丁万谷与人合开天凤园餐馆，地方名流多往就食。1935年，丁万谷任江都县商会餐馆业同业公会理事长。抗日战争期间，丁万谷在扬社（今公园桥西）开设菜馆。抗日战争胜利后，复开天凤园餐馆。

扬州解放后，丁万谷先后在扬州饭店、冶春园、菜根香饭店等餐馆当主厨。1958年，任扬州市厨师行业协会理事长。他热心传艺带徒，1959年任教于扬州烹饪学校，培养弟子数百人，有"淮扬名厨莫不出于丁氏门中"之誉。曾任扬州市政协委员、扬州市工商业联合会执行委员。

李魁南（1911—1984）　淮扬烹饪泰斗，出身扬州烹饪世家。其父李隆德精于厨艺，自创扬州菜根香饭店，传于长子李魁年，李氏弟兄五人魁年、魁南、魁荣、魁儒、魁庭先后成为京、沪、宁、扬的淮扬菜名厨。李魁南于1924年到汉口学习川菜，因其勤奋、诚实，深得师傅厚爱。满师后随师傅赴上海梅龙镇酒家掌勺10余年。他将淮扬菜与川菜的烹制技艺糅合，因菜品高雅清隽而名扬沪上。1937年，李魁南回扬州，协助李魁年执掌菜根香，菜根香一度成为扬州厨师的摇篮。1946年，李魁南又到上海梅龙镇酒家执厨。1949年后，被借调至北京饭店执掌国宴。1953年，被调进北京饭店。1959年人民大会堂落成，他被聘为中餐淮扬菜部负责人，主理过国庆10周年国宴，并曾数次为中外国家元首掌勺淮扬风味国宴。

萧太山（1914—1998）　扬州红案名厨。14岁开始学厨，先后在芜湖、上海、南京等地拜师学艺，成为扬州名厨范本善等的门生。萧太山擅长烹制淮扬官府菜、盐商菜及私家菜肴，烹制的菜肴原汁原味，注重火功，高雅精当。代表菜肴有清汤鱼翅、神仙焖鸭、五味火锅等。民国年间，金陵有不少政要名流欣赏其菜。中华人民共和国成立后，其为中央、省、市有关方面制作高级宴席，颇受赞赏。20 世纪六七十年代，任扬州西园饭店厨师长。1981 年曾随江苏省烹饪代表团赴香港地区进行烹饪技术表演，香港《文汇报》、亚洲电视台先后有专访报道。退休后被深圳贝岭居宾馆聘为首席淮扬菜大师，为香港地区著名人士等制作菜肴，声誉卓著。

张广庆（1903—1982） 扬州白案名厨。15 岁投店学徒。20 岁后，辗转于南京、上海等地，广泛汲取各地细点制作工艺之长，逐步形成了个人独特的细点制作风格。1940 年，回扬受聘于富春茶社当领作。张广庆虚心学习名厨尹长山的细点制作技艺，并将外帮的风味特色糅进淮扬细点。他将双麻小烧饼改进为双麻酥饼，推出甜、咸两大类 10 多个花式，还增添了银丝卷、千层油糕等新细点。1959 年春，中央政治局扩大会议在上海锦江饭店举行，上海方面借调张广庆赴沪领衔制作扬州点心。同年，受国务院之邀，张赴北京参加中华人民共和国成立 10 周年观礼和国庆宴会的筹备工作。

莫有庚（1921—1982） 扬州籍上海名厨。14 岁到青岛中国银行厨房随父学徒，后拜吴松三为师。1938 年以来，在香港中国银行、上海中国银行执厨。1945 年，任上海中国银行主厨。1950 年，与弟莫有财、莫有源合作创办莫有财厨房（今上海扬州饭店），任经理并主理厨务。他参与编写了《家常菜谱》等书，并培养出全国名厨联谊会会长李耀云等一批名厨。擅长烹制扬州风味菜肴，博采沪、粤、京等地菜肴之长。代表作有鸡火干丝、蟹粉狮子头、蜜汁火方、松仁鱼米、三色鱼丝等。

方乃根（1916—2016） 特一级烹调师，扬州邗江人。15 岁到上海菜根香中西蔬食处做学徒，拜杨在新为师。出师后在上海金兰饭店、中华酒楼、陶陶酒家、绿杨邨酒家，以及湖北武汉、江苏镇江等地的菜馆从厨。1955 年，随上海绿杨邨酒家内迁合肥，任绿杨邨酒家副主任，后任

长江饭店餐厅部行政组长。曾任安徽省烹饪协会副会长，被誉为“徽菜泰斗”。1970年起，先后参加了《中国菜谱》《中国名菜谱·安徽分册》的编写工作，并与他人合编了《素菜谱》《家庭烹调》等书。

方乃根擅长烹制淮扬风味菜肴，对鲁菜、徽菜等的烹调技艺也有一定造诣。代表作有葡萄鱼、荷花酥鸡、金丝绣球、海棠鳖裙、鸳鸯花菇、樱桃哈士蟆等。所培训的数百名中青年烹调师，现在多成为徽菜烹饪技术精英。

尹长贵（1914—1990） 特一级面点师。扬州人。14岁到扬州聚宝元茶点社学厨，满师后先后在扬州中华园茶点社、南京瘦西湖菜馆、上海老半斋菜馆等事厨。1949年后，分别在南京丰富酒家、鸡鸣酒家从厨。1973年，与胡长龄、杨继林等名厨共同筹办南京首届烹饪培训班并执教。1983年，担任全国烹饪名师技术表演鉴定会评委、江苏省烹饪高级职称考评委员会委员。曾任江苏省烹饪协会理事。尹长贵精通四大面团制作，技艺娴熟，尤精于酥点的制作。他培养了大批高级烹饪技术人才。

二、扬州当代烹饪才俊（按姓氏笔画排序）

丁应林 1956年生，资深级中国烹饪大师。国家级裁判员、高级考评员，人社部职业技能鉴定命题专家，餐饮业技能比赛国家级评委，高级技师，副教授。曾任扬州大学旅游烹饪学院烹饪系书记、省属鉴定所常务副所长，并多次赴外地进行厨艺表演交流。2004年，率队赴新加坡举办“扬州珍馐”美食节。曾应邀赴美国进行烹饪技术饮食文化交流。从事中国烹饪技术与理论研究工作，培养烹饪人才数千人。主讲“冷拼工艺”“中国名菜”“宴会设计与管理”等课程。主编或参编了《宴会设计与管理》等专著与教材。发表论文数十篇，有多篇论文获得奖励。

王立喜 1940年生，元老级中国烹饪大师，淮扬菜烹饪大师，高级技师，市级非物质文化遗产“扬州三把刀·烹饪技艺”传承人。烹技高超，技术全面，操作潇洒。1959年参加扬州市职工比武大赛，他从活鸡宰杀到醋熘鸡丁上席，3 分 7 秒一气呵成。王立喜的标志性技艺影响了一代人。1973 年起，王立喜开始参与烹饪教材的编写。全国第三届烹饪技术大赛时，王立喜任扬州代表队队长，为获得团体金杯做出了贡献。王立喜曾参加扬州市接待重要宾客及重要宴席的设计，并任制作总监。

方志荣　1968 年生，市级非物质文化遗产“扬州三把刀 · 烹饪技艺”传承人，中国烹饪大师、淮扬菜烹饪大师、江苏省美食工匠。曾拜徐永珍为师，擅长茶点工艺、宴会点心的制作，技艺全面。现任扬州东园集团餐饮运营总监，扬州金擀杖面艺工作室创始人之一，编著了 10 余种面点专业图书，多次获得面点行业比赛金牌、银牌等荣誉。能运用现代餐饮厨房管理理念进行餐饮企业的管理，在产品设计方面有一定造诣。

叶千金　1973 年生，市级非物质文化遗产“扬州富春茶点制作技艺”传承人。中国烹饪大师、江苏烹饪大师、高级技师、餐饮业技能比赛省级评委。师从名师张春兰。掌握多种富春点心的制作技艺，其所制点心皮馅均匀，造型美观，口味纯正。对四大面团的制作工艺颇有研究。她能将澄粉、粤菜起酥技术融入淮扬面点的制作。她制作的茼蒿烧卖等颇有新意。现任富春茶社白案厨师长。曾获中国淮扬菜大赛面点金奖、第七届中国美食节金鼎奖、第七届全国烹饪技能竞赛金奖，并被授予扬州市“三八红旗手”“江苏省劳动模范”荣誉称号。

朱云龙　1962 年生，中国烹饪大师，教授。餐饮业技能比赛国家级评委、裁判员。曾策划并参与第二十四届世界大学生冬运会、第十六届亚洲运动会等重大活动的餐饮服务工作；曾赴多个国家对外国留学生进行烹饪技术培训和表演；曾赴日本表演淮扬菜烹饪技艺。曾获世界中餐烹饪大赛银牌、江苏省第四届烹饪大赛 3 枚金牌及全国首届电视烹饪大赛总决赛热菜金奖。带领学生参加首届全国高等学校烹饪技能大赛，获金奖、最佳指导老师奖。曾赴全国多个城市（北京、上海、杭州、苏州、广州、武汉等）主持和参与中国美食文化节活动。曾为中央电视台教育频道录制系列专题教学节目。主编、参编并出版了《中国冷盘工艺》《热菜制作工艺》等书籍，发表论文数十篇。

刘顺保　1973年生，淮扬菜非物质文化遗产美食传播大使、中国烹饪大师、高级面点技师，市级非物质文化遗产“扬州三把刀·烹饪技艺”传承人，扬州金擀杖面艺工作室、扬州面点网创始人，现任扬州中集·格兰云天大酒店早茶经理兼中餐厨师长，师从陈春松、龙业林。擅长淮扬酥点，传统面点、花式粉点，扬州早茶等，烹饪技艺全面，作品时尚、高雅，兼顾传承与创新，先后主编了《酥点大全》等10余种面点专业图书，所培训的学员遍布海内外。

李　力　1971年生，淮扬菜烹饪大师，高级烹饪技师，市级企业首席技师、江苏省美食工匠、淮扬美食工匠。师从居长龙、邵金海。1991—2002年，在扬州萃园饭店从厨。2003—2011年在日本工作。现为居氏料理研究室成员，皇冠假日酒店居长龙大师工作室行政总厨。2013年获“联合利华杯”烹饪比赛金奖。2019年、2020年，随居长龙大师连续两次出席第三届、第四届海南博鳌国际美食文化论坛，现场表演、宣传、弘扬淮扬菜。

李　增　1983年生，硕士、中国烹饪大师、淮扬菜烹饪大师、高级技师、江苏省名厨委员会副主席。曾获全国、江苏省烹饪大赛金牌；全国职业院校技能大赛烹饪项目第一名；参加江苏省职业院校技能大赛，连续4年获金牌；曾获“扬州市新长征突击手”“扬州市烹饪专业带头人”荣誉称号。曾牵头制定教育部、江苏省中餐烹饪专业教学标准；主编人社部培训中心《中式烹调师（四级）指导手册》；参与国家课题2项；主编烹饪专业书籍6本；发表专业论文10余篇。

杨　军　1968年生，中国烹饪大师，高级烹饪技师，中国淮扬菜大师，淮扬菜五星级评委，省级烹饪美食工匠。师承解华、薛泉生、陈恩德。现任中国饭店协会青年名厨委员会副主席、扬州聚贤饭庄总经理。被中国烹饪协会授予最佳创新融合奖，被江苏省商务厅等11家单位授予江苏省青年名厨技能大赛金奖。他刻苦钻研技术，在继承传统的基础上力求创新突破，且一专多能，精益求精，在淮扬素食与清真菜上颇有造诣。

张　皓　1975年生，非物质文化遗产“扬州盐商菜制作技艺”传承人，扬州市劳动模范，江苏省政协委员。曾获全国创新菜大赛特金奖、江苏省“五一”创新能手、江苏省优秀青年岗位能手、扬州市“五一劳动奖章”、扬州市技术能手等荣誉。2008年获扬州市“十万职工大比武”技能大赛第一名。精通淮扬菜技艺，技术全面，炉、案、碟俱佳，动作娴熟、利落、出手快。擅长传统技法，如烧、炒、熘、烤、炖、焖、熏、烩等。准确掌握口味，口感符合传统。能够主理设计大型高级淮扬宴会。

张玉琪　1938年生，元老级中国烹饪大师，淮扬菜烹饪大师，高级技师，江苏省非物质文化遗产“扬州炒饭制作技艺”代表性传承人，中国烹饪大师名人堂尊师。师从丁万谷，技艺精湛，尤擅冷盘和炉案。曾任富春茶社、扬州大酒店等名店厨房经理。曾创制三头宴、金鱼鸽蛋、梅岭菜心等名宴和名菜。曾率领酒店技术骨干参加第三届全国烹饪大赛，为夺团体金杯做出了贡献。亦曾多次赴粤、渝、鲁等地献艺，深受好评。

张福香　1968年生，非物质文化遗产项目“扬州富春茶点制作技艺”传承人，高级技师，江苏省餐饮业评委。师从徐永珍。擅长各类面团的制作和面点造型，能掌握和运用几大面团的制作技艺和工艺流程。不仅掌握烹饪理论知识，实践经验也很丰富。烹饪手艺高超，面点造型栩栩如生。现为来鹤台富春酒楼面点厨师长。曾获扬州三十佳厨师、淮扬菜烹饪大师、中国烹饪名师、江苏省巾帼建功岗位能手等荣誉。

陈万庆　1977年生，中国烹饪大师，淮扬菜烹饪大师，世界中餐业联合会国际评委，市级非物质文化遗产项目“扬州三把刀·烹饪技艺”传承人，高级技师，江苏省劳动模范、扬州市第六届政协委员，扬州大学旅游烹饪学院兼职教授。扬州旅投集团董事长、扬城一味餐饮管理有限公司总经理。陈万庆用心研究传统技艺与创新发展，获批扬州市技能大师工作室，并被评为江苏省乡土人才“三带”能手。曾先后赴新加坡、法、美、德及我国香港、台湾地区交流表演淮扬菜烹饪技艺，并曾接受我国央视、凤凰卫视，以及日、韩等国媒体的专访，还曾参与教学片的拍摄。先后参与了招待法国前总统希拉克等国内外领导人的宴会。近十余年来，主理扬州“烟花三月”盛大宴会，获得中外嘉宾的好评。

陈春松　1946年生，元老级中国烹饪大师，淮扬菜烹饪大师，国家一级烹饪评委，高级技师，市级非物质文化遗产“扬州三把刀·烹饪技艺”传承人。烹技全面，善于创新。编著出版有《中国淮扬菜：淮扬新潮菜》《中国扬州菜》等书。参加第三届全国烹饪大赛，任扬州代表队副队长。曾参与秋瑞宴、满汉全席、春晖宴等宴席的设计，并曾应邀赴美国及我国香港等地表演烹饪技艺，深受好评。

陈恩德　1947年生，元老级中国烹饪大师，淮扬菜烹饪大师，高级技师，国家一级烹饪评委，国家一级烹饪裁判员，江苏省名厨专业委员会副主任，省级非物质文化遗产“扬州三把刀·烹饪技艺”传承人。中国烹饪大师名人堂尊师。20世纪80年代初，在江苏省首届美食比赛中成绩优异。曾在扬州接待国宾和中央领导时主持白案制作。2002年，国务院总理朱镕基出访柬埔寨参加11国首脑会议，我国驻柬使馆特邀陈恩德专司白案制作。2005年10月，获中国烹饪协会颁发的中国烹饪大师金厨奖。曾参与研制红楼宴等名宴，创制的红楼细点被列入中国名宴红楼宴菜单。受聘任扬州多家速冻包子企业、著名茶社技术顾问。著有《淮扬面点大观》一书。

茅爱海　1979年生，中式烹调高级技师，淮扬菜烹饪大师，注册中国烹饪大师，淮扬菜技术能手，曾获扬州市“五一劳动奖章”、江苏省“五一劳动奖章”、淮扬菜秋冬套餐大赛一等奖、中国青年名厨大赛特金奖、甘肃美食文化节暨丝绸之路（甘肃）国际美食博览会金奖、中国淮扬菜美食工匠等荣誉。师从薛泉生大师，在淮扬江鲜菜制作方面有独到的功夫。尊茂集团明星总厨，一直在高星级酒店担任行政总厨职务，多次代表酒店到东南亚及我国台湾地区等地推广淮扬菜和进行红楼宴表演，多次受邀参加省、市电视台及央视的美食节目拍摄。

周晓燕 1964年生，中国烹饪大师，淮扬菜烹饪大师，教授，高级技师，扬州大学旅游烹饪学院院长、硕士生导师。中式烹饪国家一级评委，国家一级烹饪裁判长，中国烹饪国际评委，江苏省烹饪协会名厨专业委员会主任，扬州市“五一劳动奖章”获得者，省级非物质文化遗产“扬州三把刀·烹饪技艺”传承人。曾多次赴海内外献艺，受到高度评价。擅制冷菜拼盘。他研制的菜品荷塘月色将芦笋、黄瓜、火腿等十几种食物拼成画面，似荷叶迎风摇动，获亚洲餐饮大赛金奖和世界餐饮大赛特别金奖。他用蓑衣刀法切兰花莴笋，制作名菜脱骨鱼和三套鸭，曾在中央电视台专题片《舌尖上的中国》播出。其理论与实践俱佳，曾主编《烹调工艺学》等书籍，发表烹饪专业论文多篇。

居长龙 1940年生，元老级中国烹饪大师，世界中餐烹饪大师，淮扬菜烹饪大师，高级技师，江苏省餐饮行业协会名誉会长，省级非物质文化遗产“扬州三把刀·烹饪技艺”传承人，中国烹饪大师名人堂尊师，国际烹饪大赛评委，中餐厨师艺术家。其烹技全面，善于创新。他研制的宴席鱼米之乡宴、素菜宴、琼花宴和精美菜品在日本同行中被广泛传习。他制作的菜肴清新雅丽，突出本味，富有质感，充满灵气，形成了极强的居氏风格。他创制的金丝燕菜、煮干丝、天麻鳝鱼、河豚烧裙翅、宫灯照明珠等10余种新菜登载在日本《专门料理》杂志、大型画册《中国淮扬菜》等书刊中。著有《中国淮扬菜：居长龙精品集》《居氏淮扬食单》等。在日本弘扬淮扬菜20多年，积极推动中日烹技交流。中央电视台专题片《舌尖上的中国》记载了他的淮扬菜技艺。其职业生涯所获奖牌、证书等被扬州市档案馆收藏。

赵宝祥 1964年生，淮扬菜烹饪大师，先后在富春茶社、扬州大厦、中国人民解放军原总后勤部学艺。师承徐永珍、程发银、王立喜等名师。入江苏省商校深造，师从王镇。有扎实的传统烹饪技艺，有系统的烹饪知识，擅长炉案技术，为扬州家常菜代表性大师。他烹制的旱团鱼、双头烩、脆皮肝、蟹粉豆腐、熘鳜鱼等闻名遐迩。其随季节变化而设计的家常宴会亦颇具特色。自主经营舒雅酒楼、舒雅大酒店，兴旺发达，素有口碑，是中华餐饮名店、淮扬菜餐饮名店。

聂　阳　1970年生，1991年以来一直在扬州生活科技学校从事烹饪专业教学工作，现任扬州生活科技学校教学副校长，副教授，高级技师，国家级高级考评员、世界技能大赛江苏省选拔赛评委专家（西餐）、扬州市职业教育轻纺食品教科研中心组组长、扬州市技工院校商贸服务中心组组长。曾获“扬州市新长征突击手”称号、江苏省第四届烹饪大赛金牌、人社部首届全国技工院校教师职业能力大赛一等奖等荣誉。主编或参编出版《都市流行菜》《餐馆流行菜》《大众家常菜》《厨师长金牌菜100味》，以及全国高等职业院校规划教材《淮扬菜制作工艺》等20余种专业书籍。

夏朝兵　1975年生，市级非物质文化遗产“扬州炒饭制作技艺”传承人。中国烹饪大师，高级技师。多次参加中外烹饪研修班学习。师从薛泉生、陈春松大师。历任多家高星级酒店行政总厨，厨务管理及菜肴创新能力较强。熟练掌握淮扬菜烹调技艺，炉、案、碟技术全面，精通烹调技术，菜品具有独特的风味。能够设计主理淮扬高级宴会。江苏电视台城市频道《食色生香》栏目特约美食顾问，曾多次担任电视台美食类节目的评论嘉宾。多次赴海内外表演淮扬菜烹饪技艺，获得好评。

徐永珍　1944年生，女，元老级中国烹饪大师，淮扬菜烹饪大师，高级技师，中国烹饪协会原副会长，江苏省、扬州市烹饪协会原副会长，扬州富春茶社原总经理。国家级非物质文化遗产“富春茶点制作技艺”传承人，中国烹饪大师名人堂尊师。第七届全国人大代表，曾获“江苏省优秀女企业家”“全国技术能手”“全国三八红旗手”“全国劳动模范”等荣誉称号。20世纪60年代初，她在扬州的青工烹饪比赛中，以擀饺皮第一名脱颖而出。她主编《中国淮扬菜·淮扬面点与小吃》一书，创制了海参包、麻辣鸡饺、鲜贝饺、蟹黄鱼翅饺等10多个品种的扬州细点。1988年，参加全国第二届烹饪大赛，获面点类个人金奖。曾先后出访日本、美国、法国、泰国、新加坡等国家及我国香港地区，进行烹饪技艺表演与交流，受到很高赞誉。其职业生涯所获奖牌、证书等被扬州市档案馆收藏。

徐惠荣　1967年生，中国烹饪大师，高级技师，市级非物质文化遗

产“扬州三把刀·烹饪技艺”传承人，餐饮业技能比赛省级评委。扬州花园茶楼总经理，曾获中国山西国际面食节金奖、江苏省烹饪大赛金奖、中国长三角面点大赛金奖。红白兼通，技术全面。善于制作扬州传统面点，其所制点心馅心汁多鲜美，包子捏制纹理清晰。1995 年，创办扬州花园茶楼，现已发展出多家连锁店，致力丰富扬州传统早点和淮扬菜系，闻名海内外。扬州花园茶楼荣膺“中华餐饮名店”称号。

郭家富 1970 年生，中国注册烹饪名师，淮扬菜烹饪大师，淮扬美食工匠，江苏省优秀十佳名厨，江苏省烹饪协会总厨联盟副主席。扬州大学旅游烹饪学院客座教授。曾任北京亚运村宾馆、泰州国泰宾馆、上海金凤城迎宾馆、泰州会宾楼宾馆、北京国宏宾馆总厨（厨师长），现任扬州顺心楼餐饮集团任餐饮总监。曾带队参加在北京、上海、深圳举办的淮扬菜美食节，多次获得江苏省烹饪大赛特金奖，并曾多次参加扬州电视台美食栏目的节目录制。

常开荣 1979 年生，中式烹调技师，淮扬菜烹饪大师，江苏省烹饪大师，扬州市劳动模范，江苏省餐饮行业协会名厨专业委员会执行委员，现任赛德大酒店副总经理。曾获 2008 年中国淮扬菜烹饪大赛热菜金奖、2008 年扬州市“生活科技杯”职工技能竞赛中式烹调金奖、2012 年“扬州炒饭”比赛金奖。

程发银 1956 年生，资深级中国烹饪大师，江苏省烹饪大师。市级非物质文化遗产“扬州三把刀·烹饪技艺”传承人，炉、案、碟俱佳，尤擅炉案。现任扬州锦春大酒店行政总厨。毕业于江苏商业专科学校烹饪专业，为邱庞同、王镇的学生。又师从薛泉生、高国祥。曾在扬州市富春茶社、泰州市美丽华大酒店、北京中国国际贸易中心中国大饭店等餐馆工作。长期致力餐饮管理及烹饪技术研究，深谙淮扬菜制作精髓，以文思豆腐刀工第一人独步烹林。1999 年，获全国烹饪大赛个人、团体两枚金牌，被授予“全国优秀厨师”“江苏省最佳厨师”称号，并获全国“五一”劳动奖章。

薛泉生　1946 年生，中国十佳烹饪明星之一，元老级中国烹饪大师，淮扬菜烹饪大师，高级技师。国家一级烹饪评委，中国烹饪国际评委，省级非物质文化遗产“扬州三把刀·烹饪技艺”传承人，中国烹饪大师名人堂尊师。曾夺得第二届全国烹饪大赛三项全能金牌等。师从丁万谷，得其真传，并在继承传统的基础上勇于创新，创制了乾隆南巡宴、春江花月宴。作品扬州文昌阁、如意带鱼、御果园、虹桥修禊等曾获国家级大赛金奖。曾赴日本、新加坡等国献艺。其职业生涯所获 285 件奖牌、证书、书籍被扬州市档案馆收藏。著有《中国烹饪大师作品精粹·薛泉生专辑》等专著。

三、扬州烹饪理论学者

聂凤乔（1927—2000）　江苏兴化人，笔名老凤、公孙无恙等，中国烹饪理论著名学者。

1986 年，聂凤乔任江苏省商业专科学校中国烹饪系主任、中国烹饪协会副秘书长，受聘创刊《中国烹饪信息》并长期担任主编，直至辞世。曾担任《中华饮食文库》编委会副主任委员等；主持编撰《烹饪原料学》《中国烹饪原料大典》，参与编撰《中国烹饪辞典》《中国烹饪百科全书》等，均任副主编。著有《蔬食斋随笔》《食养拾慧录》《老凤谈吃》等。曾多次应邀出席国际烹饪学术会议，为《名人谈吃》《钓鱼台国宾馆美食集锦》《中国淮扬菜》作序。

聂凤乔讲述中国烹饪文化时生动翔实，旁征博引，妙趣横生，在业界和国内外有很大影响。他与我国台湾地区的唐鲁孙、香港地区的陈存仁并称为“三大谈吃高手”。日本学者称其为“中国烹饪原料学第一人”。聂凤乔还研究烹饪美学、乡土烹饪、中国的快餐、烹饪哲学等，精心整理烹饪文化资料 1 800 余种。

陶文台（1931—1996）　江苏灌云人。中国烹饪理论著名学者、教授，笔名桃丹。中国烹饪协会理事，江苏省烹饪协会常务理事。1975 年起，在江苏省商业专科学校任教语文。1982 年初，陶文台受学校委托，起草《关于筹建高等烹饪院校的调查报告》，报告得到教育部、江苏省教育厅的认可。曾参与筹建江苏省商业专科学校中国烹饪系。在全国报刊上发表有关烹饪的文章 130 余篇。著有《中国烹饪史略》《中国烹饪概论》《江苏名馔古今谈》《中国传统美食集锦》《中国美食经》等，还注释了《宋氏养生部》《饮食须知》《饮馔服食笺》等饮食类典籍。其中，《中国烹饪史略》曾获全国优秀科技图书奖。曾参与多部烹饪专业工具书的编撰，任《中国烹饪辞典》副主编、《中国烹饪百科全书》编委兼烹饪史分支副主编等。参与创办《中国烹饪》杂志和江苏省烹饪协会在扬州创办的《美食》期刊，担任《美食》主编至1993年末。

1990年3月，《红楼梦大辞典》出版，陶文台撰写了其中的饮食部分。先后发表《红楼梦饮食文化》《红楼饮食南味为主》等论文。

邱庞同 1944年生，中国烹饪理论著名学者，江苏扬州人。北京师范大学中文系毕业。自1975年起，从事中国饮食烹饪史的教学和研究工作。扬州大学烹饪与营养科学系前系主任、教授，曾任中国烹饪协会理事。曾参加《中国烹饪辞典》《中国烹饪百科全书》《中国食经》的编写，分别任副主编、烹饪史分支主编、食典分卷主编。注释出版《养小录》《易牙遗意》《食宪鸿秘》《云林堂饮食制度集》《居家必用事类全集·饮食类》《粥谱》等饮食类古籍。出版被列入国家“八五”重点图书出版规划项目的专著《中国面点史》《中国菜肴史》，以及《中国烹饪古籍概述》《古烹饪漫谈》《古代名菜点大观》《烹调小品集·苏扬编》《食说新语：中国饮食烹饪探源》《知味难：中国饮食之源》《中国三十大发明·中式烹调术》等。其中，《中国面点史（修订版）》入选国家新闻出版总署第三届“三个一百”原创图书出版工程。另发表饮食烹饪史方面的论文、学术随笔百余篇。

朱　江（1929—2022）　著名考古学者、园林专家、烹饪学者。江苏省考古学会原副理事长，曾任扬州大学商学院研究员、江苏烹饪研究所所长、名誉所长，扬州大学江苏烹饪研究所所长、烹饪学科组组长；江苏省商业专科学校“红楼菜点”鉴定专家组组长。著有《扬州园林品赏录》《海上丝绸之路著名的港口：扬州》《远逝的风帆：海上丝绸之路与扬州》《烹饪考古学》（油印本）、《扬州饮食随想录》《海内外饮食回想录》等。

王　镇　1943年生，淮扬美食评论家，高级讲师。师范专业毕业，从事烹饪教育和烹饪文化研究60余年。曾与美、英、法、日等10余国烹饪学者进行学术交流。曾接受多家媒体的专访。《人民日报·海外版》曾

对他的烹饪研究予以较高评价。曾赴京、鲁、豫、滇等地讲学。他教过的学生中有许多成为教授、副教授、高级实习指导教师、中国烹饪大师，有的在烹饪专业院校担纲领军人物。对淮扬菜的文化历史演变进行过系统研究，有独立见解。曾参与编辑烹饪技艺初级教材、中级教材，直至大专教材。曾协助章仪明先生编写《淮扬饮食文化史》，参与《江苏点心谱》《中国名菜谱（江苏风味）》的编写，担任《中国淮扬菜》一书的文字总纂。曾参与“中华第一满汉席”的研究，“红楼宴美食文化技艺”“盐商宴美食文化技艺”的编号，《淮扬面点通用规范》的制定，深挖了扬州烹饪文化的内涵。

马健鹰 1962年生，副教授，硕士生导师，中国餐饮业认定师，中国烹饪协会专家工作委员会委员。从事中国饮食文化的教学与科研工作，曾任中国烹饪协会会刊《中国烹饪信息》主编。在潜心教学的过程中，一直重视科研工作，撰写并发表的学术成果近百万言，其中具有代表性的学术论文有《味政合一　饮食之道：上古至周代饮食活动与政治间的关系》等；主编了国家“十一五”规划教材《烹饪学概论》《中国饮食文化史》等。致力于将饮食文化转化为餐饮业所需求的企业文化，使餐饮的文化内涵得到了质的提升。

四、扬州美食界当代名人

全国劳动模范　徐永珍。

江苏省劳动模范　陈万庆、陶晓东、张灿松。

全国商贸流通服务业劳动模范　叶千金。

江苏省五一劳动奖章　崔国富、茅爱海。

扬州市劳动模范　张春兰、吴文秋、黄万祺、陈国春、陈春凤、张皓、蔡悦、许峰、糜雨、倪秋香、常开荣、王罗庚、茅爱海、邵长喜、陈军。

中国烹饪大师、烹饪名师、中国服务名师

2000年5月，贸易局（现商务部）授予徐永珍、薛泉生“中国烹饪大师”称号。

2001年10月30日，中国烹饪协会授予董德安“中国烹饪大师”称号，授予周晓燕“中国烹饪名师”称号。

2002年12月，中国商业联合会、中国烹饪协会授予扬州市陈春松、王立喜、张玉琪、居长龙、周晓燕等5人“中国烹饪大师”称号，授予程发银、陈恩德、吴东和、刘涛、丁应林、陈忠明、朱云龙、朱在勤、嵇步峰、姚庆功、茅建民等11人“中国烹饪名师”称号，授予纪萍、郭剑英、陈肖静等3人“中国服务名师”称号。

2008年，中国烹饪协会授予扬州市陈忠明、丁应林、嵇步峰、吴东和、朱云龙、曹寿斌、陈恩德、朱在勤等8人“中国烹饪大师”称号，授予王罗根、孟祥忍“中国烹饪名师”称号。

2008年，中国烹饪协会授予扬州市黄万祺、嵇步春、王荣兰“中国烹饪大师”称号。

2009—2014年，中国烹饪协会授予扬州市王恒余、龙业林、曾玉祥、骆修平、申滨、郭长彬、李顺才、徐惠荣、夏朝兵、杨晓崇、刘才兵、卢彬、姜传水、彭高发、张迅、周建强、杨军、肖庆和、刘忠等“中国烹饪大师”称号，授予王奇、邓晨“中国烹饪名师”称号。

2013年9月，中国饭店协会授予薛泉生“元老级中国烹饪大师”称号。

2015年9月，中国烹饪协会授予扬州市董德安、徐永珍、居长龙、王立喜、张玉琪“元老级中国烹饪大师”称号，授予扬州市陈春松、陈恩德、陈忠明、骆修平、吴东和、薛泉生、丁应林、嵇步峰、周建强、黄万祺、周晓燕“资深级中国烹饪大师”称号，授予扬州市王荣兰、朱云龙“注册级中国烹饪大师”称号。

2016年10月，中国烹饪协会授予扬州市方志荣、刘顺保、李家龙、王洪波、叶千金、张福香、朱文政、李祥睿、陈正荣、陈洪华、范正兵、沈健、杨志军“注册级中国烹饪大师”称号。

2018年，中国烹饪协会授予扬州市陈春松、陈恩德、骆修平、薛泉生、黄万祺“元老级中国烹饪大师”称号。

2019年9月，中国烹饪协会授予扬州市邓晨等“注册级中国烹饪大师”称号。

中华金厨奖 中国烹饪协会授予童嘉华最佳教育成就奖，陈恩德最佳职业道德奖，朱云龙、陈忠明最佳烹饪理论奖，曹寿斌最佳技术创新奖。

中国餐饮30年功勋人物奖 徐永珍、薛泉生、邱庞同、周晓燕。

中国餐饮30年杰出人物奖 居长龙、陈万庆、吴松德。

中国烹饪大师名人堂尊师（2016—2018） 薛泉生、徐永珍、居长龙、张玉琪、董德安、陈恩德。

江苏烹饪大师 徐永珍、薛泉生、陈春松、陈恩德、黄万祺、周建强、周晓燕、姜传水、杨彬、王玉锦、曹学超、彭高发、张皓、刘忠。

江苏烹饪名师 丁应林、王保顺、吴东和、陈忠明、李朝宝、王德胜、张春兰、潘安全、曹寿斌、周亚平、嵇步春、嵇步峰、袁金广、姚庆功、居永和、刘涛、朱云龙、李顺才、王德龙、李才林。

江苏名誉烹饪大师 王立喜、张玉琪、居长龙、王仲海、杨玉林、李永泰。

中国江苏美食工匠 薛泉生、王立喜、陈春松、张玉琪、居长龙、徐永珍、董德安、陈恩德、郑连安、王仲海、仇根帮、邵金海、王茂荣、周建强、骆修平、吴东和、丁应林、黄万祺、顾正扬。

江苏优秀烹饪工匠 杨军、杨耀茗、方志荣。

2020 **年江苏省餐饮行业中式烹调类十大工匠** 金方桃。

2020 **年江苏省餐饮行业中式烹调类十大工匠** 叶千金、陈华。

扬州工匠 杨军。

淮扬美食工匠 王立喜、陈春松、陈恩德、居长龙、张玉琪、周晓燕、郑连安、徐永珍、黄万祺、嵇步春、薛泉生、董德安、王仲海、仇根帮、邵金海、王茂荣、陈兴常、陈万庆、王成、李林财、成树华、吴松德、杨军、韩勇、傅春根、徐华、赵标、李福盛、陈继南、张爱明、张桂新、张寿亭、徐惠荣、曹华、管红钰、虞美蓉、杨万华、陈华、孟祥忍、王玉锦、蔡平、陈东、蒋开和、陈新、姚瑞富、吴震、马新勇、张胜来、丁银峰、吕静、黄晓峰、史文焕、高海海、卢浩平、曹文、孙日华、沈建坤、张钟、孙浩、李鑫、卢勇、卢蜀渠、徐智平、陈俊、蒋峰、李益、杨福金、高超、孔凡珉、张贵田、胡安水、柏宝松、韩健、董磊、陈云、缪学富、曹从刚、金方桃、陈四长、陈令军、杨善兰、孙信林、刘忠、范正兵、杨耀茗、柏翔飞、王恒余、朱志宽、刘顺保、邵军、赵宝祥、张洪扬、韩春华、李力、周佳佳、周骄阳、周鑫、杨相洲、马绍保、陆斌、沈杰、茅爱海、许晖、张灿松、吴国永、宋正胜、常开荣、孙志强、郭家付、赵明、年伟、王健、陆玉军、陈学、薛伟、骆修平、吴江昆、潘爱勇、徐红明、鲍胜强、范巨金、龚玉祥、王斌、方志荣、周建强、张福香、赵斌、丁瑞金、丁晓亮、高秀松、高岳俊、胡华银、李家龙、刘才松、王洪波、姚贵宝、叶千金、韩勇、王长林、张明、顾荣、居宝成、王锁宝、陶志华、黄巍、唐明友、王田、宋立华、郭宝华、居广明、马长安、靡雨、张晓锋、陈忠华、施发林、侍海玮、娄培尊、李福盛、王海涛、外崎登志雄、肖德军、吴华、陆红梅、王磊、庄园、周冠华、柏永强、张俊、戴珩、李强、房福林、刘才兵、程发银、陈鑫、陈阳、刘芝刚、邵长喜、王猛、王雨、夏浩然、严永刚、叶明骏、余爱明、高正祥、高玉兵、曾玉祥、许振兴、王爱红、曹玉、李洪祥、蔡汉东、张建国、潘志祥、邵连云、房立芬、林彬、解洪俊、郭长彬、倪秋香、赵均、耿涛、朱磊、徐龙、翟长东、罗来庆、高成、王宇、雷冠、张宣、李增、沈晖、姚庆功、吴雷、陈礼福、朱在勤、王荣兰、袁忠、宋兴华、张峰、徐权、许世昌、刘建军。

五、淮扬菜烹饪大师名录

1. 第一批淮扬菜烹饪大师

杨玉林、董德安、薛泉生、徐永珍、王立喜、陈春松、张玉琪、邵金海、王仲海、居长龙、仇根帮、李永泰、陈恩德、郑连安、陈兴常、周晓燕。

2. 第二批淮扬菜烹饪大师

中国扬州 丁应林、吴东和、陈忠明、嵇步峰、朱云龙、刘涛、周亚平、李朝宝、袁金广、杨存根、姚庆功、李才林、嵇步春、聂阳、朱年、李顺才、曹寿斌、黄万祺、周建强、潘安全、郭长彬、王朝阳、王云生、王保顺、张春兰、倪同华、张迅、顾克敏、潘镇平、俞家仁、周鹤銮、张寿亭、骆修平。

中国深圳 唐元松、杨彬。

中国连云港 郁正玉。

中国南京 居永和。

中国北京 杜志明。

中国无锡 张献民、倪柏荣。

中国泰州 王友吾、程发银、王晓明、周咸智。

日本 杨晓崇。

3. 淮扬菜美食节专项名师

南京 刘亚军、谢月生、杜徐祥、缪进、吴俊龙、王贤能、卞国江、王罗根、戴明权、葛蓬山、黄全科、包明献、刘亚东、吉祖贫、周小宁、周晓春、吴加亮、孙连新、于学荣、徐宝安、葛虎鸣、陈云、尹建军。

常州 王建强。

无锡 倪智伟、戴锡华、凌国兴、闵辉、李建、杨建新、钱少卿。

海安 戴宝明、丁兆年、徐桂林。

如皋 王友来。

常熟 顾美刚。

镇江 潘镇生、吕金强、居广明、孔凡方。

响水 周祖祥、周古军。

泰兴 赵群。

连云港 边志华、陈明生、李兴发、周陆军、茆东升。

淮安 周亚东。

泗洪 戚品成。

泗阳 李守勤。

宿迁 陈学斌、鲍业文。

东台　马祥、朱进。

安徽亳州　刘成龙。

江阴　周正兴。

北京　陈万庆。

上海　徐向深、冯革、冯军、顾荣、康继祥、张炜、吕福顺、闫换军、薛明科、倪志玉。

4. 第三批淮扬菜烹饪大师

张贵田、陈俊、曹从刚、卢勇、陈继南、李益、卢海宏、沈国富、周惠敏、王金满、翟洪春、秦耀芳、张六涛、徐年海、王兆培、仇桂兴、仇海鹰、柏宝松、周金颖、茅国平、韩健、耿涛、耿超、董磊、陈云、缪学富、严新宇、杜鹏、范锦标、杨善兰、曹文、王青、杨建兵、孙忠、孔军、张春海、高卫东、高允春、高巧银、王长剑、张文军、李力、孙日华、周佳佳、周骄阳、糜雨、施发林、侍海玮、娄培尊、许晖、金方桃、李福盛、杨军、蒋峰、邓如祥、胡安水、刘志祥、郭步见、吴浚、戴军、高超、张洪扬、陈四长、吴国永、孔祥兵、周鑫、陶寿祥、朱俊、宋正胖、高国云、卢鸿伟、董伟、王玉锦、杨福金、孙世元、刘顺保、茅爱海、陈东、罗来庆、翟长东、叶干金、李家龙、张福香、王洪波、姚贵宝、高秀松、丁晓亮、丁瑞金、刘才松、高岳俊、胡安岗、赵斌、黄勇、徐云、沈全康、朱义兵、范凤霞、朱正扬、吴玉芷、胡华银、张军、赵宝祥、陈兵、陈龙海、王爱红、曹玉、刘才兵、陈亮、倪秋香、高玉兵、宋兴华、袁忠、杨义勇、方志荣、陈华、沈辉章、张会军、范茂宏、陈令军、王家坤、许玉才、马新勇、成斌、常开荣、孟祥忍、朱在勤、朱红飞、贾国防、陈明亮、鲍业龙、李涛、孙浩、韩勇、张明、王长林、马长安、王锁宝、王田、居宝成、唐明友、黄巍、宋立华、陶志华、胡俊、薛洋、刘明、葛永祥、余华、窦长生、郭长军、陈学、顾芝燕、胡桂年、徐惠荣、薛文虎、程辉、夏进勇、陈庆福、年伟、王飞、徐德朝、单成玉、张万宝、王鸽仁、陆少游、徐征峰、吴国龙、王庆春、蒋进银、顾翔、张钟、李广建、外崎登志雄、赵明、孙志强、郭加付、沈建坤、王成、王健、张学军、郭士春、邓晨、王正华、李青山、杜金鑫、沈建国、刘彬、朱礼岗、方祥、李学光、潘建国、刘铜、王二宝、来军、何春、史成园、周文、祁江、李建华、刁伟波、王震、马绍保、刘彬、谢春秋、朱志成、姬佩书、李如军、王再煜、杜景松、张军、孔祥兵、刘乔、杨卫东、李健、裴立久、水从亮、邱勤芝、孙庆春、宋兴华、孟祥忠、吴海全、董长军、陈斌、周海锋、高飞、于洋、杨琪、许广鹏、范楷、束有飞、夏伟、沈成亮、张树磊、杭恒谷、胡元国、金央、金柱、梁姗姗、孙九兵、陈敏、孙九海、王晶、严鹏、殷春雨、郭军、金斌、李勇、孙钢、王欣、孙骏、何如飞、袁永浩、朱焘、吴骆、张峰、范正兵、刘忠、李贵明、王学信、邱国勇、梁国华、薛继兵、徐龙、朱磊、董玉强、冯义祥、冯羽飞、葛勇平、韩磊、何江、李万春、刘建军、沈书洲、肖月阳、许世昌、叶建、殷新国、张国强、郑标、郝士荣、吕恒忠、陈礼福、吴元成、李德军、潘勇、王浩、纪雨婷、季长武、扈建军、钟应健、戎天峰、赵振羽、施旋、马文、杨晨。

六、淮扬菜烹饪名师名录

1. 第一批淮扬菜烹饪名师

扬州市区 王忠宪、王根生、王保顺、王朝阳、王恒余、王罗根、王荣兰、王德胜、化牙宝、卞洪兵、尤洪霞、冯义祥、华小山、刘宁、刘涛、刘明兰、吴东和、朱年、朱云龙、朱在勤、孙贤标、汤云飞、苏旭、严永刚、杨、彬、杨存根、杨锦泰、陈俊、陈正荣、陈礼福、陈忠明、陈洛平、陈洪华、李才林、李朝宝、肖庆和、张杰、张明、张迅、张平忠、张学玉、张春兰、张建军、居永和、周泉、周健强、姜传水、俞永昌、姚庆功、姚贵宝、郭永明、唐建华、唐福志、徐军、徐斌、徐宝林、聂阳、陶小平、曹学超、屠志祥、黄万祺、黄宝国、嵇步春、嵇步峰、潘安全、鞠建炬。

天津 曹玉广、贾奎林。

深圳 唐元松。

泰兴 曹寿斌、周咸智。

兴化 傅明、嵇步渠。

高邮 姜传宏、张维禄。

泰州 王友吾、程发银、胡德新、丁山、罗国良、朱明、李顺林。

2. 第二批淮扬菜烹饪名师

扬州市区 丁应林、丁瑞金、于学文、尹建军、邓晨、孔令国、孔来根、王奇、王磊、王云生、王兆祥、王茂荣、王鸣亮、王锁德、王德龙、方志荣、卢勇、冯富林、龙业林、朱俊才、仲玉梅、孙文飞、孙志强、纪有华、刘文、刘俊、刘长傅、刘玉年、刘顺保、陆宝华、陆新建、陈万庆、陈文俊、陈玉明、陈桂生、陈贵宏、吴华、吴钢、吴文秋、吴宏迪、吴国昌、宋德华、张卫阳、张小羊、张文军、张学龙、张绍进、张建敏、张晓定、张爱民、张福香、肖德军、杨勇、杨泉、杨卫东、杨朝晖、李伟、李强、李正龙、李忠伯、李国顺、李祥睿、李建杨、周亚平、周宝玉、郁玉伍、经晓勇、胡华银、赵宝祥、赵建军、凌阿宝、陶定福、郭长彬、郭宝华、袁金广、徐云、徐华、徐军、徐宗才、徐易生、徐惠荣、唐元松、夏立祥、夏进勇、夏启泉、敖海龙、殷庆宝、贾荣富、顾振扬、栾印国、高正祥、高秀松、高国云、高国祥、崔国富、崔海龙、黄方勇、黄本国、蒋德兵、彭高发、韩春华、焦永根、詹德明、蔡加明、管天斌、翟秋明、裴永祯、薛党辰、鞠福明。

泰州 王晓明、彭军、曾廷宝、陈岗、马鹤青、邓如祥、戴正国、贾国防、丁明龙、刁刚才。

泰兴 赵群、王瑞宏。

南通 张继华。

北京 王福年。

天津 高健。

3. 第三批淮扬菜烹饪名师

扬州市区 刘寿峰、刘刚、刘才兵、曾玉祥、杨军、崔德峰、沈加朝、黄忠、王家坤、朱勇、陆长青、夏亚、汤军、李东文、陈庆飞、周明星、王华平、刘建斌、瞿春杨、秦飞、周建、卢彬、徐海军、魏忠祥、吴健、马云志、张登喜、朱桂康、刘忠、陆伟荣、高仲、解华、刘芝刚、赵连锋、章勇、陈宗荣、王峰、徐红春、李宏明、张晨、候学庆、李增、骆修平、陆春明、冯斌、侯新庆、王翊、高立安、芦卫东、朱健、张玉喜、房兆云、朱静、沈虹、蔡小淦、张美双、张德青、蒋春勇、陈文国、束军、贾荣奇、王春金、吴忠伟、娄培尊、周佳佳、庄园、张鹤松、吴斌、丁国瑞、李济生、邵明、王鹏飞、王贵忠、赵凯、朱泰、王浩、糜雨、梅钢鹰、孟超、朱海洋、刘天泽、董铠、张鹏、何靖、刘建、宰刘宏、阮康建、杨鹏飞、张燕、孙旭、邵林、钱立峰、潘文斌、孙阳、吴晶、王永春、朱磊、张界荣、朱传峰、曹国春、吴骆、柏宝松、周骄阳、鲍晶。**仪征** 厉庭有、王立志。

江都 王玉锦。

高邮 张云、王世贵、管红钰、王飞、金加良、夏祥、蒋瑞山、吕亚群、陆芝林、沈森源、姚宏斌。

北京 王菊好、韩芝军、董俊、钟道龙、杨建、王健。

泰州 翟秀荣、王广明、杨剑、史小雨、戴永清、何宏明、张麦成。

上海 钱卫东、房福林。

太原 华小中。

郑州 陶寿祥。

无锡 周庆中、王振飞、任伟、马红星、朱国阳、金勇毅、李志华、陈俊发。

南京 党继。

徐州 李凡文。

睢宁 周佳佳。

中国其他地区 张志刚、杨建兵、孙忠、孔军、尹克诚、王卫东、陈继南、徐德朝、张贵田、赵钢、张伟民、朱晨旭、董磊、梅钢鹰、陈云、耿超、耿涛、高飞、林佳佳、娄培尊、杨相洲、杨迎闯、冯桂军、陈忠华、吴叶青、刘强、仇同军、黄镇、陆军、王林宏、沈建坤、杨琪、高飞、柏翔飞、柏阳、陈健、薛洋、戴军、刘明、朱俊、张钟、茅爱海、张健、李业仁、祁伟九、徐旭、杨宝金、成斌、刘定宏、吴国永、陈俊、李益、卢炼、李立峰、阮康建、陆军、庄园、周冠华、卢蜀渠、徐智平、耿金健、吴江昆、徐伟、吴勇、葛俊、吴玉粮、朱佳、李盛辉、李琛、袁敏、张福军、王临秋、石涛、陶红勤、丁飞、张士林、李福军、高峰、谢海金、张鹏、许苗、张佳明、蒋思婷。

4. 淮扬菜美食节专项名师

镇江 陈勇进、黄正华。

常州 邹华、盛杰、陈亚新。

新沂 毛健。

南京 施程刚、王益忠、管友海、李有华、陈亚南、卢虎军、刘亚兵、张步豪、顾建勇、丁飞、余爱雷、李定军、何桂荣、饶朋翔、贺松林。

泰州 季晓东。

东台 王爱忠、曹志国。

溧阳 戴志波。

常州 崔冬锋、徐庆云。

泰兴 徐飞星。

泗洪 朱军。

泗阳 毕昌俊。

海安 王美华。

盐城 管正军。

江阴 姜成兵。

兴化 张小建。

射阳 陈允余、高伯勤。

2016 年度江苏省“德艺双馨”厨师 叶千金、刘才兵。

2016 年度江苏好厨师 夏朝兵。

2016 年度江苏省最具影响力餐饮企业家 徐颖宏、吴松德。

江苏餐饮 70 年优秀个人 邱杨毅、徐颖宏、魏龙海、王学全、杨军、郭家富、陈建军、张爱民、赵宝祥、赵标、王玉锦、胡俊、叶千金、刘顺保、余华、柏翔飞。

江苏餐饮 70 年优秀名厨 徐永珍、薛泉生、居长龙、陈恩德、周晓燕、王立喜。

新中国成立 70 周年功勋人物 邱杨毅、徐伟、周骏、陈军、刘军。

新中国成立 70 周年功勋人物（厨师） 徐永珍、薛泉生、居长龙、陈恩德、陈华、王恒余。

新中国成立 70 周年魅力女性 王慧勤、吴春香、常璐、李娟、张福香、朱元香。

5. 其他

2013 年 7 月，江苏省餐饮行业协会批准邱杨毅、王镇、施志棠、嵇步春、朱颜、鞠建炬为省饮食文化研究会委员。

2014 年 5 月，江苏省烹饪协会授予嵇步春、茅建民、吴松德、张迅、刘才兵、王恒余为江苏省烹饪协会烹饪大师工作室中式烹调专业主任委员。

2015 年，扬州市质量技术监督局批准周晓燕、徐永珍、陈恩德、邱杨毅、王镇、黄万祺、施志棠、嵇步春、李增为扬州市服务业标准化专家。

扬州美食名店实录

名店古今　传承弘扬

——扬州餐饮名店实录

近现代，餐饮业已走出家庭，小门脸、小作坊，依靠餐饮龙头企业强势拉动，使美食成为城市的支柱产业。扬州全市餐饮企业现有 1.5 万余家，2023 年全市线上餐饮企业 686 家，全年完成营业额 57.4 亿元，占全市餐饮营业额的 24.3%，同比增幅 56.1%，超全市餐饮营业额同比增幅 27.5 个百分点。其中年营业额 2 000 万元、5 000 万元和 1 亿元以上线上餐饮企业分别达 33 家、13 家和 3 家，龙头企业对全市住餐行业发展具有强有力的引导和支撑作用。本土餐饮品牌新开连锁门店超 100 余家，实现了北京、南京、新疆、台北、新加坡等地连锁布局。中国人自己的美食榜——“2024 黑珍珠餐厅指南”在江苏无锡发布，包括趣园茶社（长春路店）、山·餐厅、扬州宴（北京店）在内的扬州 3 家餐厅上榜黑珍珠餐厅榜单一钻餐厅和二钻餐厅。其中，趣园茶社（长春路店）已经连续 7 年上榜，连续 6 年被评为黑珍珠二钻餐厅。冶春还获评新一批中华老字号。

一、扬州餐饮名店创办人

陈步云（1887—1971）　富春茶社创始人。名起鹏，扬州人。扬州市第一至第四届政协委员。1885 年，其父陈霭亭租赁得胜桥巷内的十几间民房和几分空地创设了富春花局，以卖花为主。1912 年，陈步云与周谷人在富春花局原址上合资开办茶社，在经营上讲究环境优雅，注重清洁卫生。后更名为“藏春坞茶社”“借园俱乐部”“富春茶社”。民国年间，富春以卖菜、卖点心为主，先后聘请面点名师黄师傅、陈永祥、尹长山、张广庆制作点心，推出“魁龙珠”茶、三丁包、烫干丝等。对于各界茶客，一概欢迎，故朝夕满座。平时还用骨头熬汤，广施给贫苦百姓。陈步云整天迎送顾客，穿梭于各个堂口，掌握店况。他的经营理念是精益求精，原料上决不马虎，经营上薄利多销。

1949 年后，陈步云聘请李文江、武兆俊两位老师傅担任红案，开始了卖菜业务，并创制出脱骨鸡翅、富春鸡、野鸭菜饭等富春名菜，富春因此形成了花、茶、点、菜结合，色、香、味、形俱佳的特色经营风格。1956 年公私合营后，陈步云仍担任富春茶社副经理，直至 1965 年退休。

王学成（1893—1958）　共和春创始人。清光绪中叶，王学成的父亲在扬州缺口街开设长胜园小吃店，创制了饺面。1918 年，王学成将店迁至蒋家桥，取名“四美春饺面店”。1928 年，王学成与丁万谷合股在左卫街开设天凤园。1933 年，王学成将四美春迁至扬州最繁华的模范马路，取名“共和春”。1956 年公私合营后，因王学成有经营管理能力，群众信任，有代表性，扬州市政府相关部门任命他为共和春主任。

余永如（1907—1989） 九炉分座、蒋家桥饺面店创始人，湖北人。辛亥革命后，随父母到扬州谋生。余父在扬州开了一爿小面馆，余永如从捏包子学起。1926 年，其父买下教场的九炉茶社。1930 年，其父病故，九炉茶社由余永如掌管。1934 年，余永如收购蒋家桥庆福园，定名“九炉茶座”，将经营范围从单一的卖茶扩展到饺面、点心，供茶客食用，营业经久不衰。余永如多谋善断，临危不乱，敢于担当，有“茶馆诸葛”的美誉。1956 年，余永如因诚信守法，能力强，被任命为九炉分座主任。

赵士义（1901—1966） 号叔宜，四美酱园创始人。1927 年，赵叔宜来扬州定居，继承父业，任四美酱园副经理。四美酱园系赵姓同宗合资企业，共有八大股，赵叔宜名下占两股。1940 年，原四美酱园经理赵聘臣病故，他便全权执掌。其时年生产量约 1000 担黄豆。赵叔宜注重改进生产技术。四美酱油在扬州颇有盛名。四美虾籽酱油为淮扬菜的重要调料。四美酱菜注重原料保鲜保脆，严格精选，生产工艺求精，推行罐装，逐步成为扬州名产，行销各地。1956 年公私合营后，赵叔宜调任扬州蔬菜公司副经理。

梁典成（1893—1961） 三和酱菜公司创始人。1915 年，梁典成继承父业，经营映月轩照相馆。1927 年，与兄弟二人筹建三和酱菜公司。1930 年，三和酱菜公司开张。1931 年 8 月始，三和酱菜公司在上海先施公司、永安公司等 14 处地方开设批发处，并在《申报》、沪宁线车站广登广告。1940 年，三和酱菜公司于上海开设一分厂、一分店，在扬州亦先后开设了 5 个分店。梁典成多方研究食客口味，改进配方，在选料精细、制作严谨的基础上，将传统的原菜原卤改为原菜配卤，使卤汁由浮浊不洁变为纯净透明，增强了酱菜的鲜度，形成了扬州酱菜鲜、甜、脆、嫩的风格。1953 年年底，三和酱菜公司资产净值 36 522 元（新人民币）。1956 年公私合营后，梁典成任三和酱菜厂副厂长。

二、扬州传统餐饮名店溯往

如今扬州餐饮店星罗棋布，主要分为三类。一类，涉外星级饭店；二类，传统名店，如菜根香、月明轩，富春、冶春、共和春、翠花春等，后三家都是依托富春起名，成了地方特色，至今为他处难以效仿；三类，新开的饭店，如食为天、福满楼、锦春园、天星座、天地大酒店、怡园等。另外，还有美食一条街，如南宝带前兴城路集中饭店百家，高端与大众化皆有，荟萃南北风味，各具个性特色。

（一）富春茶社

“富春”品牌始创于清光绪十一年（1885），140年来，富春以其独有的经营特色和企业文化享誉中外，至今仍持续发挥“窗口”效应，被公认为淮扬菜点的正宗代表。

富春茶社坐落于古城扬州城内得胜桥。创始人陈霭亭挑花担行走于扬州的街头巷尾，积攒些银圆后，租赁得胜桥十几间民房空地，创设“富春花局”，以栽培花卉与制作盆景应市。之后，当时任职商会的周榖人的父亲周颖孝邀约知己故人在富春花局开办茶社，定名“富春茶社”，至此富春花局完成了经营的转型：由富春花局赏花，到富春茶社品茶，再到富春茶馆享用花茶肴点。百余年来，经过几代人的共同努力和精心经营，富春逐步形成了花、茶、点、菜结合，色、香、味、形俱佳，闲、静、雅、适取胜的特色，被公认为淮扬菜点的正宗代表。扬州人宴请宾客的常用方式就是去富春吃茶。古城的过往客人都以品尝富春菜点为莫大享受。

地处得胜桥的富春茶社是“富春”之根，为富春集团核心企业。集“中华老字号”“国家特级酒家”“中华餐饮名店”等荣誉于一身，有多款名菜、名点荣获中国名菜、中国名点、全国金鼎奖、中华名小吃等顶级大奖。被著名作家莫言誉为“一江春水三省茶”的“魁龙珠”茶，为富春独创，浓郁醇香，香飘百年。

富春茶社的淮扬细点，经过几代人的不断继承和创新，已成为扬州烹饪的重要组成部分，以历史悠久、制作精细、造型讲究、馅心多样、风味佳美闻名于世。富春茶社的点心有三绝：五丁包，以海参丁、鸡丁、肉丁、笋丁、虾丁做成，滋养而不过补，美味而不过鲜，油香而不过腻，松脆而不过硬，细嫩而不过软；千层油糕，菱形块，芙蓉色，半透明，糕分64层，层层糖油相间，绵软而嫩；翡翠烧卖，荷叶边薄皮，包入菜馅，形如石榴，底若金钱，蒸熟后其色仍绿如翡翠。富春茶社的传统名点五丁包被誉为“天下一品”，千层油糕与翡翠烧卖堪称“扬州双绝”。上述三种名点均被中国烹饪协会认定为“中华名小吃”。

富春茶社的淮扬菜肴选料严格，制作精细，注重本味，讲究火工，清鲜平和，浓醇兼备。富春狮子头圆润膏黄，咸鲜隽永；拆烩鲢鱼头肉质腴嫩，汤汁鲜美；大煮干丝刀工精细，绵软入味；肴肉晶莹透明，红润酥香；清炒虾仁洁白如玉，鲜嫩爽口。2000年，中国烹饪协会授予富春茶社蟹粉狮子头、拆烩鲢鱼头、大煮干丝“中国名菜”称号。近年来，富春成功推出了春晖宴、夏沁宴、秋瑞宴、冬颐宴四季淮扬宴席。

富春有一支过硬的厨师队伍，淮扬菜名师严长山、张广庆、朱万宝、杨玉林、董德安、徐永珍、陈春松等相继在富春主厨，其后又传播技艺，自己创业或指导别人创业，从而扩大了富春的影响。

1999 年苏州观前街太监弄美食街刚刚改造好，特请淮扬大师献艺，扬州富春上演了拿手好菜大煮干丝、三丁包。富春不过是牛刀小试，竟引得苏州举城若狂，苏州人说：“富春早该走出来了。”

1997 年 6 月 17 日，在法国巴黎市中心的明星酒家，中国技能工人访法观摩表演团进行中式烹饪、中式面点、刺绣三项技能表演，富春茶社总经理徐永珍作为江苏省唯一代表、表演团唯一的面点师进行表演。现场围观者如云，她原本只打算做一二十个点心，但看着那么多渴求的目光，就不停地做。好在天生巧手，她做的每一个点心都不同样，四喜饺、七星包、麻花酥、元宝糕，青蛙、知了、蝴蝶、玉兔，香蕉、兰花、竹笋、红菱，熊猫戏竹、松鹤延年、藕肥荷香、花好月圆，面点这一“速朽的艺术”在她手下简直成了魔术表演，待到她发出一声“可以取了”，瞬时之间宾客忘情忘态，人人都以抢到为幸，抢到手第一时间也不舍得食用，而是放在手中把玩欣赏。

富春致力继承传统，锐意创新。至今已形成了立体的食馔体系，花、茶、点、肴俱全；重视点肴的精致，色、香、味形俱佳；追求环境的雅致，厅堂、几案搭配和谐，并以诗书画印点缀；既继承传统又引领时尚，真正是与时俱进。而且富春的点肴坚持产品标准化，寻找市场差异化，实现门类产业化，谋划结构多元化。

1987 年 9 月，富春茶社与日本西武百货合作开餐厅的合同正式签字。翌年，位于东京银座的扬西餐饮店终于开张，5 名富春厨师漂洋过海，带去了鉴真大师故乡的经典美食，让淮扬菜香飘异邦。

如今的富春茶社生机勃勃，是国家特级酒家、中华餐饮名店。“富春”商标被评为江苏省著名商标，企业多年来多次荣获“江苏省文明单位”的称号。正如许多宾客所云，“不到富春就不能算来过扬州”。徐永珍说：“不变，是不忘初心，将淮扬菜的味道好好传承下去。变，我们域外送艺，更是取经，变是富春的生命，变就要博采众长：取日本肴点看的艺术，注重外形塑造；取法国大菜闻的艺术，注重调味口感。我们要不囿于古城一隅，不沉湎过去的辉煌，从小作坊走向大舞台。”

（二）共和春

共和春是扬州著名餐饮小吃店。共和春制作小吃的历史十分悠久，自宋代以后越做越精致。在扬州面点行业，共和春饺面与富春包子同样享有盛名。

清光绪初年，有一位王姓老板在扬州缺口街上开设了长胜园小吃店。1918 年，其子王学成将店迁至蒋家桥，取名“四美春饺面店”。1933 年，王学成又将店迁至扬州最繁华的模范马路，取名“共和春”，取“驱除鞑虏，实现共和”“公共和顺，春色满园”“面饺和谐，顺心如意”之意。

共和春小吃是共和春按传统的蒸、煮、炸、煎、烤、烙等方法制作的小吃食品。共和春小吃品种多样，以饺面、炒面、鲜肉锅贴、韭芽春卷最具特色。其制作技艺各有千秋，并以饺面的制作技艺为代表。

传统的共和春饺面必用跳面，这是一种用人工跳压而成的碱面条，细滑清爽，绵软入味。所用虾籽粒粒饱满，其加工方法是：将所购虾籽放入缸内，加稍许明矾漂，然后经过曝晒、炒制、碾碎，再投入汤锅煮沸，使虾籽的鲜味充分释放、慢慢渗透，这样做出来的虾籽大而色泽亮。

共和春炒面为软炒面，用扬州炒饭的技艺炒面条；锅贴皮用高筋粉，开水打花，揉制成团，馅含皮冻，掌握火候，半煎半煮；翡翠春卷馅需在猪肉丁中加入高汤，烧开后再放入适量大白菜挂芡成馅。

大众化是共和春小吃的最显著特征。它满足了扬州民众及南来北往游客最普通的生活需求。共和春之所以能够首创饺面，源于他们对消费者的长期观察和体验。饺面看似普通，却蕴含着深刻的饮食文化哲理，品种俱全——饺与面兼有，分量正好——一碗饺面，女同志够了，不会剩一点，男同志肚大的差一点，来一两锅贴也够了——真正是适可而止，几十年约定俗成。共和春被誉为“维扬小吃第一家”。

共和春小吃制作技艺精益求精，不因其“大众化”而“简单化”。共和春小吃保存了鲜活的民俗文化记忆，其为民服务的经营理念堪称餐饮企业的典范。一位食客在诗中评价道：“欲问品位何处尊，世人皆指共和春。”这里所说的“品位”，不仅指共和春饺面制作技艺的精致独到，还包括经营服务的文化底蕴。

（三）九炉分座

扬州本地老字号茶社九炉分座始创于 1926 年。最早的时候，老板以九眼炉灶烧茶，客人分坐开来，故取名“九炉分座”。在九炉分座点上一杯清茶、一笼包子、一盘干丝，细细品味，惬意地坐上半日，在这样一个快节奏的社会，是一份难得的享受。

九炉分座主营扬州早点与淮扬菜肴。其中，早餐三丁包、烫干丝、烧卖、干拌面等各种面条点心都堪称业界一绝，中晚餐的各种淮扬名菜如狮子头、清炒虾仁、肴肉等更让人赞不绝口，每天顾客络绎不绝。

九炉分座后被朱开祥先生接手，在朱开祥先生的掌舵下，九炉分座在传承淮扬菜经典的基础上对菜肴进行融合创新，邀请淮扬菜大师程发银、陶寿祥等在深耕传统的同时，对菜品的口味、品相进行了现代文化与古代文明的兼容。

现在九炉分座已经成为新派淮扬菜和传统淮扬菜共同发展的创新型标杆餐饮品牌。

（四）扬城一味

江苏扬城一味餐饮管理公司成立于2014年，旗下有扬州宴、趣园茶社、迎宾餐饮、7吃8吧阳光餐厅、素慧餐厅、山水餐厅、兰圃茶楼等多个餐饮品牌。

扬州宴　淮扬菜旗舰品牌，将雅致的淮扬美食与扬州地方园林、曲艺等特色文化相结合，是古代文化与现代文明交相辉映的地方美食高地。扬州宴餐厅将扬州文化融于斜阳古道碧瓦之中，配以传统淮扬小吃，辅之以观园戏台、平仄律曲，小酒、小菜、小曲。想要追寻书中的古扬州，那就来扬州宴餐厅。扬州宴不仅有传统淮扬小吃，还有精致的淮扬菜，时令、中和、养生，一席一格，一菜一味，宴亲宴友宴扬州。这里，是一个扬州人爱来、外地游客必来的文化餐饮之地。

趣园茶社　特色店，有着近200年的悠久历史，是扬城首家淮扬菜品鉴店，主要经营淮扬特色早茶及中晚宴，做最传统经典的淮扬菜，不断发掘和再现记忆中的淮扬美味。凭借其得天独厚的园林景观与无与伦比的菜肴出品，趣园茶社连续多年荣膺“黑珍珠餐厅指南”二钻餐厅，成为当代淮扬餐饮的新标杆。

它始终以继承、弘扬淮扬菜为己任，通过打造“园林+餐饮”“大师+餐饮”“互联网+餐饮”格局，把文化和历史也嵌入其中，并围绕着“经典传统、市井家常、时令特色、创新融合”的理念进行传承与创新。

迎宾餐饮 政务及商务接待餐饮品牌，多年来一直作为扬州地方的一张名片，组织参与了各类大型宴会，并组织实施了国内外多位政要在扬期间的重要宴会，先后开发了红楼宴、三头宴、八怪宴、乾隆御宴、满汉全席等集美食与文化于一体的特色宴会。

7 吃 8 吧阳光餐厅 位于虹桥坊商业区，紧邻风景优美的瘦西湖。餐厅以时尚淮扬、创新川菜、自酿鲜啤为主要经营内容，餐厅风格清新时尚，为爱好美食、追求品质的顾客量身打造。餐厅的特色之一是拥有德国进口现酿啤酒设备，纯正澳洲麦芽发酵。

7 吃 8 吧阳光餐厅荟萃了中华美食、八方滋味，无论是传统淮扬菜、创新川菜还是粤菜、各式小龙虾和烤鸭，皆食、色兼具，传统与时尚融合，品质与至味尽享。

素慧餐厅 素食品牌。它将淮扬菜的精致风味与高端素食美学相融合，追寻食材本来的味道，呈现健康、时尚、高雅、恬淡的生活品质。

山水餐厅 位于迎宾馆馥芳园内，整个餐厅的设计简约大气、神秘低奢，高颜值与功能性并存，细节之处彰显用心。“山”为该餐厅的高端中餐，“水”为该餐厅的奢华西餐。从高级食材到用来搭配的可食用花草，事无巨细，所有食材都必须经过严格的筛选。精心的料理、静谧的氛围，低调且有品位的设计感餐厅，值得四季常去。

兰圃茶楼 位于馥芳园旁，适合爱茶、懂茶人小聚。窗外山石层叠，把山水移入庭院，新中式的装修风格，简洁淡雅的基调，都给人一种宁静致远的感觉。

（五）广陵宴（品陆轩）

广陵宴（扬州）酒店管理有限公司成立于 2022 年，地处广陵路 8 号。

1. 处长江运河之畔，风景优美

长江与运河是扬州的任、督二脉，广陵宴就地处运河边，依水而建、缘水而兴、因水而美。其外环境小桥流水，竹影花芳，园林精致，古建典雅。厅内环境古色古香，清式漆器的古典桌椅，银、瓷、陶、琉璃的高雅餐具，漆器挂屏，清幽乐曲，举杯有兴，进馔有据。厅外水色山光；厅内欢歌笑语，古琴铮铮；厅堂门口，楹联抱柱：

盏上珍馐，料出自然；

壶底佳酿，情出云天。

广陵宴以大实话向社会承诺，以传承扬州美食为己任，做弘扬“世界美食之都”的示范店。

2. 传承历史，渊源深厚

品陆轩是扬州老字号。《扬州画舫录》与《扬州画舫纪游图》都是将扬州美食与扬州美境并序，后者现收藏于复旦大学图书馆特藏部，系古籍善本。该图印在正反两面的一张大纸上，正面分隔成15栏，首栏上题“扬州画舫纪游图”，其余14栏则是条分缕析地阐述扬州的风景名胜。二栏文字介绍了该图的缘起：

真州李艾塘《画舫录》，追记胜游，流风如昨，展卷披图，不胜今昔之感，爰集为图，名曰“纪游”。岁晚燕闲，借以破睡，并以悉吾乡之名胜非虚，若云追寻故迹，求其地而实践之，斯凿矣。兹撮其略，附志之。

广陵宴以恢复品陆轩为己任，体现了扬州餐饮人的文化担当。

品陆轩是清乾隆年间扬州名早茶店。乾隆时期，扬州小东门有品陆轩，以淮饺得名，是“城中荤茶肆之最盛者”。有诗联曰：

香茗美酿聊随君愿，

灌饺汤包最解乡愁。

品陆轩的特色扬州早茶是人们追忆感叹的清代扬州美食的绝佳载体。

3. 早茶风味独特，味美逾恒

灌汤蒸饺为品陆轩的招牌名早点，从淮饺发展而来，蒸饺个儿大、皮儿薄、馅儿多、汤汁浓，吃起来满口留香，过后余香满口。其他还有入口就化的双麻酥饼，用料讲究的三丁包、五丁包，油香四溢的松子烧卖，绵软细嫩的千层油糕，甜味适中的细沙包，碧绿的香菇青菜包，以及用新鲜蔬菜做的五彩缤纷虾肉饺。这些早点都是当天包、当天销售，食材新鲜，从而确保了点心的质量，令广大消费者赞不绝口。

4. 名厨荟萃，自成风格

董事长刘阿梅、副董事长李冬梅均出自名门，首席点心师李冬梅是扬州富春茶社总经理徐永珍大师弟子，至今还常应贵客要求，来包厢做点心制作技艺表演。

（六）扬州江南一品餐饮经营管理有限公司

扬州江南一品餐饮经营管理有限公司是扬州市家喻户晓的知名餐饮品牌，总营业面积达近 2 万平方米。总部（江南一品淮扬菜研发基地）设于扬州市广陵区东方食品城内，地理位置优越。其连锁店遍布扬城，且各具特色。

1. 旗下品牌

江南一品·东关街店 坐落于清末民初美食家、金融家胡仲涵故居，主营正宗淮扬菜、盐商特色菜系，以江南盐商宴、烟花三月宴、扬州“三头宴”为特色。一亭、一院、一包厢，闲庭寂寂，曲沼漪漪。

江南一品·顺达店 酒店以现代中式为装饰风格，别具江南风情：大堂金碧辉煌，富丽堂皇；厅房高贵典雅，温馨舒适。

江南一品·五彩世界店 坐落于西区五彩世界生活广场四楼，经营高邮湖鲜、时令食材、精致淮扬菜。

2. 特色菜品

一直以来，扬州江南一品餐饮经营管理有限公司以对美食的执着与创新，精彩地演绎着美食的至高境界。其特色菜品如下。

新 G20 狮子头 根据扬州狮子头改进，传统狮子头是用猪肉制作，现在的人们感觉很油腻，江南一品改用含有丰富胶原蛋白的鳜鱼制作，营养更加丰富。

蟹粉灌汤桂鱼 改编自满汉全席中的头道大菜蟹粉灌汤黄鱼，材料选用本地高邮湖中螃蟹蟹黄与桂鱼。这道菜外表看似简单，鱼腹中却暗藏乾坤，烹饪技法考究，鱼去脏脱骨而不破，灌汤腹中，鱼肉鲜香嫩滑，沾上黄金汤，鲜味呈几何级数增长。

一品鱼头王 选用太平湖大鱼头，加入鲍鱼、海参等高档食材，再加入高汤，大火烧 10 分钟，待鱼汤奶白，放入秘制酱料，转中火烧 30 分钟即成。成菜味道浓郁，层次分明，口感甚佳。

（七）扬州怡园饭店

扬州怡园饭店位于扬州市中心繁华地带的四望亭路，南邻文昌商圈，北依“瘦西湖-蜀岗风景名胜区”，交通便利，四通八达。饭店造型别致，装修豪华，既有现代气息，又有古典情趣。客房窗儿明净、温馨舒适，设施完善。饭店大堂气势恢宏，宴会厅富丽堂皇。

怡园饭店于2008年8月被评为“世界美食之都”示范店，致力经典淮扬菜、淮扬早点的打造，菜品闻名遐迩。其特色菜品如下。

极品烫干丝 纯手工制作，体现淮扬菜的极致刀工，方干先横批30余片再竖切1200刀左右，根根细如发丝，再浇以秘制酱料即成。成菜口感柔软、醇滑，曾获凉菜大奖赛金奖。

蟹粉狮子头 纯手工制作，肉粒皆手工刀切而成，粒粒分明；再配以自制蟹粉，采用传统制作方法，用文火慢焖3个小时乃成。成菜口感酥烂、香醇，入口即化。

清炒虾仁 精选高邮特产虾仁，肉质紧实、鲜嫩。运用传统工艺制作而成。虾仁只只白里透粉，口感爽滑，脆嫩而有弹性。

（八）锦春餐饮

清盐商吴氏于瓜洲建园林，1751年乾隆皇帝南巡驻为行宫，御题“锦春园”。后该园毁于太平天国战火，所幸其裙褶包子与雅宴传于世。2008年，锦春餐饮重启“锦春”商标，让“锦春”再放光彩。

锦春餐饮以淮扬菜、扬州点心为主要产品，坚持淮扬传统做法，口味纯正，制作精细，旨在淮扬菜、点的传承和创新。10余年来，锦春以品质为本，锦春菜品、点心、三省问茶、文思榴莲等多道菜品被评为“中国名菜”，元宝肉被评为“江苏当家菜”，五丁包、鲜肉包先后被评为“江苏当家点心”。锦春雅宴的茶、菜、点相互融合，备受消费者青睐，是业内争相效仿的典范，赢得了百姓的良好口碑。“锦春”也成为百姓口中传唱的“扬州三春”之一。

锦春先后荣膺“中国餐饮名店”“中国饭店协会常务理事单位”“江苏省烹饪协会会长单位”“‘世界美食之都’示范店”等称号，连续多年被评为“扬州市放心消费诚信示范单位”。

（九）锦阳楼酒店

锦阳楼酒店系扬州老字号酒店，主打淮扬菜，适合聚餐、生日宴会等。顾客盛赞锦阳楼的用餐环境好、味道赞，菜品丰富、价格实惠。锦阳楼的特色美食有千丝万缕虾、羊蝎子火锅、油炸小黄鱼、西芹牛肉、酱排骨、土豆炖牛肉、小鸡蘑菇、海蜇、盐水鹅、蛋挞、烤鸭、羊排等。

（十）扬州银都大酒店

扬州银都大酒店成立于 2007 年 12 月 11 日，离瘦西湖不远，适合游客就近就餐。酒店装修现代简约、时尚大气，园林化设计，风格独特，经营正宗的淮扬菜。

特色菜肴如下。

脆皮八宝葫芦鸭　这道菜改变传统的烹煮、烧制方法，先将“八宝”填料蒸制、翻炒后塞入鸭腹中，接着将整鸭放入挂炉之中烤制，食材被激发出香味，鸭皮形成独特的焦脆口感。该菜品获评为“2024 淮扬菜创新精品”。

（十一）长乐客栈酒店

长乐客栈酒店地处扬州古城的精髓——东关街历史文化街区，是名副其实的“闹市静舍”，是扬州市首家民居式精品文化酒店。

其特色菜品如下。

八宝葫芦鸭 地方传统名菜。以整鸭脱骨技法去鸭骨，保持鸭皮不破。在鸭腹内酿入 8 种馅料，精工制成葫芦形。鸭肉鲜嫩，馅心糍糯疏散，滋味咸鲜香醇。

文思豆腐 由豆腐、竹笋、香菇、番茄、油菜、粉丝等制作而成，入口即化，具有调理营养不良、补虚养身等功效。

柿柿如意点心 由糯米粉加火龙果汁调成面团，包入柿饼粒和莲蓉拌成的馅心制作而成。形似柿饼，栩栩如生，寓意吉祥，有事事顺利、心想事成、好事连连的美好寓意。

三、扬州现代餐饮名店崛起

（一）扬州迎宾馆

位于瘦西湖风景区，抱山含水，古朴典雅，是高档次涉外旅游饭店。

（二）扬州会议中心酒店

扬州会议中心酒店是由扬子江集团全权委托管理的一家大型会议酒店。它坐落在扬州市新城西区中心明月湖畔，毗邻扬州国展中心、体育公园和扬州火车站，环境优越，交通便利，距著名景区瘦西湖车程约 15 分钟。酒店占地面积为 103 亩（约 0.07 平方千米），建筑面积 42000 平方米，是集会议、旅游、培训等于一体的现代化综合性的建筑群。

（三）扬州明月湖大酒店

扬州明月湖大酒店隶属扬子江会议中心经营管理有限责任公司，位于扬州市邗江区国展路 100 号，毗邻扬州国展中心、双博馆，距离扬州火车站、西部交通客运枢纽仅 10 分钟车程，距瘦西湖、东关街仅 15 分钟车程，交通极为便利；毗邻京华城商圈，购物娱乐十分方便。

扬州明月湖酒店积极推动文旅融合发展，在文旅融合背景下共创"在地文化"，深刻挖掘扬州这座城市的在地文化之美，并提取"大运河""茉莉花"等标志性元素，充分应用到设计与运营中。酒店主打明月湖畔商圈商务与地方特色相结合的餐饮新扬宴招牌。随着旅行者生活方式的不断变化，面对置身于新生活方式下的新时代消费者，酒店集合了旅宿、美食、艺术、人文、社交的多元生活空间，力图呈现城市生活中食、宿、聚、乐、游的每个美好瞬间，让宾客体验城市生活之美。

（四）扬州新世纪大酒店

扬州新世纪大酒店以规模宏大、设施先进、功能齐全著称，文化韵味堪称一流，它有酒吧、咖啡厅、西餐厅、大宴会厅、风味餐厅，所烹制的粤菜、淮扬菜两大菜系菜品各具特色。

（五）扬州京华大酒店

扬州京华大酒店是中外合资四星级酒店，设计高雅宽敞，休闲康乐设施齐全，设有正宗淮扬美食、多功能宴会餐厅，适合举办中西式宴会、酒会，以及各类大小型会议。

（六）扬州人家国际大酒店

扬州人家国际大酒店是由扬州人家置业有限公司投资建造的豪华型商务酒店，是一家产权式酒店。酒店位于风光秀丽的古运河畔，吸运河水之灵秀，为运河畔之明珠。酒店的整体建造风格志在体现现代化和古老传统的完美结合，充分展现古城扬州深厚的文化底蕴，是扬州魅力之所在，同时展现出扬州现代化

城市发展的活力。

（七）花园国际大酒店

扬州花园国际大酒店是由扬州市扬子江投资发展集团有限责任公司和江苏金陵旅游投资管理集团有限公司合资兴建的四星级旅游饭店。酒店北依扬州市政府，西接扬州汽车站，地理位置优越，交通便利。

其特色菜品如下。

芝士鲜蘑煎牛排　没有什么烦恼是一顿牛排解决不了的，如果有，那就加上芝士土豆泥，被高温石板烤得滋滋作响的牛排，加上特制酱汁的调味，是视觉和味觉的绝佳享受。

新派果味小黄鱼　小黄鱼改花刀后油炸，形似月牙状，造型异常美观，颜色酱黄，光滑油亮，皮酥肉嫩，透着清甜的果香。黄鱼含有丰富的蛋白质、微量元素和维生素，对人体有很好的补益作用。

象形枇杷酥　用油酥面制成的枇杷酥，形状酷似枇杷，酥层清晰，观之形美动人，食之酥松香甜，别有风味。

松茸鱼茸金针菇　松茸是营养丰富的一种野生菌，味道鲜美，口感鲜嫩，一般都是放在禽肉内炖汤食用，搭配鱼茸和金针菇，则兼有了高蛋白和清淡的口感。

虾子面卷大明虾　咸甜口味的虾肉搭配透着河鲜香味的面条，面条与青虾虾子完美结合，入口滑润，口感软而细腻。菜肴被打造成“混血儿”，混搭了东方与西方的风味，传统而时尚。

浓汤白灼石斑鱼　精致的摆盘给人以视觉上的冲击，鱼片和浓汤分开，采用涮的食用方式，增加食客与美食之间的互动。

（八）西园饭店

西园饭店所在地原为康乾南巡时的行宫。西园饭店是扬州最具历史文化底蕴的地标性建筑，展现了中国首批历史文化名城扬州的帝王文化、盐商文化、名贤文化、世俗文化，荟萃了旅游的食、住、行、游、购、娱，是“最扬州”饭店实体经济，也是服务国际友人的窗口，吸引高端人士的商业标杆。

西园饭店占地近6万平方米，古树名木参天，园林古色古香。四季皆美：春暖红豆结缘，夏夜荷塘映月，秋爽丹桂飘香，冬日梅岭迎春。更有典藏文物、名人墨宝，文化厚重，堪称世外桃源。

饭店荣膺“世界美食之都”示范店，饭店主营淮扬菜、粤菜菜系，丰市层楼复原历史上康乾南巡时的满汉全席、乾隆宴、秋瑞宴；新创的红楼早宴、红楼雅宴则再现了曹雪芹家族的烈火烹油、鲜花着锦之盛，2009年成功申报为中华名宴，展现了“天下珍馐属扬州”的独特魅力。

（九）扬州皇冠假日酒店

扬州皇冠假日酒店是扬州首家洲际酒店集团按照国际五星级品牌标准建造的五星级品牌酒店，坐落于京杭运河畔，毗邻京杭会议中心，临近京杭大运河，传承着古老的运河文化。

酒店晴云轩中餐厅突出扬州特色，设计古色古香，融合庄重与优雅双重气质，利用后现代手法，将传统的书案、大鼓、梁柱重新设计组合。中餐厅共有18间包厢，分别以念泗桥、顾家桥、广济桥等24桥名称命名。步入包厢，落座于中式沙发，沏一壶绿杨春，赏一眼运河美景，千年前的繁荣航运景象仿佛跃然眼前，可以说无论西风如何劲吹，舒缓的意境始终是东方人特有的情怀。

其特色菜品如下。

酸汤拆烩鲢鱼头 经典淮扬菜品，也是扬州“三头宴”的重要组成部分。其特点是色泽金黄，鱼头肉质肥嫩，味道鲜香浓郁，发扬了“食不厌精，脍不厌细”的淮扬菜精髓。

酥㸆鲫鱼 江苏传统名菜，成品原形完整，鱼骨酥化，无鲠无渣，入口即化，鱼肉却甚耐嚼。烹制时以佐料代水，鱼味不失，酥香中透出微甜，钙质丰富，食用方便。

橙香脆皮牛肉 这是一道口味独特的菜肴，高温使橙皮的香气和牛肉的鲜味完美结合。成品既有淡淡的橙香，又有酥脆的外皮，咬上一口，让人感觉回到了童年。

蟹粉狮子头 淮扬菜系中的特色传统名菜。主要原料是五花肉和蟹粉，在经过3个小时的炖制后，成品满满的鲜香味，尝起来口感松软、肥而不腻，让人心旷神怡。

（十）扬州中集·格兰云天大酒店

扬州中集·格兰云天大酒店位于扬州市中心区，距离国家5A级旅游风景区瘦西湖的西门仅两分半钟路程，地理位置优越。

酒店拥有淮扬菜非遗传承人1名、高级烹调师数名。餐厅以健康饮食为理念，经营正宗淮扬菜、滋补炖汤、高档私房菜及部分淮扬土菜，配以时令江鲜、湖鲜等，是体验淮扬菜的理想场所。

其特色菜品如下。

黑椒牛肉粒 西菜中做，选用澳洲牛肉、尖椒、杏鲍菇、黑椒炒制而成。黑椒味浓，香辣鲜美；牛肉鲜嫩，色泽诱人。

美极元宝虾 以沙虾为主料，经过刀法的处理，结合独特的烹饪工艺和秘制料汁制作而成。菜品形态精美，外脆里嫩，干香鲜美。肉质脆嫩饱满，复合味浓郁。

外婆炒饭 青菜剁碎，放入咸肉粒、姜米、米饭翻匀，加入调料、蛋黄翻炒，再装入烧热的石锅中使炒饭瞬间结壳。成品色泽碧绿，腊香味浓。

麦烤龙虾 选用 1.3 两（65 克）规格的炮头龙虾，利用烤制工艺制作而成。虾肉 Q 弹，麦香四溢，风味独特。

松仁炒鳝丝 新鲜鳝片切成丝，配以松仁、薄皮青椒炒制而成。成品色泽诱人，鲜嫩爽滑，为淮扬菜经典菜品。

（十一）扬州二十四桥宾馆

扬州二十四桥宾馆位于扬子江北路和杨柳青路交会处，东邻瘦西湖，北依大明寺、观音山、唐城遗址等名胜古迹，西近蜀岗西峰生态公园，地理位置优越，交通极为便利。

其特色菜品如下。

三套鸭 这是最能代表扬州饮食精髓的一道菜，也是红楼宴的一道名菜。所谓三套，是指三种原料套在一起：最外面是一只家鸭，家鸭的腹中塞了一只野鸭，野鸭的腹中又塞了一只鸽子。更值得一提的是，家鸭、野鸭和鸽子在完全被剔净骨头的情况下还能保持外形完整，然后再用小火炖制 6 小时以上而成。炖出的汤清澈见底，味道醇厚鲜香。三套鸭将家鸭的嫩、野鸭的香和鸽子的鲜完美结合在一起，从外到内，一层层吃下去，会吃到不同的味道。

（十二）萃园城市酒店

萃园城市酒店坐落于风景秀丽的小秦淮河边，是扬州首家个性化精致园林式商务酒店。

萃园的特色菜品是宝应慈姑水晶肉。这是扬州的一道冬季时令家常菜，红烧肉鲜甜油润，肥而不腻；慈姑粉面鲜美，特别下饭。

春季荸荠夏时藕，秋末慈姑冬芹菜。萃园的慈姑来自有着“中国慈姑之乡”称号的宝应，个个皮青肉白、坚实如栗、入口鲜美。红烧肉选用的是五花肉。将上好五花肉切成小方块，煸炒后加入黄酒和秘制酱，炖煮 40 分钟，再加入慈姑翻炒，小火慢炖 20 分钟后大火收汁，这道宝应慈姑水晶肉就做好了。

（十三）扬州香格里拉大酒店

扬州香格里拉大酒店位于扬州新城西区，中餐厅香宫位于酒店一楼、负一楼、二十六楼，酒店柳园也设有中餐厅香宫。酒店格调古韵典雅，采用传统中式设计，屏风掩映，铜灯错落，又将扬州的特色元素微妙地融入其中。宾客位于包间内亦可透过落地玻璃将柳园内的扬州经典园林景色，包括亭台楼阁、楹联抱柱一览无遗，一边置身于诗画美景中，一边品尝珍馐美馔，真是人间美事。

香宫主推扬州本地特色淮扬美食，一楼和负一楼的 13 个包厢分别用不同的花和树命名，如牡丹、海棠、百合、莲花、梅花、春兰、金菊、杨柳、金槐、梧桐、香樟和银杏等。二十六楼是和淮扬菜非遗传承人周晓燕大师联袂推出的周晓燕大师工作室，有 3 个包厢，分别命名为“江苏”“南京”“扬州”。柳园的两个包厢名为“延和阁”和“明月轩”。

酒店中餐行政总厨朱逸飞师从淮扬菜非遗传承人周晓燕大师，是新生代淮扬菜主厨，从心演绎扬州“三头宴”，再现传承与创新。

其特色菜品如下。

酸汤拆烩鱼头羹　这道菜源于扬州“三头宴”之一的传统淮扬名菜拆烩鲢鱼头，创新地融合了贵州酸汤特色。鲢鱼身上有土腥味，贵州酸汤不仅开胃，其

含有的醋酸还可以分解掉部分“土味”，再加上高邮当地的黑胡椒粉，成菜又鲜又酸又辣，将食客的味蕾彻底打开。

芦蒿清炖狮子头 秉持四肥六瘦的传统配方，佐以时令芦蒿，提香解腻，入口即化。

鲜椒秋葵炝虎尾 源于传统淮扬名菜炝虎尾，搭配时令鲜椒和秋葵，软糯与爽脆并存。

万福猪头肉配指橙 这道菜源于扬州“三头宴”之一的扒烧整猪头，搭配秘制虾子酱油和蒜末，同时创新地佐以指橙，以清口解腻。

招牌脆皮小牛肉 精选黑牛雪花牛小排，适度油温下锅，佐以秘制酱汁，成品酥酥脆脆，香味浓郁。

（十四）扬州望潮楼大酒店

扬州望潮楼大酒店是参照五星级标准打造的具有扬州历史文化特色的精品酒店。

酒店餐厅按照“三头宴叙琴筝和，自此方知淮扬馐”的要求，以经典淮扬菜为主打，结合地方风土菜，借鉴古典菜式，研发创意融合菜。既可举办大型宴会，又可三五小酌，既能商务正餐，又能大众聚会，畅享“烟花三月下扬州，望潮楼上一醉休”。

2021 年 12 月 30 日，中国淮扬菜非遗大师工作室落户望潮楼大酒店，作为淮扬菜展示、交流和学习的平台，徐永珍、薛泉生、居长龙、陈恩德等淮扬菜烹饪技艺泰斗多次参与活动交流。

2022 年 7 月 1 日，中国淮扬菜非遗大师全电厨房实训基地在望潮楼大酒店正式揭牌，厨房全面实现全电化教学，以绿色描绘非遗底色，以全电烹制淮扬新味，努力开辟淮扬菜安全、减排、健康烹饪的新路径。

酒店精研传统淮扬菜，特邀资深中国烹饪大师姚庆功担任酒店餐饮技术指导。多年来，厨师团队虚心向姚大师学习经典淮扬菜系的烹饪技法，在工作中不遗余力地推广和发扬淮扬菜，经过不懈努力，成功推出了曲江观潮宴和春江花月宴，其中精选淮扬菜品有清炖狮子头、大煮干丝、拆烩鲢鱼头等名菜，宾客在此可以寻味地道淮扬滋味。姚大师还言传身教，亲自指导厨师团队细致打磨菜品，通过食材、烹饪技法和刀工将中华传统饮食文化之美传递给宾客。

其特色菜品如下。

乾隆九丝汤 清代乾隆皇帝六下江南，扬州地方官员曾呈上“九丝汤”以“宠媚”乾隆皇帝。后来，该菜传至民间，演变成了今天的淮扬传统名菜大煮干丝。选用农家散养老母鸡，洗净斩块文火熬制 3 小时，起锅后加入红枣、枸杞等配料，再配以 9 种涮菜煮 5 分钟即可食用。此道菜汤鲜味美，涮菜口感丰富，食之能开胃健脾、增强人体免疫力。

国宴鸡豆花 选用上好鸡脯肉，先将鸡脯肉拍松散，先后加入葱、姜、料酒放置醒两小时，之后再斩成茸泥状放入小锅待用。将用鸡肉吊成的清汤倒入盛有鸡茸泥的小锅内，中火见开，撇去浮沫，微火再煮 25 分钟，待鸡茸上浮即可装盘，撒上火腿末、枸杞、香菜即成。此道菜形似豆花，口感滑腻、汤清肉白、鲜美异常，食之能健脾胃、强筋骨、补气养血。

鸡汁汤包大白鱼 选用无锡太湖大白鱼，用盐、味精、黄酒、姜、葱腌制约 20 分钟，将大葱、生姜、红椒切成细丝放入清水中煮沸，再将腌制好的大白鱼放入锅内蒸约 13 分钟，装盘时配以自制手工汤包和老母鸡汤。此道菜鱼肉细嫩、鸡汁味浓、汤包卤汁盈口，含有丰富的蛋白质、维生素和矿物质，食之能补肾益脑、促进消化。

鲍汁梅花参 选用澳洲梅花参，涨发后

洗净抹上蛋清，将调味后的虾胶填入梅花参内，南瓜修成秋叶型蒸熟待用，京葱切段用热油炸成金黄色备用。高汤加入秘制酱料烧沸后，再放入梅花参焖煮 20 分钟装盘即成。此道菜色泽酱红，海参软糯、虾胶鲜香、葱香味浓，宜于消化吸收，食之能补肾养血、缓解压力、增强人体免疫力。

四、扬州餐饮特色店拾零

（一）湘悦船家菜馆

湘悦船家菜馆，总部位于江苏扬州市广陵区，旗下拥有湘悦船家菜、花屿春、湘上春、苏小湘、花湘春等餐饮品牌及项目，是一家以湖南菜、湖北菜为主的餐饮企业，在扬州坚守 23 年，至今红火如初。目前湘悦船家菜馆已经在扬州东、西、南、北、中分别布点，还在徐州开设有直营连锁门店。经过 20 多年的发展，湘悦船家菜馆拥有强大的经理人运营团队，拥有由中国烹饪大师、国家级烹饪专家评委、淮扬菜大师等专业人才组成的管理团队，拥有员工 30 多人，已形成了集总部、门店营运、生产、加工、仓储、配送于一体的大型餐饮企业。

该品牌在扬州创办后在试营业阶段就吸引了不少食客就近打卡，可贵的是湘悦船家菜从剁椒鱼头到传统湘菜、妈妈菜，再到如今脱胎于湘菜，独创山水菜系，既接地气，又独具自己的山河情怀，能做到食客看菜盘点餐，菜品保持新鲜、卫生，实现了明档餐饮。每天，厨师上班先给餐盘配菜，其中少部分是熟制的，大部分是新鲜食材，让食客一眼就能看到食材的本来面目；同时，给每道菜配上竹签子，食客想吃什么就拿什么，交给服务员下单，再找八仙桌坐下等上菜，很有参与感。因为味道好，本地有不少食客成为它的忠实粉丝。

湘悦船家菜韵河湾店临湖而设，设有洞庭湖、张家界、岳阳楼、岳麓山、橘子洲、爱晚亭、桃花源等 7 个包厢，其得名于湖南的多个热门景点，食客在品尝美食的同时还能感受到湘江大地的人杰地灵、湘江船菜的独特魅力。

其特色菜品如下。

脱胎湘菜 独创山水菜，湘悦船家菜馆专注扬州百姓爱吃的湘菜，又针对扬州人喜欢新鲜本味的饮食习惯提供了独特的山水船菜系列，给食客以山水之间有好味道之感，并且好吃不贵。

点餐区挂着“乡下菜、城里卖”的标语。店家坚持不用大棚蔬菜，而是到农村集市或农户家里采购蔬菜，并到湖南、浙江、安徽、湖北、江西一带的山水之间采购当地的特色食材，如白木耳、鹿茸菌、黄山黑猪肉、黄山笋、玉溪小红薯、腌制好的猪头肉等，走南闯北，把这些好味道带回扬州，然后根据扬州人不时不食的饮食习惯，分时令更新菜品。

湘悦鱼头王 湘悦船家菜馆的特色菜，可白汤、可红烧，可泡饭、可拌面，还可配成都锅贴馍享用。鱼头来自天然湖泊，成都锅贴馍口感薄脆，像20世纪80年代扬州流行的“哒哒呲”，馍底软糯不黏牙，是非常完美的碳水主食，与鱼头搭配食用，让人难以拒绝。

鱼头泡饭 精选6斤以上天然胖头鲢烹制而成，没有土腥味，胶原厚，口感好。砂锅里热乎的汤汁浇在饱满的米粒上，入口鲜香味美，扬州人有“家财万贯，不如鱼汤泡饭”之说。

其他如辣椒炒鸡、小炒肉、二代小炒黄牛肉、湘西炒腊肉等都是湘悦船家菜馆的经典菜肴：辣椒炒鸡用农村土鸡；小炒牛肉用的是口感最好的吊龙，不浆制，直接爆炒，肉香味十足，口感还鲜嫩不柴；腊肉则来自湖南当地。不过，湘悦船家菜馆也是潇洒的，它不单供应正宗的辣味，还行走于山水之间，寻找美味。比如，兰州百合，一般店家大多会做出粉粉的口感，这家店则把香焗百合做得香香脆脆，最大限度地保留了兰州百合的甜味。湘悦船家菜馆的海带苗排骨汤也很有特色，海带苗口感鲜嫩，排骨汤鲜而不腻。

（二）禧狮楼大酒店

禧狮楼大酒店属扬州淮食淮味餐饮管理有限公司，秉承“传承不守旧、创新不忘本”的匠心理念，致力“让更多人喜爱上淮扬菜”的文化传承，力求将淮扬美食流传后世。公司旗下拥有扬州狮子楼、禧狮楼两大餐厅品牌。经过10年的匠心营造，禧狮楼获得了中国淮扬菜文化传承基地、国侨办中餐繁荣基地、江苏省非遗淮扬菜“扬州三头宴”制作技艺保护单位、江苏省地标美食餐厅、中央电视台专题纪录片《舌尖上的中国》推荐餐厅、“世界美食之都”示范店等荣誉。

其特色菜品如下。

大煮干丝 这是一道既清爽又有营养的佳肴，其风味之美，历来被推为席上美馔，系淮扬菜中的看家菜。大煮是淮扬菜独有的一种烹饪工艺，其“大”指的是分步处理：第一次煮，焯其糟粕；第二次煮，改换门庭；第三次煮，脱胎换骨。所以业内称“煮汤而不煮干丝”。它是中央电视台专题纪录片《舌尖上的中国》推荐的扬州地标美食，也是到“世界美食之都”扬州的必吃菜。

极品狮子头 淮扬第一经典名菜，因手工将五花肉切粒摔打上劲，成菜形如石狮子的头，一疙瘩一疙瘩的，凹凸有致，调羹盛出时又如同狮子头甩水而得名。它是中央电视台专题纪录片《舌尖上的中国》推荐的扬州地标美食，也是江苏省地标美食、到“世界美食之都”扬州必吃菜。“吃扬州狮子头，上扬州狮子楼”已成为旗下门店“淮食·扬州狮子楼”的品牌文化。

文思豆腐 这是淮扬菜中的一道汤羹菜，一般被视为淮扬刀工菜的经典代表作。其刀工技艺经过300多年的反复推敲，已臻至境。这道菜因造型优雅、技艺精湛，已成为淮扬菜厨艺表演的规定动作。如果在“淮食·禧狮楼”进餐时恰逢淮扬美食书场演出，就能亲眼看到做这道菜时淮扬刀工的意境。

扬州盐水鹅 天下鹅，扬州味。扬州盐水鹅既是扬州的地标美食，也是扬州的非遗美食。盐水鹅之于扬州人，是家的味道。美食大咖、著名作家汪曾祺的《鹅，鹅，鹅》、著名美食评论家董克平的《吃鲜儿：董克平饮馔笔记》等都表达了对扬州盐水鹅的回忆与眷恋。

扬州炒饭 淮扬菜中知名度最高的一道饭、菜合一的美食。除了米饭和鸡蛋这两种主料以外，还应有火腿、虾仁、鸡丁、海参、花菇、青豆、笋丁等配料。它是中央电视台专题纪录片《舌尖上的中国》推荐的扬州地标美食，也是江苏地标美食，“淮食 · 禧狮楼”的招牌菜肴。

（三）虹料理

虹料理隶属扬州东园食品有限公司，是一家高端自助店，主营精品日式料理。

虹料理特色鲜明：基于应季食材做出菜单，优选时令食材，由资深烹饪大师秉承去繁就简的烹饪要义烹制而成，美食悦目而清淡，在比较大限度地保留食材新鲜口感的同时，又比较大限度地利用了食材的色泽、香味和口味，传达了简单清淡的食物原味精髓。成菜自然原味、细腻精致、制作精良。

虹料理古朴典雅的用餐环境突显了餐厅精致而健康的饮食理念。全木结构的房屋，素雅天然的陶器、原木食具，充分诠释了虹料理的简约之美。

（四）洪龙渔村

洪龙渔村是一家因经营江鲜、湖鲜、应时蔬鲜而闻名遐迩的酒店，有着浓郁的扬州饮食文化氛围。董事长蒋静星是一位有扬州文化底蕴，对扬州传统菜有深入研究，敢于担当，从业20余年的企业家，他的理念引领着企业的发展方向。该店治菜讲究真材实料，崇尚绿色，擅发自然鲜味，突出天然质地，以绿色贯穿选料、加工、生产全过程。菜肴保持传统风格，味道清鲜淡雅而富有韵味，浓醇软腴而

不失其形。随季节变换菜式，春季馥郁芳香，夏季清淡滑爽，秋季多滋多味，冬季野蔬腊彰。制菜重在用汤，浓汤浓白如奶，清汤清如淡绿茶。调味讲究用汁，用天然物料提取鲜汁，鼎鼐调和，味不雷同。擅长炖焖，原汁原味。该店名菜有扬州什锦炒饭、秧草河豚、白汁鮰鱼、芹芽里脊丝、笋烧鲥鱼、菜薹河豚、清蒸刀鱼、红烧马鞍桥、扒烧整猪头、素烧什锦、红焖狮子头、奶汤鳜鱼等。

（五）家乡土菜馆

家乡土菜馆顺达店是盛宴餐饮旗下第六家店，位于扬州市开发西路 80 号魏西花园 2 号，是扬城首家全时段社区餐饮，品牌定位是“早餐面香，午晚餐饭香，夜宵串香”，适合老百姓小聚、朋友小酌，举办中小型宴会等。

（六）江南小菜坊

2017 年扬州市小菜香餐饮有限公司创立，该公司用 4 年时间精心塑造了创新型的淮扬菜品牌“小菜坊”。小菜坊致力发展扬州最受喜爱的淮扬菜餐厅，以“准确的定位，与时俱进的装修，标准的菜肴和服务”为经营核心，是扬州众所皆知的餐馆。

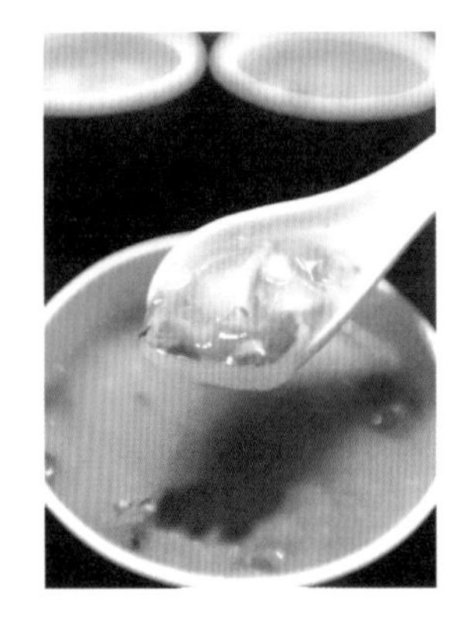

其特色菜品如下。

养胃甲鱼羹　所用食材为野生甲鱼，选用甲鱼的裙边，配以干贝、火腿、老鸡等原料精心烹制成汤羹，再用山药泥加米汤勾芡，其以肉质鲜嫩、汤鲜味醇、香气四溢而独具特色，是小菜坊最具有特色的一道名菜。

软兜长鱼　江淮地区盛产鳝鱼，其肉嫩味美，营养丰富，食之可补虚养身，气血双补，可辅助营养不良调理和产后恢复调理。

芥味凤尾虾　选用凤尾虾为食材，经上浆、挂脆皮糊后入油锅炸至金黄捞出，再配以本店自制芥末酱下锅翻炒而成。

酸奶糕　选用雀巢奶粉和原味老酸奶，搅拌均匀后放入冰箱冷藏，成形后改刀装盘即可，成菜造型美观，色泽悦目。

（七）滋奇餐饮

滋奇餐饮始于2001年，专注火锅二十三载，醉心改革创新，将百年滋味、奇之妙味与真材实料、健康营养完美结合，衍生出真正高品质、风味绝佳的火锅美味。2020年8月，扬州市世界美食之都建设促进中心授予滋奇火锅淮海店“‘世界美食之都’特色类示范店”称号。

餐厅装修布置古色古香，木桌、木凳、木窗、木屏障，简约古朴中透着时尚，这种装修风格出现在火锅店内确实有点另类，简简单单却营造了一种不同寻常的高雅气氛。同时店内所用的餐具也颇有味道，高档的火锅炉具和黑釉瓷碗、碟、杯、勺错落有致，堪称典雅。锅具更是奇特，除了常见的子母锅外，还有四格分档的“不求人锅”、上下双层的紫铜“尊者锅”、独自享用的“景泰蓝锅”。

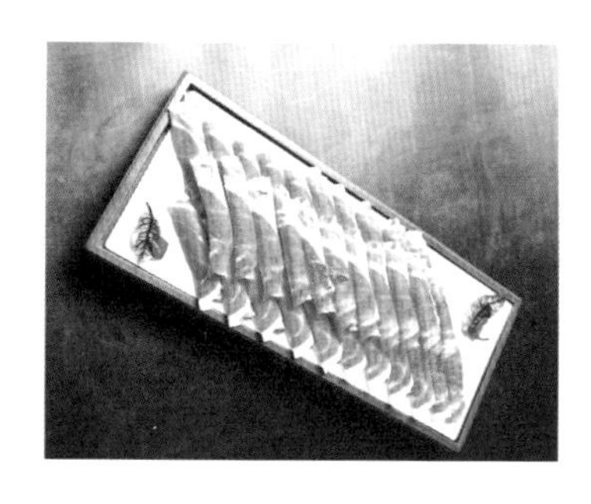

滋奇餐饮的底锅充分融合了川味与维扬味之长，形成了久食不燥、香润可口的独特风味。说到菜品，一般人认为火锅的主菜大多是生食，很难一分高下，最多就是品味其底锅了，但滋奇餐饮的老板并不这么认为，他说：“高档火锅的所有材料都必须精挑细选，滋奇餐饮的调料都是从麦德龙买来的，主菜都是选最好的。”滋奇餐饮的特色菜品有壳酥鲜香的香滋蟹、鲜嫩咬劲的酱牛肉、弹性十足的贡丸、鱼香肉鲜的包心鱼丸等，均是食客的必点之物。还有那刚涮出的内蒙古精选羔羊肉片蘸上独家特制的调料，回味愈发鲜美绵长。另外，滋奇餐饮首家新推鹅肉片涮菜，这是一道营养价值和口感都不错的菜肴。

（八）扬州简园

扬州简园注重内涵发展、特色发展，奉行“大道至简，小食至普”的理念，在“淮扬菜美食+文化”方面进行了积极的探索。以餐为名，将健康、美味的食物和中国人的诚实、谦逊、有礼、优雅、快乐的生活态度传播给所有热爱美的人们。

该店致力扬州传统私房菜的挖掘和创新菜的培育，赢得了广泛的赞誉，深受游客，尤其是青年朋友的欢迎。

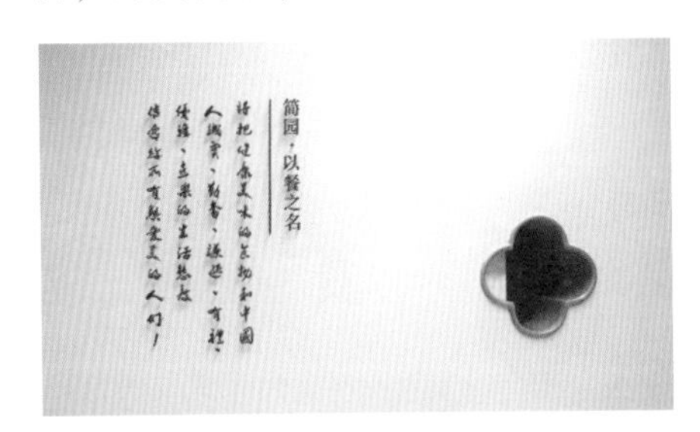

特色菜品如下。

茴香鲜虾焗藕夹　选用里下河最新鲜的食材鲜虾仁、鲜藕为主料，配以百合、生姜作辅料，以鲜茴香为特殊香料，荤素搭配，脆爽滑嫩。该菜品获评为“2024 淮扬菜创新精品”。

（九）汉森熊啤酒屋

汉森熊啤酒屋的诞生就是为了给消费者提供一个简简单单、安安静静喝酒交友的小馆，将生活节奏放慢。

该店的装修、美食、美酒都是从各个环节进行严格的把控，从而提升品牌在市场中的竞争力。其装修采用德国风的装修风格，复古华丽，暗红色的主调加上柔和的灯光，自然而然地弥漫出一种慵懒的气息。正是这种气息，让很多消费者醉心于这个地方，也使这家店成了消费者释放压力的好去处。

在美食方面，滋奇餐饮推出了色、香、味俱全的产品。其啤酒的酿制工艺源自德国，并根据国人的口味进行了改良，使该店的啤酒风味和扬州文化完美融合，让消费者与酒更好地相遇。

其特色酒水如下。

原浆小麦白啤　采用德国传统酿造工艺，酿造小麦啤酒时，采取无过滤工艺，让富含健康营养成分的珍贵啤酒酵母以浑浊状留存于啤酒之中。天然浑浊的酒液呈现出美丽的金黄色，在杯中跳跃，劲爽泡沫呼之欲出。

世涛咖啡啤　世涛是源于英国伦敦地区的一种黑啤，它的前身是略微发甜、焦香味浓重的波特啤酒，经过长期的发展，如今它已成为高端啤酒的代名词，而陈酿带来的味道也让人流连忘返。

水蜜桃精酿鲜啤　这种鲜啤的原始配方中包含了天然桃汁，甜美的果味与啤酒花的苦涩完美平衡，余味则有些轻微的酒精感，是一种口感丰富且达到完美平衡的精酿。适合酒量比较小的仙女们，加上独特的绵软，细腻如牛奶般的泡沫，如同微风般沐浴着舌尖。

威士忌　汉森熊的威士忌在果香和熏香中达到完美平衡，其口味芬芳而又多样复杂。无论是品尝还是闻香，消费者都可感受到浓烈的烘烤糖渍味和独有的香料味。汉森熊啤酒屋的威士忌棕黄带红，清澈透亮，气味焦香，带有浓烈的烟味。

五、扬州辖区餐饮店集萃

（一）仪征黎明大酒店

仪征黎明大酒店是中国现代酒店的先行者，以明慧敦厚、婉约热情、细意浓情的服务在业内盛受赞誉，东西方文化在这里交相辉映。自 1993 年开业至今，酒店多次成功接待世界多国政要及名流巨商。

酒店名厨荟萃，各怀绝技：秉承“生态、休闲、雅宴”的理念，挖掘历史传统，满足贤达精英食馔寻根之需；创新时尚需求，因时而进，因人而做，因事而变；兼容京、川、粤、鲁菜系风格，荟萃韩、日、法、美域外佳肴。

酒店既有鲜淡平和的营养菜系，也有精致典雅的养生药膳。

（二）仪征汉源大酒店

仪征汉源大酒店是一家综合的涉外型三星级酒店。

其特色菜品如下。

红烧肉　选取地方散养黑猪，精选带皮五花肉，由名厨秘制而成。用火精准，用时精确，色泽红亮，肥而不腻，香味醇厚，酥软可口，美名远扬，曾多次被江苏省名菜专家评审组评为“仪征市地方十大名菜”。

五香牛肉 采用定制的上乘新鲜牛腱肉和有上百年历史的大仪牛肉传统制作工艺，辅以多种名贵佐料，其肉质鲜嫩，味道醇香，口感筋道，美名远扬，曾多次被江苏省名菜专家评审组评为“仪征市地方十大名菜”。

（三）仪征枣林山庄

仪征枣林山庄是仪征市文化体育旅游发展有限公司下属酒店，位于江苏省级旅游度假区——仪征枣林湾旅游度假区内。

其特色菜品如下。

山庄金牌红烧肉 选用精品五花肋条肉小火慢炖而成，肥而不腻，备受知味名客的赞誉。

山庄枣林鱼宴 食材来自枣林湖。枣林湖是枣林湾度假区最大的人工湖，周边无任何工业污染，湖水清澈，鱼肉肥美。枣林鱼宴是山庄的招牌菜，现已跻身仪征八大地方名宴。人们说，来枣林湾不食枣林鱼宴等于没到枣林湾。

（四）邗江石鼎香餐饮店

宋代诗人陆游《初寒二首（其二）》诗中有云：“重帘御晚吹，密瓦护晨霜。焰焰砖炉火，霏霏石鼎香。”火锅是最亲民的餐饮形式，“石鼎香”品牌得此灵感，于 2014 年率先打造精致小火锅。与鲜香椒麻的川味火锅不同，石鼎香从淮扬菜系的清鲜平和、咸甜浓淡适中出发，寻觅出了最具淮扬特色、也更适合苏浙食客口味的精致火锅，一人一锅，以美食美器演绎餐饮文化的“鼎”时尚。

石鼎香主营的精致小火锅底锅主要有养生巴鱼锅、特色清汤锅、川香麻辣锅、七个番茄锅、特色酸菜锅等，配以风味独特的各种蘸料碟、冷菜、烧烤、肉类、海鲜和主食，食客可以在翻腾的浓汤中探索美味的乐趣。时尚轻奢的装修、精挑细选的食材、细致温馨的服务，使石鼎香赢得了社会各界的广泛赞誉，深受商务人士和白领的青睐。

其特色菜品如下。

生态巴鱼锅 利用滚开的巴鱼骨高汤把鱼生烫熟，锁住鱼肉的鲜美嫩滑，汤水奶白，味道浓郁，营养价值非常丰富，入口即化，滋味美妙绝伦。

特色清汤锅 最大限度地保留了食材本身的鲜香味美，口味自然醇香，不油腻，开胃爽口，食后肠道舒畅，特别适合不吃辣的人。

川香麻辣锅　辣椒特选川西的二荆条，颜色鲜艳、辣香浓郁、辣感柔和麻辣锅，热油蒜香、花椒麻辣，畅快淋漓。

胶原肥牛　看似脂肪的白肉实际上是薄薄的软筋，富含大量的胶原蛋白，口感弹牙嫩脆，味道上乘，有养颜美容之效。

大刀毛肚　精选的毛肚，叶片大而厚，毛刺多，有韧劲，表面颗粒较挺，这样的毛肚才脆嫩。夹一片毛肚，在沸水里左涮涮、右涮涮，七上八下后即可食用，此刻的毛肚才是真正的鲜、香、嫩、脆、爽。

脆骨羊肉　脆骨羊肉的味比羊肩肉的更重，且肉里面夹杂着软骨，肥瘦都有，所以口感香腴，吃起来还有点嘎嘣脆的口感。

极品羔羊　极品羔羊肉的纹路较细，瘦肉中混杂着脂肪，细看丝丝分明，俗称“大理石纹路”。涮过之后配香油碟闭上眼睛细嚼，如同置身广袤的草原。

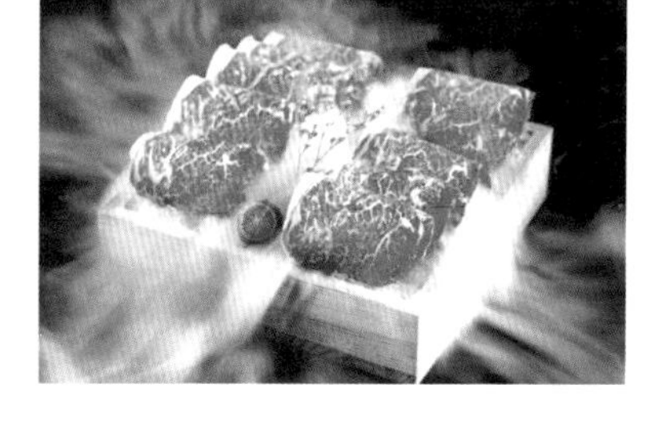

雪花肥牛　雪花肥牛肉有着均匀漂亮的大理石花纹，肉质细腻，在骨汤中涮过之后滑软甘美，入口即化，口感极佳。雪花肥牛的营养价值极高，能提供人体所需的优质蛋白和矿物质。

牛仔骨　牛的胸肋骨部位是牛身上最好吃的部分，牛仔骨肉质细嫩，含有的人体所需元素最多也最丰富，包括蛋白质、血质铁、维生素、锌、磷及多种氨基酸。

（五）邗江赛德大酒店

邗江赛德大酒店适宜家庭聚会、商务宴请、朋友聚餐。

特色菜品有红扒江鲢头、红烧鲴鱼、姜汁文蛤桂鱼、炭烧鱼、奶油南瓜饼等。

（六）邗江顺心楼大酒店

邗江顺心楼大酒店于 2016 年 6 月 8 日在扬州正式开业。目前已成为扬州规模较大的中式餐饮集团之一。

酒店扎根扬州本土，坚持为顾客提供优质经典淮扬菜，创新淮扬菜和吸取各菜系之长的融合菜。

其特色菜品如下。

卤蛋红烧肉 口感咸香，肥而不腻，入口即化。

蟹粉狮子头 蟹粉鲜香，松而不散，入口即化。

特色鱼头煲 鲜而不腥，肥而不腻，鲜美嫩滑。

杨枝甘露 芒果悠香，鲜果纯打，真材实料。

（七）江都百乐门大酒店

扬州百乐门大酒店成立于1996年，位于江都区繁华地段工农路与三元路交会处。

酒店汇集粤、川、杭、淮扬四大菜系，百乐门红烧肉、家乡全鹅煲、特色龙虾等招牌菜可满足不同口味客人的要求；鮰鱼狮子头、淮扬八宝烧卖在2012年分别被评为“中国名菜”“中国名点”；淮扬特色早点誉满江都，深受外地旅客和江都市民的喜爱，也是大酒店的一大特色。

2020年，酒店获评首批“世界美食之都”示范店；2023年再次被评为“世界美食之都”示范店。

特色肴点如下。

全鹅煲 里下河地区农家家常菜，精选当年农家养鹅，活宰留鹅血，百乐门师傅用家常口味烹制，先将鹅肉煸炒出香，后装入砂锅用中火炖、焖，不添加任何香料，炖熟后鹅肉色泽红亮、味道醇香、原汁原味、回味无穷，充分体现了鱼米之乡的菜肴特色。

蟹黄狮子头 在这道菜中，螃蟹寓意着长寿、团圆和丰收，而猪肉则代表着富足和吉祥。百乐门师傅制作的蟹黄狮子头，取材考究，做工精良，营养美味，把吉祥美好的寓意带给食客。

红烧肉 “一沽好酒一盅肉，一江明月一江秋。”百乐门大酒店的红烧肉选用上等五花三层肉，经师傅飞水、整焖、改刀、调味，再焖炖后收汤汁而成。成菜口感咸中微甜，肥而不腻，入口即化。

淮扬八宝烧卖 这道点心的主料为糯米，7种配料分别为鲜笋、虾仁、猪肉、海参、鸡肉、鲜贝、火腿。主料和配料按恰当比例配好，精心调味制作。成品味浓鲜美，香糯可口、营养丰富，轻咬一口，唇齿留香。

三丁包 “三丁”是指鸡丁、肉丁、笋丁，取材极为讲究，鸡丁取自隔年老母鸡，肉丁系前夹五花肉（黑猪肉），笋丁是用新鲜竹笋制作而成。成品口感鲜、香、脆、嫩，肥而不腻，营养滋补。

（八）扬州港都国际酒店

扬州港都国际酒店位于长江、太平江、淮河入江水道（俗称“小夹江”）三江交汇之处——三江营。

酒店以淮扬菜特别是其中的长江特色菜品而闻名。多年以来，酒店一直坚持高标准、严要求，凡烹制菜肴必用鲜活原料。在烹调手法上，擅长红烧、煨、蒸、煮等多种工艺，注重刀工、火候，烹制成的菜肴浓油赤酱、色泽光艳、香鲜可口。港都的看家菜肴中有传统的红烧河豚、红扒鱼头、精烧鱼尾等美味，还有一些特色鲜明的本地土菜，如煎粉、黄瓜烧虾等，一直深受老饕们的喜爱。每年春、秋两季，喜爱美食的食客们会从南京、上海等地不辞辛苦前来品尝。

特色菜品如下。

红烧河豚 港都看家菜。食材精选统一规格的河豚，烹饪手艺传承自20世纪50年代的集体饭店。“就是这个味道。”食客们享用后纷纷赞叹。

拆骨鲢鱼头汤 一方水土养一方人。扬州市江都区大桥镇水系发达，大桥人靠水吃水。这里的鱼又大又鲜活，用大个鱼头秘制的鱼头汤，肉质细嫩，没有土腥味，汤色奶白。常有客人问：“是不是加了奶?”不、不、不，这就是纯天然的白。

拉豆腐 最简单的食材，做出最令人惊艳的味道。这一份拉豆腐，平静的汤面隐藏着热辣鲜香，一定要慢慢品尝。

虎皮肉 又称“梳子肉”，表皮褶皱又有弹性，像虎皮，形状又似古时用的梳子，因此得名。实为精选五花肉，经过炸、卤、烧等复杂的工序，五花肉最终变成晶莹剔透的形态。品尝时，记得吃肥的！

黄瓜烧虾 乡土美食，清爽解腻。用新鲜的黄瓜、新鲜的虾制作的乡土菜肴，是大鱼大肉之后的“小清新”。

波斯甩粉 古时候有一批波斯人定居在了大桥古镇，直至现在还有一个波斯人的村落在那儿，这个村落就叫“波斯庄”。这道菜用山芋粉制作，用当季的蚕豆和苋菜做配菜，山芋粉爽口，苋菜鲜美，一口下去，是初夏的味道。

港都煎粉　这是山芋粉的另一种做法，为港都国际酒店独创，一直被模仿，但从未被超越。这道菜看起来黑乎乎的，吃起来却是“外焦里嫩”，像肉却不是肉，吃了一口还要再来一口。

（九）江都长青国际酒店

江都长青国际酒店是江都的一家知名民营企业，也是“世界美食之都”示范店，2023 年获“金茉莉餐厅”等荣誉称号。

长青菜品致力彰显特色，以淮扬菜为主，融合其他菜系之精华，呈现不同风味菜肴的特点，集膳食养身和绿色健康于一体。长青特色菜有宫保明虾球、香煎雪花牛、红花浓汤扣花胶、脚圈焖鲍鱼、长青鮰鱼佛跳墙、黑椒澳洲牛、老火鸡煲翅、秘制花雕醉龙虾、松鼠桂鱼、长青鸿运碎金饭等。每一道菜肴都是厨师精心研制、烹饪而成，并赋予菜品独特的内涵。

酒店一楼江淮春风味餐厅结合江淮特色食材，以“经典传统、地道家常、时令特色、创新融合”为宗旨，匠心打造，为食客精心呈现江淮两岸美食，其淮扬早茶尤其得到广大客户的称赞。

特色菜品如下。

长青鸿运碎金饭　扬州炒饭看似简单，做好却不易。火腿、鸡脯肉、鸡肫、笋丁、海参、杏鲍菇、鸡蛋、虾仁，每样食材入锅时都要讲究“君臣佐使”。在炒制过程中，还要不断颠炒，这样水气炒干，米粒一颗颗在锅中跳舞，一粒粒米饭沾着蛋香，撒上一把葱花，金黄诱人的扬州炒饭才算成了。

宫保明虾球　选用深海有机大明虾，配以总厨特制的宫保汁烹制而成。成菜既有爆炒的浓郁香味入口又爽脆，是长青必点菜之一。

长青鮰鱼佛跳墙　诗曰：“坛启荤香飘四邻，佛闻弃禅跳墙来。”长青鮰鱼佛跳墙使用瑶柱、鱼唇、甲鱼裙边、金华火腿、老鸡等 8 种材料秘制成浓汤，再将主料长江鮰鱼辅以鲍鱼和海参长时间焖制而成。这道菜富含多种营养物质，有助于延缓衰老，增强免疫力，是老少皆宜的进补佳品。

（十）高邮培友婚礼主题宴会酒店

高邮培友婚礼主体宴会酒店是一家拥有近40年餐饮历史的省内知名酒店。酒店采用科学的经营机制和管理方法，不断追求卓越，得到了社会及消费者的认可，是高邮市首家提供婚礼管家式服务的主题宴会酒店。

优秀的品质来自良好的出品环境，酒店倾情打造一支高要求、高标准的规范性极强的专业厨房团队，为员工打造良好的工作环境，使员工养成良好的工作习惯，自觉执行规范，所有制度都上墙，每个工具都整理到位，卫生责任到人，每个档口的亮化都执行到位，人人培训到位，让厨房成为一个让消费者信任的安全厨房。

（十一）高邮皇华国际大酒店

该酒店以高邮地方美食和深厚邮文化为亮点，设有特色宴席——中国名宴少游宴。

特色菜品如下。

菜心虾饼　选用本地新鲜虾仁，搭配嫩嫩的菜心，精心制作而成。成菜口感滑嫩爽口，虾饼和菜心的鲜美交相辉映，带给食客绝妙的味蕾享受。

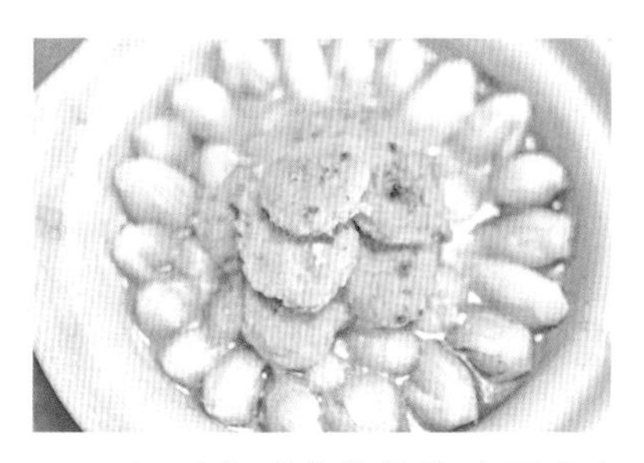

韭黄炒软兜　以高邮地道的黄鳝脊背肉为主料，经独特炒制技艺烹制而成，成菜色泽鲜亮、鲜香味美。

上面这两道菜品代表了高邮地方独特的餐饮文化，皇华国际大酒店以鲜美的食材和独到的烹饪技艺为食客呈现出了地道而美味的风味。

（十二）大麒麟阁茶食店

茶食，原指饮茶时吃的食物，多为用米粉、麦面制作的一些小点心。古人把茶食称为“茶果”，不仅包括各种小吃，还包括一些果品。开始时，人们是在饮茶时吃这些点心。后来，即使不饮茶，人们也吃这些点心。扬州很多茶馆，尤其是说书的清茶馆，经常有小贩提篮叫卖茶食。清代汪有泰的《扬州竹枝词》曰：“教场四面茶坊启，把戏淮书杂色多。更有下茶诸小吃，提篮叫卖似穿梭。”朱自清这样描述扬州茶馆里卖小吃的情况：“坐定了沏上茶，便有卖零碎的来兜揽，手臂上挽着一个黯淡的柳条筐，筐子里摆满了一些小蒲包，分放着瓜子、花生、炒盐豆之类。又有炒白果的，在担子上铁锅爆着白果，一片铲子的声音。得先告诉他，才给你炒。炒得壳子爆了，露出黄亮的仁儿，铲在铁丝罩里送过来，又热又香。还有卖五香牛肉的，让他抓一些，摊在干荷叶上。”

扬州传统茶食店中最有名的是大麒麟阁。辛亥革命之后，周明泉在辕门桥开了一家茶食店，起名叫“大麒麟阁”。据说，开业当天，光鞭炮就放了一个上午。在它之前，扬州城有茶食店五云斋，周明泉把自己的茶食店定位为五云斋的竞争对手，赚足了知名度。大麒麟阁采用前店后坊的模式，这使得茶食生产过程变得很直观透明，增加了可信度。周明泉还雇佣高水平的糕点师傅崔国礼与潘兆弼，开发出了多个糕点品种。大京果、小京果、麻枣、麻花、桃酥、浇切片等是扬州茶食店中常见的品种，近来则流行各式面包、蛋糕、红豆饼、绿豆饼等。

大麒麟阁的京果粉不仅调料精细，还外加麻油，以至于用来包京果粉的纸瞬间就被油浸透，号称“不过街”——旧时的街只需三两步便能跨过。绿豆糕是大麒麟阁的时令茶食，每年端午上市，也是用纯素油制作的，香甜不腻，入口即消，为其他茶食店所不及。乳儿糕，本为没断奶婴儿的食品，但因为香甜可口，成人也爱吃。金刚脐，如面包状，五瓣相聚，外号“老虎爪子”。

六、扬州“世界美食之都”示范店

2020年8月，为进一步扩大扬州“世界美食之都”金字招牌的影响力，为扬州美食产业发展赋能，助力扬州餐企抱团发展，共同推进扬州美食走向世界，扬州市商务局进行了“世界美食之都”示范店的评选。

“世界美食之都”示范店评审组对餐厅获奖情况、厨师等级、面积大小、企业经营状况等进行了多维度测评，选出的都是最能代表“扬州味”的店家，对扬州餐饮有引领作用。

经过企业申报、属地推荐、初步审查、专家评审等环节，扬州市商务部门正式认定趣园茶社迎宾店等 10 家餐饮门店为首批“世界美食之都”示范店（表 1），大潮淮徐凝门店等 5 家餐饮门店为“世界美食之都”示范店（特色类）（表 2）。

示范店、示范店（特色类）有效期 2 年。期满后，由评定机构组织复审。扬州市“世界美食之都”建设促进中心负责人介绍，经认定的示范店、示范店（特色类）在有效期内发生违法行为和安全事故、弄虚作假、引起其他不良社会后果的，将取消称号。后续批次的评选见表 3、表 4。

首批示范店还争当节约先行者，响应“反对餐饮浪费”的倡议，推出“用果盘敬光盘”“从大件到中件”“变包餐为零点”等行动。

表 1　第一批扬州“世界美食之都”示范店名录

序号	名称	类别	所在地
1	趣园茶社迎宾店	“世界美食之都”示范店	扬州市广陵区
2	冶春御码头店	“世界美食之都”示范店	扬州市广陵区
3	长乐客栈	“世界美食之都”示范店	扬州市广陵区
4	扬州宴瘦西湖店	“世界美食之都”示范店	扬州市广陵区
5	富春茶社得胜桥店	“世界美食之都”示范店	扬州市广陵区
6	西园饭店	“世界美食之都”示范店	扬州市广陵区
7	扬州香格里拉大酒店	“世界美食之都”示范店	扬州市广陵区
8	扬州明月湖酒店	“世界美食之都”示范店	扬州市广陵区
9	怡园饭店	“世界美食之都”示范店	扬州市广陵区
10	江都百乐门大酒店	“世界美食之都”示范店	扬州市江都区

表 2　第一批扬州“世界美食之都”示范店（特色类）名录

序号	名称	类别	所在地
1	大潮淮徐凝门店	“世界美食之都”示范店	扬州市邗江区
2	江南一品仲涵会馆	“世界美食之都”示范店	扬州市邗江区
3	滋奇火锅淮海路店	“世界美食之都”示范店	扬州市广陵区
4	东园小馆时代店	“世界美食之都”示范店	扬州市广陵区
5	银都大酒店	“世界美食之都”示范店	扬州市广陵区

续表

序号	名称	类别	所在地
6	赛德大酒店	“世界美食之都” 示范店	扬州市邗江区
7	二十四桥宾馆	“世界美食之都” 示范店	扬州市邗江区
8	锦春大酒店	“世界美食之都” 示范店	扬州市广陵区
9	萃园城市酒店	“世界美食之都” 示范店	扬州市广陵区
10	望潮楼大酒店	“世界美食之都” 示范店	扬州市广陵区
11	7吃8吧阳光餐厅	“世界美食之都” 示范店	景区
12	波司登国际大酒店	“世界美食之都” 示范店	扬州高邮市

表3　第二批扬州“世界美食之都”示范店名录

序号	名称	类别	所在地
1	石鼎香(三盛店)	“世界美食之都”示范店(特色类)	扬州市邗江区
2	淮食·扬州狮子楼(瘦西湖店)	“世界美食之都”示范店(特色类)	扬州市邗江区
3	洪龙渔村酒店	“世界美食之都”示范店(特色类)	扬州市邗江区
4	家乡土菜馆	“世界美食之都”示范店(特色类)	扬州市邗江区
5	老土灶川菜(四望亭店)	“世界美食之都”示范店(特色类)	扬州市广陵区
6	港都国际酒店	“世界美食之都”示范店(特色类)	扬州市江都区
7	吾妈妈大宅院酒店	“世界美食之都”示范店(特色类)	扬州市仪征市
8	皇华国际大酒店	“世界美食之都”示范店(特色类)	扬州高邮市
9	扬州素慧餐厅	“世界美食之都”示范店(特色类)	景区
10	虹料理(虹桥坊店)	“世界美食之都”示范店(特色类)	景区
11	九炉分座(个园店)	“世界美食之都”示范店(特色类)	景区
12	顺心楼大酒店(万达店)	“世界美食之都”示范店(特色类)	开发区
13	扬州花园国际大酒店	“世界美食之都”示范店(特色类)	开发区
14	淮扬府(北京店)	“世界美食之都”推广示范店	北京市东城区
15	淮扬府·游园京梦(西安店)	“世界美食之都”推广示范店	西安市碑林区

表4　第三批扬州“世界美食之都”示范店名录

序号	店名	所在地
1	仪征汉源大酒店	扬州市仪征市
2	虹料理（虹桥坊店）	扬州市蜀冈-瘦西湖风景名胜区
3	高邮培友婚礼主题宴会酒店	扬州高邮市
4	扬州素慧餐厅	扬州市
5	江都百乐门大酒店	扬州市江都区

续表

序号	店名	所在地
6	富春茶社	扬州市
7	江都长青国际酒店	扬州市江都区
8	中集·格兰云天大酒店	扬州市邗江区
9	冶春茶社（御码头店）	扬州市广陵区
10	江南一品（东关街店）	扬州市
11	扬州港都国际酒店	扬州市江都区
12	西园饭店	扬州市
13	怡园饭店	扬州市
14	锦春大酒店	扬州市
15	7吃8吧阳光餐厅	扬州市
16	扬州皇冠假日酒店	扬州市广陵区
17	趣园茶社（长春路店）	扬州市
18	枣林山庄	扬州仪征市
19	淮食·禧狮楼（万达店）	扬州市邗江区
20	扬州宴（宋城山庄店）	扬州市
21	扬州香格里拉大酒店	扬州市
22	扬州明月湖酒店	扬州市邗江区
23	小菜坊	扬州市邗江区
24	湘悦·船家菜（花都汇店）	扬州市
25	滋奇火锅（淮海路店）	扬州市广陵区
26	石鼎香（跃进桥店）	扬州市广陵区
27	望潮楼文化主题酒店	扬州市
28	扬州二十四桥宾馆	扬州市邗江区
29	家乡土菜馆（兴城西路店）	扬州市
30	皇华国际大酒店	扬州高邮市
31	花园国际大酒店	扬州市
32	长乐客栈	扬州市广陵区
33	顺心楼大酒店（万达店）	开发区
34	黎明大酒店	扬州市仪征市
35	萃园城市酒店	扬州市广陵区
36	汉森熊啤酒屋（运河旗舰店）	扬州市广陵区

七、2022—2023年度扬州域内江苏“精品酒店”

为贯彻国家10部委联合发布的《关于促进乡村民宿高质量发展的指

导意见》，全面提升江苏省民宿产品和服务质量，促进江苏民宿消费和市场繁荣，江苏省进行了“精品酒店”评选，扬州有两个酒店荣膺，分别是扬州好地方精英酒店（扬州好地方精英酒店管理有限公司）、扬州瘦西湖畔“花间堂·新潮里酒店”（江苏罗思韦尔酒店管理有限公司）。

扬州好地方精英酒店　酒店菜品注重守正创新，以淮扬风味为主，又融合川、粤、京、鲁、沪、杭风味，择善而从，为我所用，让宾客置身美境品尝美肴，从视觉、嗅觉、味觉打开宾客味蕾，是舌尖上扬州的代表。

扬州瘦西湖畔“花间堂·新潮里”酒店　列夫·托尔斯泰曾说，人生的价值并不是用时间，而是用深度去衡量。满则倒，空亦倒，重底蕴而虚怀则立也。酒店的设计师希望在这个空间创造一种可以让人感受自然的平和与宁静，让空间散发出柔和、轻松、温暖的气息。当代利落感与潮流地带无缝衔接，同时又能承载居者情绪，犹如芭蕾舞者，轻盈而绚丽，以自然之意，温润似水流年。酒店餐厅提供令饕客们大快朵颐的地道扬州美食，让食客能安心坐拥一处忘却尘嚣，专注品味每个当下。

八、扬州餐饮厅馆名称文化解析

扬州餐饮字号体现了传统的、具有东方特色的中和之美，以及尚意传统、尊崇自然的艺术审美追求，是民族传统审美观的体现，也是扬州作为城市的标识。当今扬州的字号创新虽出现了诸多偏颇之处，但当代儒商对扬州字号厅堂的创新，让其他文化与餐饮文化结合，营造了高雅的美食文化氛围，其努力值得总结。

（一）餐饮字号承继商业文明与审美传统

扬州历来有讲究字号的传统，商号店铺的名称是吸引顾客的重要手段，是市商经营之道的一部分。字号最初是商业幌子，是实物形态的标记，商业发达后，经营者逐渐将幌子抽象化、雅化为文字牌匾，用于展示行业特色或宣传商品、招徕顾客、促进销售，具有广告作用，而商人也因此沾上了儒家之气。

字号是扬州商业文明的体现。昔日商人也附庸风雅，一般的字号选字多用“祥”“和”“福”“泰”“昌”“盛”“兴”“达”之类，有人将商号用吉祥字连成了一首七律：

生意茂盛利广通，晋川昌源溥逢春。
信义谦诚长顺裕，大德仁厚集丰功。
文兴百业荣华永，后庆祥和万事同。
瑞云聚合增亨泰，日昇中天乾道隆。

这首诗体现了我们的民族性格——乐观、热闹，因为茶楼酒肆是亲戚朋友欢庆聚会、工商人士进行商业活动的场所，最能体现浓郁的生活风俗、时令风俗、喜庆风俗，也能在某种程度上满足人们追求幸福、加深情感的需求。

字号通常会延请名家书写，不仅可以壮声威，还可以起到引人欣赏、招徕顾客的作用。我国各地餐饮业都有一些年深历久的老字号，这些老字号长久不衰，创下了高的信誉、好的口碑。

当今社会也非常看重字号，近年来对扬州老字号的挖掘、登记、展示，饮食行业乐此不疲。近年在甘泉路、国庆路、邗江路、广陵路将老字号挂牌复古，就是因为商人把字号视同生命，“宁舍三万银，不舍字号名”“宁可赔银子，不可砸牌子”。食客看重字号，因为字号往往意味着货真价实、风味独特，有他处无法享受的美食。同行也看重字号，并敢于与其为伍，甚至以之为标杆。可以说，字号是中国商业文明的具体体现。

（二）餐饮字号是城市文化标识

一座城市有一座城市的标识和个性。“春”是扬州的餐饮标识，扬州人尊崇自然，喝茶品肴喜欢在妙境中细品。而且扬州人喝茶讲究和谐之美，喜欢将品香茗、尝肴点、观风景三者结合，以求全身心的愉悦。比如富春茶社最初只是富春江花农养花的园子，很随意地以“富春花局”命名，文人则因势利导，对“富春”进行新的诠释，淡化其富春江的地域痕迹，而迎合百姓对“富”的希求和对“春”的向往，经过文人的提升，一花引来万花开，富春成为扬州餐饮的领头羊，“冶春”“共和春”“翠花春”“得月春”“锦春”“园春”接踵而至，“春”竟然成为闻名遐迩的扬州餐饮名片，流行久远。有人评价，全国标识中“春”用得最好的仅两处，除扬州茶馆名外，就是巴蜀酒名“五粮春”“剑南春”。沱牌曲酒老总诠释酒名中的“春”不是季节之春，在巴蜀方言中“春”是“酒曲”的意思，巴蜀人称酿酒为“烧春”。他寻找扬州文化与川酒的结合点，以巴蜀人苏东坡知扬州时建的谷林堂为灵感，打造了沱酒品牌“谷林春”：“‘谷林春’，粮食加春，就是川酒的文化。”这“谷”取“深谷下窈窕”之意，是指地形而非粮食，但商人思维独特，坚持用“谷林春”作为酒的品牌，果然这酒在扬州大火了一把。

（三）扬州餐饮厅馆名称的文化味

清代扬州有一家馆子叫“者者居”。清代文人王应奎在《柳南续笔》卷一中云：“王新城为扬州司李，见酒肆招牌大书‘者者居’，遣役唤主肆者，询其命名之意。主肆者曰：‘义取近者悦、远者来也。’新城笑而遣之。”王士禛看到这家名字新奇的扬州馆子后，第二天就来喝酒，并且即兴在店中题诗一首：“酒牌红字美如何？五马曾询者者居。何但悦来人近远，风流太守也停车！”爱好风雅的人士纷纷来此宴饮，一时间者者居车水马龙，酒价因之扶摇直上。人们感叹道：“扬人以太守物色、诗翁咏吟，于是集饮如云，酿价百倍矣！”在《归田琐记》中，梁章钜敬佩的阮元虽于文章学问无所不知，但对“者者居”这个新典故并不知晓。当梁章钜告诉他时，阮元不禁为之解颐，说：“我数十年老扬州，今日始闻所未闻也！”后来，有人把“者者居”同扬州的“兜兜巷”配为绝对，也是一段有趣的扬州掌故。

李斗在《扬州画舫录》中罗列了诸多颇具文学色彩的扬州馆子名，如“如意馆”（大东门）、“问鹤楼”（徐凝门）、“杏春楼”（缺口门）之类，还有“席珍”“涌泉”“双松圃”“碧芗泉”“悦来轩”“别有香”等，这些餐馆名字能被人一眼看出其诗词的源头，且雅俗共赏。

（四）扬州当代餐饮厅馆名称的创新

字号的延伸是与之配套的餐厅名，如果精心设计，注意总体和谐，酒店的文化品位自然就会提升，也能使来客感受到高雅文化的氛围。

尊崇自然。如扬州花园大酒店，其厅堂均以花命名，但不是直接以花名命名，而是以花的品性特征命名，如桃芬、杏芳、梨香、紫菱、鸢翠、兰沁、梅韵等，使人联想到中国文化中的花神、花仙、花翁、花姑等一个个难以忘怀的美好形象，以及花容、花貌、花韵、花趣等一缕缕给人以美的享受的高雅情思。

高雅呈现。如扬州玉玲珑大酒店，其名取自江南三大奇石之一的玉玲珑，意即该店菜肴的质料好，美如玉，烹调菜肴，如同雕琢玉石。而餐厅名则取自词牌名，如“沁园春”“满江红”“清平乐”“山桃红”“丰年瑞”“玉楼春”“芭蕉雨”“钗头凤”等，并以牌匾的形式悬于门额，另以木刻附注置于厅内，厅内装饰中国仿古画，如仿《韩熙载夜宴图》等，文质彬彬，处处展现出中国文化的精致与典雅，使顾客感受到高雅与被尊重。

尚意追求。餐饮企业往往会通过厅名表达自身乃至所在城市的内在精神追求。2009 年，扬州会议中心落成开业，用以接待国内外重要领导人，既是举办重要会议的场所，也是扬州文化重要的展示场所。它在策划阶段就加入了扬州文化的许多元素。以餐厅名为例，扬州会议中心以一朝代、一人、一诗、一景、一画，反映扬州厚重的历史文化底蕴和现代文明气息，并在名签上加附注，使之典雅而富有品位，符合扬州会议中心的定位。

扬州会议中心设有 12 个小餐厅。其一名为“一路楼台”，取意于西园曲水石舫舱首联“两岸花柳全依水，一路楼台直到山”，点明从此登舟游湖，沿湖皆是美景，有十里春光收不尽之感。其二名为“二分明月”，取意于唐代诗人徐凝诗“天下三分明月夜，二分无赖是扬州”，彰显扬州在唐代时经济、文化独占明月风流。其三名为“三月烟花”，取意于李白诗“烟花三月下扬州”，此句脍炙人口，被清代孙洙誉为“千古丽句”。其四名为“四桥烟雨”，取意于瘦西湖四桥烟雨楼，在扬州会议中心登楼可见大虹桥、长春桥、五亭桥、春波桥，说明扬州“入郭登桥出郭船”，无愧于“江南水乡”和“桥乡”的美誉。其五名为“五亭云起”，取意于瘦西湖的标志五亭桥，“面面清波涵月影，头头空洞过云桡”。五亭桥为全国重点文物保护单位，它是阴柔阳刚的完美结合，南秀北雄的有机融合，在全国园林中独树一帜。其六名为“六一宗风”。北宋欧阳修为了改变王朝积贫积弱的局面，参与了庆历新政，后被贬至扬州。他不为世俗所羁，在蜀冈上建平山堂。高朋慕名而至，在平山堂谈古论今。清代建的欧阳祠中悬有“六一宗风”匾，表达对欧公乐观自适落宕情怀的敬仰。其七名为“七贤斗野”，取意于江都邵伯复建的斗野亭，后者因其位置“于天文属斗分野”而得名。北宋年间，苏东坡、黄庭坚、秦少游等 7 位著名文人在此留诗，今集苏、黄、米、蔡四大书法家字迹，镌七贤诗于亭壁，此亭遂成为运河盛景。其八名为“八仙琼聚”，取意于扬州市花琼花，“维扬一枝花，四海无同类”。琼花花大如盘，八朵五瓣大花簇拥着玉蝴蝶似的花蕊，似八位仙子围坐品茗，其香味浓郁清和，沁人肺腑，爽人心目，故琼花有“聚八仙”的雅誉。其九名为“九峰叠翠”，取意于清代南园太湖石九峰，“大者逾丈，小者及寻，玲珑嵌空，窍穴千百”，乾隆皇帝巡幸时赐名“九峰园”，今在旧址建的荷花池公园峰美景艳，游人流连忘返。其十名为“十里春风”。晚唐诗人杜牧在扬州任掌书记等职，留下了许多赞美扬州的诗章，如称扬州城“豪华不可名”，称赞古城“春风十里扬州路，卷上珠帘总不如”。其十一名为“数点梅花”。江泽民同志曾深情地说：“在扬州城外梅花岭，在民族英雄史可法的衣冠冢，冢前有一副对联，叫做‘数点梅花亡国泪，二分明月故臣心’，就能激发人的民族自尊心和爱国热情。”此联是清代诗人张尔荩撰。其十二名为“双泉花屿”，《扬州画舫录》载此处为刑部郎中的别墅，园分东、西两岸，中间有水隔之，水中双泉涌动，岸旁鲜花馥郁。该别墅现已恢复，成了万花园的重要景观。

扬州会议中心还设有一个大餐厅，名为“百物畅遂”，取自清孔尚任《红桥修禊序》中“看两陌之芳草桃柳，新鲜弄色，禽鱼蜂蝶，亦有畅遂自得之意。乃知天气之晴雨，百物之舒郁系焉”句。一个咖啡厅，名为“千灯夜市”，取自唐代诗人王建《夜看扬州市》诗：“夜市千灯照碧云，高楼红袖客纷纷。”《太平广记》也记载：“扬州，胜地也。每重城向夕，倡楼之上，常有绛纱灯万数，辉罗耀烈空中，九里十三步街中，珠翠填咽，邈若仙境。”

另设有 4 个中餐厅，其一名为“万福朝天”，清代的天宁寺是扬州平原寺庙的代表，其殿阁嵯峨，重楼映日，有“一庙五门天下少，两廊十殿世间稀”之誉。昔日在天宁门口有高达 20 丈（约 66.7 米）的牌楼，上有“朝天福地”金字匾额，数以万计的蝙蝠绕楼翻飞，应了“万蝠（福）来朝”的祥语。其二名为“万井提封”。北宋词人秦少游曾作词赞誉宋代扬州：“星分牛斗，疆连淮海，扬州万井提封。花发路香，莺啼人起，珠帘十里东风。豪俊气如虹，曳照春金紫，飞盖相从。巷入垂杨，画桥南北翠烟中。”其三名为“万花璀璨”。扬州历史上曾有“万花园，宋端平三年制使赵葵即堡城统制衙为之”的记载。盛世造园，现今重建的万花园复建“石壁流淙”“静香书屋”“水竹居”等历史景观，该园的花境、花溪、花坛、花门、花廊等花卉景观体现了扬州特有的花卉文化，形成了春有花、夏有香、秋见彩、冬见绿的四时花卉芳境。其四名为“万松昌茂”，取自扬州蜀冈万松岭。该厅名得到各方面的赞誉，被认为不仅切合宾馆餐厅主题，而且可以以小见大，从中看到一部形象的扬州文化史。

扬州会议中心的上述努力说明，只要始终注意把传统优势转化为现实优势，把资源优势转化为产业优势，把文化优势转化为效益优势，就能吸引顾客，也能提升企业自身的档次。

（五）扬州餐饮厅馆名称蕴涵的经营理念

中外许多餐饮企业落户扬州，为扬州餐饮业吹来了清新的风。调查研究发现，这些餐饮企业十分珍惜品牌，因为品牌的核心是倡导中和之美、尚意传统、尊崇自然等具有东方特色的审美观念，是今天倡导的科学价值观和具象体现，也给扬州餐饮行业带来了启示：提升餐饮企业的文化是扬州餐饮生存和发展的根本追求。

扬州乡村美食

山川灵秀　美味天然

——美食依然在乡间

振兴乡村、美丽乡村建设是促进农民就业增收和满足居民休闲需求的重要举措，由此而兴起的产业成为缓解资源约束和保护生态环境的绿色产业，成为发展新型消费业态和扩大内需的支柱产业。

扬州富庶的物产为乡间提供了美食的材料，无论是淮扬菜肴、广陵细点、四美酱菜，还是里下河的肉食禽蛋鱼虾，多依傍山乡，文人雅士也是在乡村发出“却将一脔配两螯，世间真有扬州鹤”的感叹。

一、绿色生态的扬州乡村食材

扬州境内江河纵横，河网密布，素有“鱼米之乡”的美称，其物丰料美、量大质美的优势随着时间的推移愈加珍贵。扬州依托资源优势，发展特色农业产业，扬州市文化广电和旅游局、扬州市农业农村局全面推进“一村一品、一镇一业、一县一特、一域一群”建设，打造了优质稻米、生态荷藕、特色水产、绿色蔬菜、高邮鸭业、花卉苗木、名优茶叶、食品加工等特色产业集群，年产值达440亿元。依托地方特色农业产业，全市共建成国家农业产业强镇3个、全国“一村一品”示范村镇12个、国家级特色农产品优势区2个。

构建全产业链，围绕农业优势主导产业，打造优质稻麦、绿色蔬菜、规模畜禽、特色水产等4个超百亿级重点全产业链，打造生态荷藕、优质稻米、名优茶叶、罗氏沼虾、特色花果、高邮鸭蛋、精品河蟹、黄羽肉鸡等8个县域特色农业产业链。

实施农业品牌提升行动，打造一批体现扬州特色的“扬”字号产品品牌，“高邮鸭蛋”获首届“江苏省十强农产品区域公用品牌”大赛第一名，品牌价值达40亿元。“扬大”系列牛奶、“秦邮”蛋品获评“苏垦杯”江苏省农业企业知名品牌大赛30强。“宝应荷藕”“高邮鸭蛋”“高邮湖大闸蟹”“仪征绿杨春茶”等4个区域公用品牌和“千纤”“朴树湾”“荷香悦食”等19个产品品牌入选江苏省农业品牌目录。

扬州大力发展以绿色食品、有机农产品为主的绿色优质农产品，目前全市“两品一标”总数达402个，其中绿色食品255个，有机食品139个，地理标志农产品8个。扬州大力开展地标富农助乡村振兴活动，大力培育地理标志商标，全市拥有“安丰卜页”“宝应黄颡鱼”“宝应鳜鱼”“宜陵菜油”等地理标志商标36件，地理标志商标产品产值突破百亿元。

扬州坚持科技赋能，有效解决特色农业种业“卡脖子”问题。加大政策资金扶持力度，推进种质资源创新利用，推动产学研用协同创新，大力培育种业经营主体、加快产业化开发应用。强化种质资源保护，全市建成国家级花卉种质资源库、畜禽资源保种场、地方鸡种基因库、水产原种场各1个（座），省级种质资源保护单位7个。强化农业“卡脖子”技术攻关，先后培育“扬麦”系列品种49个、“扬稻”系列品种76个，其中“扬麦33”品种实现了国内高抗赤霉病兼抗白粉病高产小麦品种零的突破，破解了世界性难题；培育国家级家禽新品种（配套系）8个，建立了“研—产—推”种业创新体系。大力支持各类生产经营主体开展良种培育和推广应用，扶持建设持证种子企业11家，种畜禽企业22家，水产苗种企业60家，初步形成了多主体、多形式、多层次的开放型种苗市场。

扬州强化产学研合作，政府与扬州大学、南京农业大学等19个高等院校建立合作关系，全市建成院士工作站、研究生工作站、重点实验室、研究中心等农业产学研平台29个，创建国家级农业科技园区1个、省级农业科技园区5个。扬州积极打造产业融合载体，宝应县建成全国绿色食品一、二、三产业融合发展示范园。

扬州下辖的高邮是一座因水而生的城市，堪称“水城”，水面占高邮总面积的40.1%。境内京杭大运河川流不息。高邮湖是中国第六、江苏第三大淡水湖，水域总面积达760.67平方千米，蒲松龄赞其“苍茫云水三千里”。境内河湖交叉，波光荡漾，虽无山形之胜，却占尽了水流之美。

高邮湖水域宽阔、水质优良，生态物种丰富多样，被誉为“鱼儿的乐园”“鸟类的天堂”“水生植物的博物馆”。风光秀丽的高邮湖属浅水型湖泊，水面宽广，环境优美，物产丰富。这里的渔民过着“清早出门去撒网，晚上回来鱼满舱”的生活。湖内有野鸭、白鹭等多种野生水鸟，拥有国家重点保护鸟类东方白鹳、丹顶鹤、白鹭。高邮湖鱼类众多，产量很大，有白鲢、花鲢等，每条鱼都有七八斤重，还有白鱼、马季鱼、鳊鱼、鲫鱼、河蚌、河虾等，大闸蟹、龙虾也很出名。湖中的高邮麻鸭，以及鸭产下的双黄鸭蛋和再加工的无铅皮蛋都是享誉中外的美食。高邮市获评中国特色农产品优势区（高邮鸭），已建成全省最大的罗氏沼虾繁育基地。

宝应湖水网密布，盛产鱼、虾、蟹、龟、鳖等水产品，遍长芦苇、蒲草等水生植物，呈现湿地景致，泛舟其间，能处处感受到鸟的情趣、绿的幽深、水的清净。宝应县初步形成了以荷仙集团为首的荷藕产业，年产值达41亿元，藕产品年出口占全国的70%以上。

仪征市积极建设黑莓8 000亩（约5.33平方千米）、茶叶3.6万亩

（约 24 平方千米）等特色农产品优势区，年产值近 6 亿元。

瓜洲濒临长江，有着丰富的江河鱼鲜资源，春有鮰鱼、河豚、刀鱼，秋有江虾、江蟹，其中鮰鱼、河豚已能人工养殖。

二、各具文化特色的扬州乡村美食

扬州乡镇的美食历来有底气，敢为天下先，创造了不少第一。从传播学的角度看，具有第一、首创特征的信息，容易给人留下深刻的印象。当然，创造第一除了表示要敢于和善于创造别人所不为之外，还意味着在竞争和对抗中要处处力争主动，先人一步，高人一着。

（一）“农家乐”开发以朝代为依据的仿古菜

全国不少地方都有依据历史遗产开发独属的“朝代菜”，唐以前的朝代，由于年代久远，史料欠缺，所以成系列的“朝代菜”宴席并不多见，而扬州伴随着隋炀帝陵的文化挖掘，应将打造仿隋宴提上议事日程。类似的还有以著名府邸为依据的仿古菜，如仪征开发了“阮家宴”，以清代大儒阮元家宴为仿制对象，这一特色家宴在 2021 年扬州世界园艺博览会亮相，受到好评。

（二）“农家乐”开发以著名人物为依据的仿古菜

扬州玉玲珑大酒店利用紧靠扬州八怪纪念馆的地缘优势，充分利用郑板桥的传说故事，力争使酒店的每一个菜品都能找到依据。同时，酒店还充分利用扬州新鲜的鱼、虾、藕、草鸡、黑猪、蟹、螺蛳等水乡特产，并移植苏北水乡民间的蒲筐包蟹、竹笼装虾、柳条穿鲤等乡土风格食馔。

汪曾祺，高邮籍，当代作家，也是颇具家乡菜肴情结的美食家。其家宴与其作品《异秉》《受戒》一样，凡中见奇，琐中见雅，极普通而又极富人情味，兼有市井烟火气与怀旧之感。其写美食很会探究食事与食理。如他写的《故乡的食物》，从茼蒿、咸菜慈姑汤、椒盐虎头鲨入手生发，描述评点，从知其事进而探其理。汪曾祺很会考察文人与饮食，他在主编的《知味集》中提出，文人很多都爱吃、会吃，吃得很精，而且善于谈吃，“浙中清馋，无过张岱；白下老饕，端让随园”。此论风趣犀利，实在是把文化与饮食的互动关系说透了。汪曾祺还乐意跑菜市场，对买菜的构思与机变，可与刘勰《文心雕龙》之文论相通。

（三）应时适节的扬州乡村时令宴

时令宴原是扬州菜肴之一，多处“农家乐”的农家宴打出时令宴，与当地习俗相关联。找回历史的记忆，寻求“家的味道”“妈妈的手艺”等口号，使远方宾朋“闻香下马，知味停车”。

一年当中，端午是大节令，早点是粽子，用上好的糯米、新鲜的芦叶再加众多佐料制成。扬州粽子论形状有菱角、斧头、三角、小脚、元宝等，形形诱人；谈内馅有香肠、火腿、咸肉、红枣、赤豆、豆瓣等，馅馅鲜美，五味调和——真是“角黍（粽子）包金，香蒲切玉”。

扬州端午的习俗是饮雄黄酒，吃桃、桑葚、樱桃、粽子，午宴的菜都要带红，号称“十二红”，实际上都是用刚刚上市的新鲜食品精心烹调而成。诸如煮黄鱼、爆虾子、咸鸭蛋、炒苋菜、炝黄瓜等，虽都是“红”，每样“红”却不一样，有嫩红、朱红、紫红，有红中夹绿，也有雪白托红，配置和谐，极富层次。

扬州中秋习俗要拜月，夜晚团圆饭吃过，各家庭院内排上香案，烧上香，点宝塔灯，呈上四色鲜果，正中放上月饼，合家焚香对月礼拜。所用瓜果饼饵都有讲究，藕要选生有小枝的“子孙藕”，莲要取不空的“和合莲”，瓜果要镂刻成“狗牙瓜”，饼饵要有宝塔饼，由小到大，垒五层或七层，塔顶还插一枝花，“大小塔灯星焰吐，团圞宫饼月痕留，歌吹竹西幽”。

到了春节，扬州人要享用系列食馔，从腊月二十四送灶，吃糯米饭，到春节前炒十香菜，煮咸鱼腊肴，风鸡熏鹅，包馒头点心，备水果蜜饯，买糕饼糖酥茶食，再到正月十三上灯元宵，十八落灯面，持续近一个月，酒杯交错，笑语欢歌，共祝阖家欢乐、人寿年丰。

三、争创品牌的扬州乡村美食

（一）高邮发展特色美食

高邮是一座美食丰富的城市。在高邮，能吃到原汁原味的淮扬菜，品尝到地道的高邮汪氏家宴、少游宴、全鸭宴等七大名宴和雪花豆腐、软兜长鱼、香酥鸭等十大名菜。扬州的小吃非常绿色生态，有桃花鷄、五香螺蛳、荠菜春卷、凉拌枸杞头等；点心风味独特，有蟹黄大包、翡翠烧卖、千层油饼、大煮干丝、阳春面、金刚脐、火烧饼等几十种；特产品种繁多，高邮双黄蛋、界首茶干、菱塘鹅、蒲包肉、水晶肴爪、临泽羊肉、湖鲜“三宝”、双兔大米等60多种产品任消费者挑选。

（二）江都发展古街食事

江都是全国平原绿化先进县、全国文化先进县、中国花木之乡。境内地势平坦，河湖交织，温和温润，四季分明，水域面积达189.22平方千米。这里物产富庶，盛产粮、棉、桑、麻，有“苏北粮仓”之称。旧时宽阔的江面出河豚、鲥鱼（今已灭绝）、刀鱼、鮰鱼等“长江四鲜”。20多万亩（约133.33平方千米）湖河水面盛产鱼虾、螃蟹、菱藕等水产品。

江都也是淮扬菜系的主要传播源之一，邵伯龙虾、焖鱼、小纪熬面、丁沟水饺、嘶马拉豆腐等菜肴名传四海，新近创办的江淮第一宴、董恂宴、农家宴等特色名宴，也吸引了远方宾朋。

邵伯古街的食事现在很有名声。这条古街在明清时期就已十分繁华，邵伯龙虾虽是过去没有的，现在却吸引了四方八面的食客，董恂宴也引动食客前来品尝。

樊川也是千年古镇，文化底蕴深厚，历史遗迹与众不同。以河道走向为基础的老镇古街，古巷幽深静雅，经常给人以方位与时空错乱的感觉，让人联想起古街昔日的繁华与历史的沧桑。樊川古镇素有“小小樊汉赛扬州”之称，原有的“樊汉十三景”，即驿桥夜月、南关厘捐、荷池观雨、小湖春晓、古招贤里、水上驿站、齐宁古邑、黄岱石坊、水街古巷、张馆李园、古刹钟声、长亭烟柳、乡梓功德，已恢复重建。一镇三辖的独特经历，造就了樊川 S 型街区、“非”字巷形的独特风貌，古镇恰如一首耐人寻味的古诗。美食一条街上，荟萃了江都的诸多名小吃：永安红烧肉，肥中夹瘦，晶莹剔透，肥而不腻；樊川肴肚，淮扬菜“头牌”之一；东汇狮子头，香嫩可口，到樊川必须打卡；馄饨，馅鲜皮薄，口味纯正；小笼包、汤包工艺精巧，欲与富春试比高。

（三）乡镇美食进军扬州市区

“酒香也怕巷子深”，如今乡镇美食已进军扬州市区，叉镇老鹅、胡杨老鸭汤、十二圩茶干、界首茶干、邵伯龙虾、焖鱼、小纪熬面、丁沟水饺、嘶马拉豆腐，在扬城美食街如雨后春笋般涌现，一时之间诸家峰起，群雄争霸，这就要求餐饮企业必须做大、做强，做出特色，创出品牌，如此才能经得起大浪淘沙。

美食链接

江南红酣千顷——宝应的荷藕规模展示

江南江北皆有莲，宝应莲花最动人。扬州宝应湖有着气派的荷景和丰富的荷藕资源，伫立湖边，20 多万亩（约 133. 33 平方千米）连片的荷花，湖边沿岸野荷是自然开放，成年累月水深不掏藕，于是越长越盛，“争映芳草岸”；荡舟湖中，数百里无处不见荷，无处不闻香，“莲影明洁，清泛波面”；湖滩地尽是荷池，中伏花香藕，其后的中秋藕，寒露以后的红锈藕，来年春季的老藕，从夏至秋，千亩万亩荷花连成一片，田田的叶子密密紧挨，层层碧玉中怀抱朵朵白花，有的袅娜开放，有的羞涩地打着骨朵，碧叶滚珠，粉荷垂露，白荷带雨，晶莹无瑕，真正是“妖艳压红紫，来赏玉湖秋”。1999 年，经国家环境保护总局考核验收，宝应成为全国首批生态示范区之一。宝应的荷藕种植面积、荷藕产量、荷藕出口量三项全国第一，被国家命名为“中国荷藕之乡”。

宝应荷藕的年产量达 30 多万吨，荷藕种植、加工产值达 5 亿多元，出口创汇 3000 多万美元，为全国同类产品之最。当地积极挖掘荷藕的品牌文化，提升地产荷藕的深层价值。从国家层面，保护原产地域产品名称，“宝应荷藕”已经取得原产地域产品名称。江苏省莲藕协会也已在宝应正式成立。一批藕制品的品牌逐步叫响，被国内外消费者认同和接受。“荷仙”牌藕制品、“倾心”牌藕汁饮料获得了绿色食品标志，“雨之荷”牌速溶藕粉、“倾心”牌藕汁饮料通过了美国食品药品监督管理局的认定，为开发欧美市场奠定了基础。宝应荷藕制品加工品类由少到多，工艺由粗到细，已有水煮、保鲜、盐渍、调味、饮料、藕粉、荷叶茶等 7 个系列 100 多个品种，荷藕主要加工产品有盐渍藕、保鲜藕、水煮藕、捶藕、纯藕粉、藕粉圆、藕饼、荷叶茶、藕汁饮料等，多种产品已直接进入日本等国超市。以盐渍藕为主打的产品在日本、韩国、东南亚等国家和地区享有盛名，占日本市场同类产品进口份额的 70%以上。

宝应不断扩大荷藕的销路，对荷藕生产形成倒逼机制，如解决栽培中“作僵化”的技术难题，解决新品种引进推广力度不大的困境，使当地主栽品种“大紫红”在国内外享有盛誉，解决产品档次低、附加值不高等问题。宝应的荷藕加工企业为数不少，大多数企业正在改变“皮刨刨，水泡泡”的初级加工状态。再如加快荷藕生产标准化建设，宝应已建成了近 4 万亩（约 26.7 平方千米）无公害荷藕生产基地，并着力改变“墙内开花墙外香”状况，由宝应制定了《无公害莲藕生产技术规程》和《无公害莲藕》两个标准，作为江苏省地方标准已经发布实施，同时着力推广落实标准化生产。

宝应致力挖掘河藕的生产文化，展现河藕采撷过程的趣味。河藕之乡有国家 AAA 级风景区、全国农业旅游示范点、江苏省生态湿地公园、江苏省有机藕种植基地、世界农耕文化遗产等。景区有梦里荷塘、芦荡迷宫、神牛汪、荷花大观园、睡莲观赏区、忘忧廊、荷韵曲桥、农趣岛，其中农趣岛中还设有磨坊、舂迷坊、水车坊、农耕园、儿童乐园、水上游乐场、湖心茶坊等。

文人雅士对鱼米之乡荷藕魅力的描写，提升了荷藕的文化品位。宋代诗人范仲淹在过宝应湖时曾留下“渺渺指平湖，烟波极望初。纵横皆钓者，何处得嘉鱼?”的绝妙诗句；清代文人蒲松龄也在此留下“射阳湖上草芊芊，浪蹴长桥起暮烟。千里江湖影自吊，一樽风雨调同怜。春归远陌莺声外，心在寒空雁影边。翘首乡关何处是，渔歌声断水云天”的诗句。此外，元代诗人萨都剌、清代诗人孔尚任、刘沁区等在此也留下了许多绝美诗文。本土诗人郑板桥更是对荷藕津津乐道，“臣家江淮间，虾螺鱼藕乡”“吾家家在烟波里，绕秋城藕花芦叶”“一塘蒲过一塘莲，荇叶菱丝满稻田”。金秋是成熟季节，“最是江南秋八月，鸡头米赛蚌珠圆”“柳坞瓜乡老绿多，幺红一点是秋荷。暮云卷尽夕阳出，天末冷风吹细波”。他展现的是当地的丰收景象，田里湖里，莲香藕嫩，鸡头圆，稻谷香，瓜瓠绿，柿子红，鱼腾虾跃，鸭噪蛋肥，那是“百六十里荷花田，几千万家鱼鸭边”“稻蟹乘秋熟”“卖取青钱沽酒得，乱摊荷叶摆鲜鱼”，当创设情境旅游，展现诗人的家乡水、家乡物、家乡人、家乡情，使游人处处都感到亲切。把酒捧盏，其鲜其美其乐其趣当可想见。

宝应的荷藕民俗文化的彰显。与荷藕有关的乡风民俗多且吉祥，“莲”隐“怜”，“藕”隐“偶”，“藕丝”隐“思乡”；小孩吃藕因有孔喻聪明；大人吃藕，则喻路路通；八月中秋，大小分枝的子孙藕团圆供月，喻思念远方亲人；婚事，送荷——和合，送藕——佳偶。荷藕给藕乡带来欢乐，也给荷藕开发增添了文化气息。“荷仙”品牌利用何仙姑的美丽传说，为“荷仙”品牌赋予了独特的文化内涵，已为广大消费者所认同，并于2006年就获得省名牌认定。现荷仙集团跻身国家级龙头企业，荷藕产品冠以“荷仙”品牌，有利于扩大荷仙集团的影响，有利于叫响集团品牌。这里还是荷藕开发的处女地，荷的果实莲子、根茎藕都是补益药、止血药，其下脚料，如藕节有止血、清火等功效，可从中提取活性物质制成中成药胶囊；莲蓬取下莲子，其壳可制莲房炭，是治妇女崩漏的特效药；荷蒂、荷梗都有解暑清热利涩的功效；荷叶打成原浆可勾兑荷叶啤酒；杀青后可炒制荷叶茶。荷藕是人们减肥降脂的理想食品，能吸收人体多余的脂肪，适应现代人的饮食需求和健康习惯，还可提取黄酮素，这一研究目前已有了一定的基础，或可委托或聘请国内外专家集中进行研究；藕渣可制膳食纤维素，用作果冻、饼干等多种食品的添加成分，具有药用价值、保健功能。我们应搜集与荷花相关的产品，如生态农副产品、养生保健品、特色工艺品等，在扬州的景点及超市集中销售。在餐饮企业推广荷藕特色小吃到全藕宴，都可引动不同层次的游人，而方便休闲食品，如即食的方便藕片、膨化藕条、酱藕片等更是价廉物美，为游客所喜欢，值得大力推广。

全藕宴宝应独有。宝应全藕宴堪称专业性的水生植物宴，由荷藕担纲主角，成为做大莲藕连锁经济的一环。拥有如此肥硕粗壮、质地细腻的藕，佐以上好的莲鞭、荷花、莲子、藕粉、荷叶作为食材，大厨们采用炒、煮、蒸、煎、熘、炸、冲等多种烹调手法，珠联璧合。宴席主盘精心制作，叫“荷花映月”，八个冷菜充当围碟，为称心如意、香橘荷莲、柴把藕条、芝麻藕糕、酥炸小排、风味泡藕、开心藕条、相思藕片，浑似素蕊银葩；压轴好戏是热菜十道，为鲜肉藕夹、锅焗飞龙、吉利藕球、凤尾藕宝、藕丝鱼卷、葫芦藕托、干炸蒲棒、扇面藕糕、铁板水上鲜、藕海参；甜菜是蜜汁捶藕；汤菜是鸳鸯莲蓬汤；点心尤为精致，水晶藕饼、虾肉藕粉圆、枣泥藕粉饺如同玉雕；最后以时果拼盘为终曲。食者不仅舌尖秀水滋润、清暑止渴，身内养胃生津、益气生髓，而且荷藕含有多种人体所必需的微量元素，粗纤维含量高，具有防癌功效，这珍馐佳肴确是人间有、天上无了。

四、扬州乡镇名特食品

（一）邗江特产

杨氏猕猴桃 扬州市槐泗镇特产。该猕猴桃坚持绿色有机种植，以定枝疏果控产。与普通猕猴桃相比，杨氏猕猴桃不仅果型标准，营养丰富，还因其味道甜美、无酸味、无涩感等特点受到扬州市民的高度认可，大部分产品销往上海、北京等大都市，特别受到儿童、孕妇、老人等人群的欢迎。

扬州蔬菜 扬州蔬菜种类多、品质好、味道佳。民谚说："东乡萝卜西乡菜，北乡葱蒜韭，南乡瓜茄豆。"扬州的乳黄瓜、暗种萝卜、笔杆青莴苣、三红胡萝卜、宝塔菜是制作扬州酱菜的主要原料，而大头矮、小青菜、乳黄瓜、水芹菜更是饮誉大江南北。

扬州水系发达，河汊沟漕南北纵横，湖荡水泊星罗棋布，水生植物品种丰富，如藕、芡实、慈姑、菱角、鸡头、茭瓜、水芹等，特别是宝应藕、邵伯菱、扬州芹被称为扬州水面植物的"三绝"。

扬州芹 扬州盛产水芹，《扬州画舫录》载："红桥至保障湖，绿扬两岸，芙蕖十里，久之湖泥淤淀，荷田渐变而种芹。"水芹菜在冬季成熟，其优点是无论是素炒还是荤炒都清爽利口，且能久藏，放在水缸中能继续生长。在扬州人的春节菜肴中，其他菜可少，芹菜是不能少的。水芹也是馈赠亲友的佳品。《诗经·鲁颂·泮水》有"思乐泮水，薄采其芹"之句，"泮水"指泮宫水，"泮宫"即学宫，后人把考中秀才入学为生员叫"入泮"或"采芹"，所谓采芹人就是指读书人。因此赠送年礼时，如果带上一束水芹，无论是簪缨之家还是寒门百姓，受赠者都是十分高兴的。

扬州白果 白果树有"子孙树""摇钱树"的美称。扬州白果的主要品种为"大佛指"，果形大、果仁饱满、浆水足，含有淀粉、粗蛋白、粗脂肪、还原糖、核蛋白、矿物质、粗纤维等成分，能红润皮肤，滋补强身，健肺定喘，延年益寿。白果的叶、外种皮可提取黄酮素等贵重药物原料，对冠心病、心绞痛有显著疗效。

瓜洲江鲜 瓜洲濒临长江，有着丰富的江河鱼鲜资源，春有河豚、刀鱼，秋有江虾、江蟹。长江十年禁渔后，一些濒临灭绝的江里鱼类又丰富起来了。

美食链接

刀鱼 肉肥刺少，味道鲜美，营养丰富，是长江三鲜之一。其形如上好的弯刀，弧度美妙；鱼嘴锋利；鳞片泛着青色，带有月光一样妩媚的明亮光泽。凑近闻，有淡淡的腥味。清明之前，刀鱼的鱼卡极软，可与鱼肉一并嚼下。清明过后，刀鱼的鱼卡会随着时间的推移慢慢变硬，这时可在享用鲜美鱼肉的同时品尝油炸鱼刺的酥脆。

河豚 苏东坡诗说："竹外桃花三两枝，春江水暖鸭先知。蒌蒿满地芦芽短，正是河豚欲上时。"河豚味鲜甜，肉肥嫩，汁浓醇。河豚入口嫩滑，吃完后有唇齿留香之感。

江蟹 瓜洲江鲜特产之一，有"天下第一美食"之称。其"美如玉珧之柱，鲜如牡蛎之房，脆比西施之舌，肥胜右军之脂"，被誉为"百鲜之尊"，有"一蟹上桌百味淡"之赞语。螃蟹是绝大多数人都喜欢吃的，"九月团脐（雌）十月尖（雄）"，九月宜挑雌蟹享用，这时雌蟹的蟹黄丰满，风味鲜；十月过后宜选雄蟹，这时雄蟹的蟹膏成熟，滋味与营养最佳。

江虾 营养价值极高，富含蛋白质，是鱼、蛋、奶的几倍到几十倍；还含有丰富的钾、碘、镁、磷等矿物质及维生素 A、氨茶碱等成分，且其肉质和鱼肉一样松软，易消化。其所含的镁元素对人体心脏活动具有重要的调节作用。虾皮的营养价值也非常高，常食虾皮可预防人体钙的流失。

黄珏老鹅 方巷镇的特色美食。其制作工艺始于清朝中叶，原是张姓家庭首创。选用本地放养的白鹅，宰杀干净后，放在用中药材和秘方配料制成的老汤老卤中加水烧煮而成。成品形整似活，烂而不散，色泽金黄，肉质肥嫩，咸鲜味美，久食不厌。关于黄珏老鹅，清末民初始有记载。这时张姓创始人的后代张恒霞开了一家"正兴源"店，经营盐水板鸭。经过几代人的经营和钻研，其功夫独步一方。1960 年前后，店家以鹅代鸭，开始煮盐水老鹅，并将店名改为"张正兴"。

（二）高邮特产

珠光米 采用无污染、无公害的专门绿色食品生产基地种植的新品种粳稻加工而成，曾获国家颁发的绿色食品标志，其加工工艺亦获国家专利。珠光米米质新鲜、颗粒整齐，晶莹似玉、免淘洗、易储藏。蒸煮后，味道香浓诱人、口感滋润爽滑。经国家权威部门检测确认，其内含丰富蛋白质、脂肪、糖及人体必需的微量元素，长期食用，具有助长发育、增强活力、补血养颜、消除疲劳之功效，实为米中精品。

湖上禽 扬州盛产鸡鸭，唐姚合就有“有地唯栽竹，无家不养鹅”之句。扬州下辖的高邮、宝应地处里下河腹部，河湖港汊，纵横交错，鱼虾螺料，资源丰富，为放养家鸭、家鹅提供了良好的条件，两地禽肥蛋鲜。

高邮麻鸭 我国三大名鸭之一，以善产双黄蛋驰名中外。原来高邮河湖港汊的水面占全县面积三分之一以上，湖中盛产鱼虾、螺蛳、蚬蚌。鸭子排卵的春秋季节，正是湖河中微生物的繁殖盛期，且是麦熟稻黄之时，田中撒落的稻粒、湖中的水生动物都是鸭子的佳肴。这种鸭个体大，潜水深，觅食能力强，生长速度快，最快的100天即可成熟产蛋，且肉味鲜美，含脂肪量少，加工后别有风味。

扬州板鸭 扬州板鸭的历史已逾500年，以高邮麻鸭为材，以干、板、酥、香、烂享誉中外。

扬州熏鸭 从当年肥鸭腋开膛，烟熏上色，色、香、味俱全。

扬州风鸡 选用大公鸡开膛擦盐，弯爪用绳捆绑，将其挂在北风较大处吹干。因是自然发酵，故有发酵的香味。

高邮双黄鸭蛋 高邮鸭以善产双黄蛋而驰名中外。一般鸭日产一蛋，而体壮的高邮母鸭常常两个卵黄在卵巢中同时成熟，被蛋壳包住，产出来就是双黄鸭蛋。双黄蛋在过去占比仅为1.5‰，近年来提升到了10‰，最多的达10%左右，甚至还有产三黄蛋、四黄蛋者。2002年，国家质量监督检验检疫总局批准高邮鸭蛋实施原产地域产品保护；高邮鸭业园被确定为国家级高邮鸭农业标准化示范园。据统计，目前高邮鸭蛋的市场年销售总量已达4亿枚，鸭业经济的年总产值近10亿元。

双黄咸鸭蛋 高邮的特产，因一只蛋内有两个蛋黄而得名。鸭生双黄，是因为这里食料好，鸭体壮，连续排卵，形成双黄，甚至三黄、四黄。高邮咸鸭蛋，向以颜色红而油多驰名于世。将双黄咸鸭蛋煮熟剖开，

蛋白如凝脂白玉，蛋黄似红橘流丹，赏心悦目，别具风味。高邮双黄蛋特别适宜腌制，诗人袁枚就曾说过“腌蛋以高邮为佳”的话，其原因是高邮鸭蛋腌制后有松、沙、油、嫩、鲜、细六大特点。史载清宣统元年（1909），高邮双黄蛋曾被送到南洋劝业会展出，获得较高的国际声誉。

高邮变蛋 俗话说，“端午前后吃腌蛋，中秋以后吃变蛋”。从清光绪年间起，高邮、宝应一带就相继发展起了变蛋坊。变蛋分溏心和硬心两种，其蛋白呈墨绿色，且有松花纹，故又称“松花皮蛋”。乾隆时《高邮州志》记载：“变蛋入药料腌者，色如蜜蜡，纹如松针，尤佳。”过去腌制松花皮蛋必须加入金石粉（氧化铅），因铅对人体有害，经多方研究，改用新法腌制，已生产出无铅皮蛋。这种无铅皮蛋以味美香醇、色香味俱佳而载誉海内外。

高邮湖大闸蟹 高邮湖湿地拥有丰富的生物资源，最为突出的要数高邮湖大闸蟹，堪称天下一绝。高邮湖蟹闻名遐迩，早在北宋年间就已成为皇家贡品。宋代苏轼极其推崇高邮湖蟹，其诗《扬州以土物寄少游》中的“土物”就是高邮湖蟹。苏轼到高邮看望秦观，在文游台上，两人边观湖景边品蟹。宋代诗人曾几写诗盛赞此事：“忆昔坡仙此地游，一时人物尽风流。香莼紫蟹供杯酌，彩笔银钩入唱酬。”

罗氏沼虾 高邮市是我国唯一的全国罗氏沼虾标准化养殖示范区。全市罗虾养殖面积占全国罗虾养殖面积的1/4以上，养殖面积在14万亩（约93.33平方千米）左右，主要集中在司徒、龙虬、马棚、周山、三垛、甘垛、横泾等镇，年产罗虾约4万吨，产量占全国罗氏沼虾总产量的20%左右，年产值20多亿元，已成为广大农民致富的支柱产业之一。

秦邮董糖 高邮传统名特产品，已有300多年历史。原名“酥糖”，又叫“董酥糖”，是高邮人节日馈赠亲友的首选礼品。之所以称“董糖”，有两种说法。一说此糖因董姓师傅所制而得名，另一说是此糖为明末清初秦

淮名妓董小宛所创，故名。董糖是用糯米粉、芝麻、白糖、麦芽等原料手工精制而成，每块长约3厘米，宽、厚各约1.5厘米。拆开包装纸，董糖呈深麦黄色，每块由48层软片组成，厚薄均匀，入口酥软，口味纯正。

蟹黄肉包 高邮蟹黄肉包以高邮湖螃蟹的蟹油、雌蟹肉及面粉、无骨后腿鲜猪肉、皮冻加佐料制成，其新鲜味美逾恒，不同他处。

（三）仙女镇特产

江都境内地势平坦，河湖交织，温和温润，四季分明，水域面积达189.22平方千米。这里物产富庶，盛产粮棉桑麻，有“苏北粮仓”之称。20多万亩湖河水面，盛产鱼虾螃蟹和菱藕。

江都仙女镇也是淮扬菜系的主要传播源之一，其所产邵伯龙虾、焖鱼、小纪熬面、丁沟水饺、嘶马拉豆腐等菜肴名传四海，近年创办的江淮第一宴、董恂宴、农家宴等也很有特色。

邵伯菱 与太湖的红菱、嘉兴的风菱并列为江浙三大名菱。邵伯菱有四个角，上下两角稍长，尖而翘，左右两角卷曲抱肋，形同羊角，故邵伯菱俗称“羊角青”。与其他菱比较，邵伯菱皮壳较薄，出水鲜菱呈嫩绿色，煮熟后变成橙黄色，其形大、壳薄、味美、粉多，是江都地方特产，早在明末清初就驰名省内外，并远销到我国的香港、澳门地区，以及南洋一带。嫩菱是上好的水果，其特点是鲜、甜、脆、嫩，与生梨、苹果相比，别具风味，可以祛寒去火，生津解渴。煮熟后的老菱，香喷喷、甜丝丝，又酥又粉，可与良乡板栗媲美。剥出的生菱米形似元宝，与鸡或鸭红烧，爽而不腻，是中秋佳节亲友聚会时人人爱吃的佳肴。菱米削成片，切成丁，荤炒或素炒，皆鲜美可口。把菱米剁成碎块制成羹汤，滋润香甜，是解酒提神的佳品。中秋节的晚上，扬州乡镇有祭月的风俗，菱角是必不可少的贡品。

邵伯菱不仅淀粉含量高，而且含多种维生素，生吃熟煮皆宜，既可一饱口福，又清凉解热、利尿通乳。过去民间任其自生自灭，导致种性退化，亩产仅100千克左右。如今经选种提纯复壮，邵伯菱的品种纯度提高，菱角重量增加，亩产已逾300千克。

滨江鲥鱼 鲥鱼是江都的水上特产，民国《江都县续志》记载：“鲥鱼形秀而扁，似鲂而身长。白色，鳞似梅瓣，其肪肥美，多鲠大而长”“四月始由海入淡水，滨江处时有之”。谷雨后的一个月时间内，是捕捞鲥鱼的大好时光。古谚云，“蒸鲥鱼赏牡丹”，真正既“时”又“贵”。鲥鱼味美，尤鳞下多脂，吃在嘴里，肥腴醇厚，香味扑鼻，非一般鱼类能够媲美。江都人吃鲥鱼多用红烧，但红烧难尝到膏脂风味。所以许多人都喜欢清蒸，加上芽姜、笋尖，配用猪油，鲥鱼的脂质尽融于汤，吃起来嫩而鲜、肥而美，食鱼肉滑溜细腻，品鱼汤肥腴醇厚，真有难以言表的妙处。过去由于滥捕，滨江鲥鱼濒临灭绝，2020 年实行长江大保护后，长江中鲥鱼又开始出现。

江都河豚　江都江岸线长达 40.8 千米，沿江一带产河豚。据《药典》载，河豚古称“侯鲐”，多生于水之咸淡相交处，小口大腹，无鳞，触之则胀大如球，能补虚、去湿。《本草纲目》上说，“河豚有六毒”，“味虽美，修治失法，食之杀人”。经生物学家研究，河豚的毒素在 30 分钟内能使人的中枢神经麻痹，0.1 克河豚毒素就能将体重 10 千克的狗毒死。河豚的毒主要集中在其血液、肝脏、卵巢中，以卵巢含毒最剧，所以江都民间有“血麻、籽胀、眼发花”的说法。河豚之毒虽不可小觑，但人们又难以舍弃河豚的美味，还常用苏东坡的诗提示别错过吃河豚的季节：“蒌蒿满地芦芽短，正是河豚欲上时。”现在江都河豚的人工饲养已成规模，餐桌上已不鲜见。

邵伯焖鱼　此菜出于邵伯。选取鱼 1.75 千克（最好是虎头鲨鱼，其肉有韧性，味鲜美），鸡蛋清 1 个，干菱粉 0.25 千克，白糖 0.2 千克，走油锅的素油 1.5 千克，其他佐料有酱油、醋、生姜米、湿淀粉。原料要求“三鲜”：新鲜，鱼要活；时鲜，鱼可随季节变；味鲜，选用上好的调味品。一锅炸鱼肉，鱼肉是去骨架的，抹上菱粉糊，下油锅，一浮起即以漏勺捞起，再放入两成热的油中不断翻动，炸至酥脆后，上旺火片刻即捞入碗中。同时一锅做卤汁，先以生姜米略炸，放清水 3 勺，再放入白糖和酱油，烧沸后以湿淀粉勾芡成卤，迅速倒入碗中，鱼肉、卤汁同时迅速上桌，立即将卤汁浇在鱼肉上，吱溜一声，白汽一缕，堪称一绝。

邵伯龙虾　邵伯湖面积 14.7 万亩（约 98 平方千米），湖水清澈，水草丰美，盛产龙虾。这里的龙虾从外形看，虾壳青中带红，肚皮发白，个头大而饱满，既干净卫生，又味道鲜美，与内河沟塘所产龙虾大不相同。邵伯综合市场内烹制龙虾的专业户有近百户，烹调技艺风格迥异，自然龙虾风味也是斗艳争奇，麻、辣、鲜、香，一应俱全。再配以炒螺螄、腰子汤、炒面、脆皮豆腐等，就形成了今日风靡餐饮市场的龙虾宴。如今邵伯古镇每年举办龙虾节，各路名厨交流献艺，吸引了大批食客，邵伯龙虾亦风靡全国。

嘶马拉豆腐 豆腐可谓平常而又平常之物，江都嘶马好的厨师却能用豆腐制作出富有特色的菜。首先将素油在锅中烧熟，将豆腐放下锅捣烂，放砂糖、酱油、姜米，急火烧到豆腐沸腾时，放入粉芡，用勺子在锅内不停地搅拌，使粉芡与豆腐均匀。拉着锅内豆腐起糊了，此时加第二次油，再加粉芡，搅拌两分钟后再加第三次油和粉芡，同时一边搅拌一边放入味精、香菇末、竹笋末、菠菜末、蒜花，文火烧片刻起锅，装碗，浇麻油上桌。上桌的拉豆腐，下面是洁白如玉的豆腐，上面是一层色若琥珀的素油，油上又点缀他物，色彩美丽，有竹笋的黄、香菇的褐、菠菜的绿。其味道独特，豆腐的高爽中，有香菇的油腻、竹笋的清脆、菠菜的酸鲜、蒜叶的香醇，如同脂羹般，美不胜收。

小纪熬面 小纪熬面的主料是质量较高的水面，配料有猪腰、猪肝、鲜虾、鸡肉、鳝鱼丝、蟹黄，另根据季节配笋片、小青菜、茭白、菠菜等。调料有盐、味精、胡椒粉、肉骨汤。制作时，先将面条下清水锅煮熟，又到凉开水里过清。同时，将鸡肉煨熟后撕成鸡丝，猪肝切片，猪腰切花，下油锅片刻捞起。将虾子挤成仁，下油锅即捞起。鳝鱼丝下油锅炸脆，捞起单放。小青菜、菠菜开水烫熟，放置待用。再将处理后的鸡丝、猪肝、猪腰、蟹黄、笋片、茭白等用鸡汤下锅，加盐、味精煮 15 分钟，制成高料。这时，再将面条与高料同放一锅，略煮片刻后分装，盖上脆鳝鱼、小青菜或菠菜，撒点胡椒粉即成。成品色质鲜艳，香气诱人，味道鲜美，酥脆爽口。

丁沟水饺 丁沟镇的特色小吃。主料是精面和鲜猪肉，配料是虎头鲨鱼，调料为豆油、芝麻油、酱油、生姜、葱、蒜叶、味精、盐、碱、料酒等。厨师将鱼与水饺两者完美地结合起来，以鱼汤下鲜肉水饺，形成了汤质浓而不腻、水饺美味可口的独家特色。

樊川小肚 樊川镇的特色美食，俗称“蒲包肉”。主料是精肉与板膘，配料为豆腐皮与淀粉，调料有姜、葱、酒、糖、盐和香料，用陈年老卤汤煨制而成。煨时只有把握火候才能入味，做成香味扑鼻的蒲包肉。樊川小肚可溯至清代早期，距今有 300 余年之久。相传，樊川古镇上有一位名叫陆高俭的厨师擅长制作“小肚”，一日，陆高俭外出，无意中捡到“八仙”之一的铁拐李丢弃的破蒲席，带回家后在蒸“小肚”时当作杂物扔进灶膛烧了，哪知，破蒲席点火烧着之后，满屋生香，那灶上正在蒸着的“小肚”也有了一股奇异的香味，食之令人满口生津，不忍停箸。

蛤蟆方酥 江都的方酥，高邮的秦邮董糖，一直是扬州郊县的名特产品。方酥为江都有代表性的茶点，其质美，能使未食者“闻香下马”，曾食者“知味停车”。首先是其用料讲究，须选上等的精白面、绵白糖、大糟麻油或花生油及芝麻仁、香橼条等。其次是抓住季节特点，面肥大小、放碱多少、和面水温、和水量等都需随季节而变。再次是抓住擀剂的关键，做到长、宽、厚一样，拉齐后招头招在剂子的半中间，再成方。最后注意烘焙，先以木柴空烧炉子，炉子烧热后，刷炉腔，打炉油，必须等底火上下均匀后方能贴炉。烘焙要达 4 个小时，且要上下受火均匀，才能达到酥脆香甜的效果。

（四）仪征特产

真州野菜 仪征为滨江城市，广阔的江滩土壤独特，茂盛的芦苇丛孕育了众多的土特产，长江中有“长江三鲜”刀鱼、鲥鱼、河豚，野味有野鸡、野鸭、野兔等，滩中野菜有芦笋、洲芹、芦蒿、荠菜、马兰头、鲢鱼苔、野茭白、柴菌、地藕、青菜头、枸杞头、菊花脑、鹅肠菜等，不胜枚举。

卤牛肉 古老集镇大仪，地处苏、皖二省四县（市）交界处，其牛市是历史上有名的三大牛市之一，民间传统加工的牛肉制品繁多。大仪卤牛肉历史悠久，闻名遐迩。大仪饭店及一些个体经营大户在继承大仪卤牛肉特色的基础上，对传统的牛肉加工技术进行了完善和发展，形成了别具风味的地方特色产品。全镇年屠宰菜牛约千头，年销售收入达 300 万元，主要销往仪征、扬州，以及安徽等地。

风鹅 大仪风鹅是在传统腌制咸鹅技艺的基础上，吸收我国熏腊食品制作技艺的精华，广采百家之长，创制而成的特色产品，受到消费者的喜爱。经过多年的探索和总结，大仪风鹅的加工技术已走向成熟，产品特色更加明显，色、香、味俱全，肥而不腻，酥嫩可口，在扬州、南京及苏南城市，安徽、上海及北京等省市颇有影响。

臭豆腐 仪征的豆食品闻名遐迩，仪征臭豆腐是仪征民间在臭干、臭大元的基础上再加工而成，别有风味，空口吃、做菜两便，真空包装的可长期保存，现已进行产业化生产。

五香茶干 仪征十二圩古镇是清朝淮盐汇集转运的重镇，被称为“食盐之都”。仪征五香茶干原本是当地窦天昌酱园店生产的，兴于光绪年间，至今已有 100 多年历史。其口味鲜美，咸、香、甜适中，粗咬鲜美异常，细嚼香味满口，食后回味绵绵，有开胃奇效，能增进食欲，久食不厌。仪征的五香茶干与高邮界首、当涂采石两地的茶干，并称长江下游“三大香干”。小巧的豆食品，小菜佐餐，主食饱腹，便于携带，当年是行船人的最爱，经船运航播，享誉大江南北，直到今天还是仪征人的美味，也是馈赠亲友的佳品。

新城猪头肉　仪征新城猪头肉是传统名菜，历史悠久。因其具有色泽红润、香味浓郁、肥而不腻、味纯而嫩等特点，备受广大消费者的喜爱。

（五）安宜镇特产

宝应核桃乌青菜　宝应地域性特色农产品，又称“乌菜”“黑菜”，因颜色深绿近黑色、叶面皱褶似核桃而得名。该菜营养丰富，富含叶绿素、维生素，其维生素 C、钙含量高，清热利尿、养胃解毒，具有降血脂、降血压等保健功能，当地有“冬天的核桃乌青菜赛羊肉”的说法。近年核桃乌青菜受到越来越多外地消费者的青睐，已成为国家地理标志产品。

宝应慈姑　宝应是著名的中国莲藕之乡、中国慈姑之乡。宝应慈姑在唐代就已成为御用贡品，在清代被列为重要土产。《道光宝应县志》《民国宝应县志》《宝应年鉴》《宝应大事记》等有关宝应历史文化的地情书籍和资料对此均有记载。宝应慈姑已成功申报国家地理标志产品。全县慈姑种植面积达 5 万亩（约 33.33 平方千米），总产 6 万吨，主栽品种紫圆（侉老乌）品质好、个头适中、肉质紧实，食用时无苦味，深受消费者欢迎。宝应慈姑保鲜出口，年出口量达 500 多吨。

宝应昂刺鱼　昂刺鱼是淡水鱼中较好吃的一种鱼，味道鲜美，滑爽细嫩，其特别之处是会叫。当你捏住它背部的那根硬刺时，它便会“昂刺、昂刺”地叫出来。杀昂刺鱼的方法有点特别，一手掐住它的肚子，一手揪住它的头使劲往后一扳，就可从它的下颌抠出内脏，然后洗净，多搁香葱、姜丝，汆一锅美味鱼汤，那种鲜美，难以形容。汪曾祺老先生也喜欢这一水乡美味，住在北京城里，还想着家乡的这道菜。

宝应甲鱼　宝应县的特有品种，是中华鳖的一种。养殖户一般将甲鱼散养到湖水或者池塘里，这种接近野生状态的养殖环境养出来的甲鱼其背部多呈黑褐色，与普通人工饲养的甲鱼在背甲颜色上区别较大。散养状态下的甲鱼腹部大多拥有若干深黑色的花纹，花纹一般有5朵，所以这样的中华鳖被称为“五朵金花甲鱼”。仿野生环境养殖的五朵金花甲鱼生长速度比较慢，一般4年才能长到0.75千克，因此出产价格较普通饲养的甲鱼高，一般在每千克160~240元。养殖户依靠当地独特的地理环境，仿野生环境养殖甲鱼，并喂以螺蛳、小鱼等天然食物，使得五朵金花甲鱼的口感和营养价值几乎能达到野生甲鱼的品质。

范水素鸡　产于宝应县范水镇，相传起源于宋朝。当时有李氏厨师将卜页制成多种食品，其中就有素鸡，当时称之为“素大肠”。到清代晚期，范水厨师朱正在素大肠的基础上加入多种天然植物香料，经过很多次的试验，终于制作出了现在的范水素鸡。此品一经推出，即深受广大群众和美食家的喜爱，朱氏将其制作工艺视为不传之秘。范水素鸡由于是纯天然绿色食品，选料精良、制作精细、风味独特、软绵可口、老少皆宜，冷盘、红烧、火锅等皆可，已成为百姓餐桌上的必备，宴会上的佳肴。

安丰卜页　安丰卜页选取优质黄豆为原料，采用当地独特的水源，经过浸泡、磨浆、晃浆、烧浆、点卤、浇卜页、榨卜页、剥卜页等诸多工序制作而成。相传源自汉朝，至明朝中叶，安丰庞氏建成了当地最大的加工坊，卜页制作技艺作为家传秘技，只在庞氏嫡系子女间传承。到了清朝，因婚嫁等因素，庞氏之女将此技艺带到婆家，安丰卜页制作工艺才逐渐流传开来。1898年，安丰武举人梁巨魁被点为中国历史上最后一个、清朝唯一的武传胪。据传，他将安丰卜页进献给西太后，太后尝后大喜，安丰卜页遂被列为贡品。

曹甸小粉饺　宝应曹甸特色食品。创于清末，技艺独特，技法精深，诸多工艺要求近于苛刻。特点是晶莹透明，口感独特，转瞬即化，甜而不腻，清香绕齿。其翡翠饺青翠澄碧，玛瑙饺瑰丽生辉，水晶饺晶莹剔透。

翡翠刀鱼馄饨　以刀鱼制作的面点甚为珍奇。翡翠刀鱼馄饨师法于摸刺刀鱼，用刀鱼茸、青菜叶制馅，以薄面皮包馄饨，和以刀鱼骨架汤食之。其皮薄如纸，晶莹透绿，咸鲜细腻而滑嫩，鲜汁流连，真饕餮之馄饨也。

鸭蛋圆子　将咸鸭蛋黄上笼蒸熟，搨成泥，加入糯米粉、淀粉、胡椒粉、精盐擦匀成团，即成鸭蛋黄馅，再搓成鸭蛋黄形。将面粉加入酵母、泡打粉、绵白糖用清水调成面团，将绿色面团摘成面剂，拍成圆皮，重叠在一起（青色在外层）包入鸭蛋黄馅，搓成鸭蛋形状，鸭蛋圆子即成。特点是外皮浅绿泛蓝，蛋皮、蛋白、蛋黄分界清晰。

宝应藕　宝应湖荡彼此相连，素有“水乡泽国”之称，是大面积种植荷藕的佳地。宝应藕不同于别处的红莲藕，而是白莲藕，该藕肉质洁白，如羊脂白玉一般。每到收获季节，碧水绿叶的湖荡中采藕船满载着一船一船雪白的藕。将此藕去掉皮节，擦滤成浆，晒干后再制成粉片，其颜色洁白，被称为“鹅毛雪片”，清代时曾被作为贡品献给皇上。宝应藕粉含糖、淀粉、脂肪、维生素等，可调和开胃、清暑解热、通气安神，是很好的滋补品。对于患热性病的产妇、年老体弱的患者而言，是上好的流质食品。

宝应荷藕的主要加工产品有盐渍藕、保鲜藕、水煮藕、捶藕、纯藕粉、藕粉圆、荷叶茶、藕汁饮料等。其中荷叶茶和莲藕是人们减肥降脂的理想食品。

美食链接

宝应捶藕 将宽条糯米藕捶松、油炸后，加蜜饯蒸熟的甜菜，是淮扬名菜、中国名菜。特点是酥松甜润，汤汁鲜甜爽口。

宝应藕粉 宝应藕粉用鲜藕淀粉制成，早在明代就已成为贡品。此品质轻、粉细、色白、味清、性平，易于消化，是滋补佳品，尤其适合年老体弱者食用。

藕粉圆子 用硬质甜馅心反复滚裹藕粉使成元宵形状，反复烫制，煮熟而成，是江苏名小吃。费孝通曾撰文说：“藕粉圆子形如弹丸，娇嫩肥泽，色似一颗颗没有去壳的鲜荔枝，入口着舌，甜而不腻，厚而不实，不脆不酥，非浆非固，嚼及其核，桂香满口。”

荷包鲫鱼 又名“荷包鱼”，是扬州名菜之一。相传清曹雪芹曾在其好友于叔度家烧了一道菜老蚌怀珠，其外形像河蚌，腹中藏明珠，滋味极佳，食者赞不绝口。到乾隆时期，扬州制作的荷包鲫鱼（又名“怀胎鲫鱼”）与老蚌怀珠相似，许多人误认为它就是当年曹雪芹烹制的那道老蚌怀珠，故食者众多，其声誉与日俱增。荷包鲫鱼是用鲫鱼与肉末制作而成，将肉末调味拌和成肉饼状，塞入鱼腹中，因其形似荷包，故称“荷包鲫鱼”。

泾河大糕 相传东海龙王太子小白龙曾在泾河一带遇难，有一位热心的泾河人每日将自己制作的大糕送其充饥，东海龙王得知后，龙颜大悦，下令浚理泾河，为泾河百姓消灾送福。“白龙牌”泾河大糕便因此而得名。早在19世纪，泾河镇上郭记茶食店生产的精美茶食就已名贯淮、宝两县了。店主人郭恩泽秉承祖上传下来的衣钵，专门生产方酥、大糕、京果、麻饼、茶馓、桃酥等精美食品。到其曾孙郭洪元时，已是20世纪中叶，这个时候郭记茶食店的郭记方酥尤为出名。

扬州美食产业体系构建与提升

一、扬州美食产业开辟新纪元

（一）规模化拓展

扬州的食品产业有着良好的基础，是扬州的支柱产业。扬州市政府围绕食品产业先后出台了各类支持政策。近年来，扬州市委、市政府高度重视扬州的食品产业发展，将新型食品产业链列入全市重点发展的“6群13链”先进制造业产业体系，其发展前景广阔。全市食品产业已形成“234+5”的产业集聚格局，即两个特色农副产品加工集聚区、三大农业产业示范园、四个食品专业园区、五大优势行业。已有规模以上企业超100家，年开票销售近200亿元，落户多家食品检测和研发机构。扬州在食品产业发展上创造了得天独厚的发展环境和条件，尤其注重地方食品资源挖掘培育，通过工业化、信息化，助力地方特色美食产业进一步发展。

对外，扬州食品产业的经济合作不断加强，与包括德国奔驰、美国高露洁、意大利比瑞利、美国德州仪器、荷兰飞利浦等世界500强企业在内的一批大公司合资合作，食品产业已成为扬州六大支柱产业之一。对内，则推动全市农产品加工产业集群发展，创成宝应湖农产品、山阳羽绒、高邮鸭业、广陵食品加工等省级农产品加工集中区4家，入驻企业79家，年销售额近200亿元；大力开展市级以上农业园区创建活动，培育了一批国家、省、市级农业园区，宝应现代农业产业园创成国家级农业园区，江都、广陵现代农业产业园等4家创成省级农业园区，仪征新城、邗江蒋王现代农业产业园等56家创成市级农业园区。

1. 江苏扬州食品产业园

江苏扬州食品产业园食品科技园项目位于扬州市临江路以东、望江路以西，鼎兴路以北，总体规划10平方千米，一期开发2.8平方千米，首期开发1.8平方千米，是江苏省目前唯一的集食品加工、制造、流通、研发、冷链物流、工业旅游于一体的现代食品产业集聚区，该项目总投资约12亿元，总建筑面积22万平方米，由检验检测中心、展示展销中心、科技研发中心、人才培训和信息交流中心及总部基地等五大中心组成，为海峡两岸农业合作试验区重点配套项目，是园区转型升级的重要平台。该项目按照“一次规划、二步实施、三年到位”的原则，2013年10月开工建设，2015年年底全面建成，主要承担企业孵化器、食品检验检测、专业人才培育、信息发布交流等职能。项目投入运营后将全面提升食品产业技术水平和市场竞争力，提高产品附加值和科技含量，使传统食品产业逐步向产业链高端迈进。园区先后获评为“海峡两岸农业合作试验区”“全国农产品加工业示范基地”“中国食品物流示范基地”“中国中小企业创新服务先进园区”“省级农产品加工集中区”等。

（1）发展理念。园区在发展的同时注重科技创新，由原来单纯的食品加工制造向食品检测研发、冷链物流及都市旅游延伸，将产业功能、城市功能、生态功能融为一体，向建设产、城、人紧密融合的现代化复合型特色园区迈进。

（2）发展目标。园区着力推进运营、管理、服务的创新提升，通过5年的努力，形成了工业开票销售超百亿元、冷链市场交易额超百亿元、年接待游客超百万人的“三个一百”的工业园区和集食品检测、生物研发、跨境贸易、冷链物流和工业旅游于一体的复合型产业园区。

（3）产业基础。扬州拥有规模以上食品工业企业近百家，形成了五大优势行业，包括以五丰富春、三和四美为代表的传统食品业，以顶津食品、青岛啤酒为代表的饮料制造业，以方顺粮油、名佳食品为代表的油米加工业，以戚伍水产为代表的水产加工业，以完美日化、宝莲生物为代表的生物科技业。现有宝应生态有机产业基地、高邮禽蛋产业基地和菱塘清真产业基地等3个食品特色基地

2. 扬州五亭食品集团有限公司

扬州五亭食品集团有限公司始建于1956年，植根于历史文化名城扬州这片沃土，采淮左名都之灵气，集锦绣淮扬之精华，历经60载春秋的变革发展，现已形成总投资5 000万元、员工千余人的股份有限公司，下辖天歌鹅业发展有限公司、大麒麟阁食品连锁有限公司等，是地方名特食品行业的一颗璀璨明珠。

1990年起，扬州五亭食品有限公司确立“以现代科技促扬州传统食品工业化发展”的经营思想，着力于中国淮扬菜的工业化研制。1995年，公司已形成了完善的企业管理、产品质量管理和市场营销管理标准化体系，严格执行生产现场作业规范和食品卫生操作规范，产品检验合格率一直位于全市前列。企业还通过了ISO9001质量管理体系认证。

公司运用现代高新技术，实现了速冻包子工业化生产。公司研究开发的“五亭”牌速冻包点系列，打破了扬州包子只能现做现卖的固有模式。自2002年始，五亭包点成为我国“两会”期间用餐产品，受到了高度赞誉。2002年，公司在我国生态示范区高邮送桥又投资兴建了一个养殖、加工白鹅的生产基地——扬州天歌鹅业发展有限公司。“五亭”牌速冻包子、“天湖”牌扬州老鹅成为公司两大支柱产品，产品销往北京、上海、南京、杭州、广州、深圳等几十座大中城市。2008年，公司成为北京奥运会和残奥会期间餐饮供应企业。

民族的，才是世界的。随着我国加入世界贸易组织，扬州五亭食品有限公司制定了“将扬州传统名特食品融入世界经济贸易”的发展战略。“五亭”牌包子等名特产品远销美、加拿大、德国、澳大利亚、日本等国，

以及我国香港、澳门、台湾地区，公司正努力向我国饮食产业化龙头老大迈进。

公司弘扬“创新、务实、进取”的企业精神，坚持“服务好，质量与信誉好”的原则，竭诚与国内外朋友携手合作，共同发展。

3. 扬州五丰富春食品有限公司

富春，创建于1885年，经过120多年的经营实践和对内在质量的执着追求，形成了独有的配方与制作工艺，造就了一支精湛的面点和菜肴制作队伍。为将富春包子销往全国、推向海外，富春饮服集团在扬州市经济开发区按国际标准兴建了“富春”牌速冻食品工业化生产基地——扬州富春食品有限公司（简称“富春食品”）。

五丰行有限公司（简称“五丰行”）于1951年在香港注册成立，隶属华润（集团）有限公司，是一个集生产、加工、包装运输、牲畜养殖与屠宰、批发、零售和国际贸易于一体的综合食品集团。旗下有多家食品及相关企业，是香港地区大的中国食品进口商和批发商。面对广阔的市场，五丰行利用在香港市场上几十年积累的专业经验和先进的管理理念，积极拓展内地食品市场，以为更多的消费者提供真正放心的优质食品。

食品行业的两个企业富春食品和五丰行强强联手，通过合作，组建了扬州五丰富春食品有限公司，项目设计总投资6 000万元，生产符合现代化生活形态的速冻包子等系列产品。公司已成功通过ISO22000食品安全管理体系验证，并通过了国家出口食品生产企业卫生注册。

公司产品以其独创的风味名闻遐迩，被海内外推为淮扬面点的正宗代表。特色名点三丁包被誉为“天下品”，千层油糕和翡翠烧卖堪称“扬州双绝”，这些经典产品曾荣获国家首批“中国名点”“中华名小吃”称号。

4. 扬州东园食品有限公司

扬州东园食品有限公司总投资5亿元，注册资本1亿元，占地26.63亩（约1.78万平方米），主要从事速冻食品的生产和销售，具有年产荤素菜品30万吨与速冻食品6万吨的生产能力。公司旗下品牌有虹料理、星伦多、西部牛排、东园小馆、奈町烤肉、虹桥坊温泉、东园饭店、扬州京华维景大酒店、印象足道等，涉及自助餐、中餐、西餐、烧烤、淮扬小吃、酒店、足疗等多个领域。2018年，公司分别新建一条速冻包子生产线、三文鱼生产线，并与京东、盒马鲜生达成长期战略合作协议。

5. 扬州三和四美酱菜有限公司

扬州三和四美酱菜有限公司占地100亩（约6.67万平方米），总投资1.5亿元，注册资本1亿元，主要产品有“三和”牌、“四美”牌、“五福”牌酱菜、腐乳、酱、调味汁。公司荣获“国家级农业龙头企业” “江苏省农业科技型企业”“江苏省民营科技型企业”等称号。公司酶法稀甜酱曾获国家商业部科技一等奖，拥有“三和四美”中华老字号商标，“三和四美”江苏省著名商标，“三和”牌、“四美”牌罐装酱菜获评“江苏省名牌产品”等荣誉。该企业为行业典型代表，曾作为起草单位参与国家酱腌菜标准的制定，并与北京的“六必居”牌酱菜共同形成了北有“六必居”、南有“三和四美”的行业格局。公司下设的调味品研究所，不断研制、开发新品上市，已被认定为市级工程技术研究中心、市级企业技术中心。

6. 青岛啤酒（扬州）有限公司

青岛啤酒（扬州）有限公司占地236亩（约15.7万平方米），总投资10亿元，注册资本2.5亿元，主要生产青岛啤酒系列、山水啤酒系列产品。公司前身为苏北机米厂，始建于1949年，后改名为“扬州啤酒厂”，年产啤酒40万千升（一期20万千升）。公司于2011年1月9日举办与青岛啤酒的项目签约暨奠基仪式，2014年5月9日成功举办出酒仪式。新项目采用国际一流的啤酒酿造设备，是一个集啤酒生产、观光旅游、消费者体验于一体的现代化“梦工厂”，并为扬州工业旅游产业增添新的亮色。

7. 扬州市扬大康源乳业有限公司

扬州市扬大康源乳业有限公司是2009年11月由扬州大学实验农牧场注册成立的国有全资子公司，占地71亩（约4.73万平方米），总投资1亿元，注册资本5000万元，已成为从饲料种植、奶牛饲

养、乳品加工到乳品销售产、加、销一体化的企业。公司荣获“国家高新技术企业”“江苏省重点农业龙头企业”等称号，拥有“江苏省名牌产品”证书，以及“中国绿色食品”证书、江苏省科学技术二等奖等荣誉，并通过了ISO9001、乳品HACCP食品安全管理体系和工信部诚信管理体系认证。

8. 扬州淮扬豆制食品有限公司

扬州淮扬豆制食品有限公司占地33亩（约2.2万平方米），总投资1亿元，注册资本7 000万元，主要从事豆制品的生产和销售。公司以参观走廊为依托，展示新旧工艺对比，增设体验性、互动性产品制作环节，提供具有区域特色的工业旅游纪念品。公司2007年荣获评为“中国豆制品行业优秀示范单位”，2008年获评为“扬州市非物质遗产保护单位”，2009年入选“扬州市十大老字号”，2009年获评“江苏省著名商标”，2011年荣获中国豆制品行业产品优秀奖，2012年荣获长三角地区优质产品奖等荣誉。

9. 扬州五丰冷食有限公司

扬州五丰冷食有限公司占地144亩（约9.6万平方米），总投资3.2亿元，注册资本1.54亿元，主营冷饮与速冻两大产业，主要产品是“五丰”牌冷冻饮品（冰激凌、雪糕、雪泥、冰棍、食用冰、甜味冰）及速冻食品。公司由华润集团旗下华润五丰冷食集团控股，集冷食产品研发、生产、储运和销售于一体。公司已于2012年4月竣工试投产，具有年产3.3万吨冷食、6 000吨/年冷藏的能力。公司设有500米三面环绕全落地玻璃式参观走廊，用于宣传和体验五丰文化，并设有产品制作体验区和品尝区，每年均举行五丰时尚冰品发布会，邀请扬州市各大媒体和相关职能部门参与夏季冷饮系列产品的发布与品尝活动。

10. 扬州欣欣食品有限公司

扬州欣欣食品有限公司占地43亩（约2.87万平方米），总投资1 000万美元，注册资本170万美元，主要从事八宝粥的生产和销售。公司为扬州引进的第一家外资企业，公司品牌“亲亲”为中国驰名商标。公司先后获“江苏省著名商标”“中国公认名牌产品”“中国消费者信得过产品”、国际食品博览会金奖、中国市场消费者理想品牌第一名等荣誉。公司旗下有扬州欣宏食品有限公司、扬州亲亲食品有限公司等企业。

11. 江苏美伦食品有限公司

江苏美伦食品有限公司占地 62 亩（约 4.13 万平方米），总投资 1 亿元，注册资本 7 350 万元，主要从事冰激凌的生产和销售。众膳美伦（扬州）食品有限公司是美伦集团旗下的 3 个产、供、销一体化运营基地之一，具有独立法人资格，拥有国内一流的冷饮生产线和全自动的花色线生产设备，生产设备先进，产品丰富，畅销江苏、安徽、浙江、上海、江西、河南等地，受到广大消费者的普遍欢迎和一致好评。

12. 扬州丰禾食品有限公司

扬州丰禾食品有限公司占地 31 亩（约 2.07 万平方米），总投资 6 000 万元，注册资本 3 000 万元，主要从事速冻食品的生产和销售，主要产品为“富字”牌包子。公司是 2008 年北京奥运会和 2012 年上海世博会包子供应商。公司为扬州富字冷冻食品有限公司搬迁项目子公司，设有参观走廊，拟打造扬州包子博物馆，宣传弘扬扬州包子文化。

13. 扬州中福生物科技有限公司

扬州中福生物科技有限公司占地 28 亩（约 1.87 万平方米），总投资金额为 1 亿元，注册资本 6 200 万元，主要从事胶原蛋白粉、透明质酸粉、烘焙咖啡豆的生产和销售。公司用心为客户提供高品质的产品和严谨高效的技术服务，在过去的几年中公司获得了高速的发展，目前产品已遍及世

界 80 多个国家及地区。从 2009 年开始，公司开始进军食品行业，开发出小满咖啡等主要产品，并获得了较高的市场认可度和一定的成绩。目前，公司主打品牌有“爱可悠（Aqua Juve）”“艾薇兰（Ivylank）”“小满”。公司拥有现代化的办公场所和生产研发基地，本科学历以上员工占公司总人数的 80%。公司下设扬州中福食品有限公司、扬州市众群新材料有限公司等子公司，先后通过美国食品药品监督管理局认证、“ISO9001：2008 国际质量体系认证”、SGS 认证等。

14. 扬州绿生元食品有限公司

扬州绿生元食品有限公司占地 35 亩（约 2.33 万平方米），总投资 1 亿元，注册资本 1 亿元，主要从事面粉精加工，并提供仓储物流服务。公司于 2011 年 3 月进驻扬州市食品工业园，由扬州宝田面粉有限公司投资建设，已于 2013 年 12 月投产，年加工面粉 10 万吨，面条、饼干等加工产品 1 万吨，达到年产 10 万吨小麦专用粉生产线配套仓储、物流的规模。

15. 扬州品春食品有限公司

扬州品春食品有限公司租用标准化厂房，总面积 3 000 平方米，总投资 1 000 万元，注册资本 600 万元。公司前身是扬派淮扬人家冷冻食品有限公司，成立于 2006 年 9 月 8 日，由淮扬人家大酒店组建成立。2011 年 7 月，公司决定进行资产重组并注册改名为“扬州品春食品有限公司”，自此，扬州品春食品有限公司成为一家专业生产、销售淮扬菜肴和米面制品的企业，公司曾为南京青奥会面点供应商。

16. 主要落地项目

落户江南大学（扬州）食品生物技术研究所、扬州市食品药品检验检测中心、江苏千人生物科技有限公司、西安交大功能性食品实验室、阿里巴巴“扬州烟花三月馆”、欧洲食品展厅、江苏安杰罗国际贸易有限公司、北大纳米新材料生产基地、淘金集团、任意门国际贸易等研发、检测、国际贸易、跨境电商类企业近30个，总投资达5亿元以上。

17. 华东地区中央厨房加快建设

扬州炒饭炒遍全球，扬州包子打天下，可是一碗扬州炒饭、一个扬州包子中有多少原材料是取自扬州本地的呢？扬州大学旅游烹饪学院院长周晓燕认为，除了食材本身品质，没有完善的供应链也是影响扬州美食产业做大的一个重要原因。扬州成为世界美食之都之后，迫切需要做大中央厨房，对扬州农业、食品工业和特色餐饮业进行整合提升，为扬州餐饮美食走出扬州打下坚实的供应链基础。

扬州食品产业园负责人介绍，扬州现有的中央厨房一般只是餐饮企业用于自给自足，并不是真正意义上的中央厨房，更确切地应该称为“后厨”。扬州食品产业园将重点引进面向第三方、服务于长三角的专业化大型中央厨房企业，为形成中央厨房产业化进行突破，把扬州打造成为华东区中央厨房。为此，必须支持各类农业开发园区招引有实力的企业落户园区，增加绿色优质农产品供给。

（二）连锁化经营

扬州餐饮名店全方位向经济领域进军，全国各地的美食商家在扬州寻得新商机，扬州本地餐饮企业百舸争流，“碰撞”出发展新思路。

1. 外来美团、大众点评“黑珍珠”餐厅入驻

世界美食有“米其林”，中国美食有“黑珍珠餐厅指南”（简称“黑珍珠”），这是中国人自己的一份美食榜。一个城市“黑珍珠”餐厅数量的多少，反映了这座城市精致餐饮的发展水平及烹饪水准。“黑珍珠”是什么？从2018年开始，作为国内影响力最大的生活服务电子商务平台之一，美团、大众点评开始打造“黑珍珠餐厅指南”。经过多年发展，“黑珍珠”已成为全球知名的美食金字招牌，更成为中国人专属的美食指南。

如今“黑珍珠餐厅指南”已覆盖北京、上海、广州、深圳等国内22个城市及东京、曼谷、新加坡、巴黎、纽约等国际都市，“黑珍珠”的光芒照射全球。2018年1月16日，美团、大众点评在上海首次发布“黑珍珠餐厅指南”，326家上榜餐厅名单揭晓；2019年1月10日，2019年度“黑珍珠餐厅指南”在澳门发布，932家餐厅入围，287家餐厅最终入选；2020年1月9日，在澳门发布“2020年度黑珍珠餐厅指南”，共有309家品质餐厅入选……“黑珍珠”已经成为国内外餐饮企业重要的“加分项”。每年国内外顾客点击“黑珍珠”进行消费的单数达数百万；国内各城市海外游客消费，“黑珍珠”餐厅占比比普通餐饮企业高40%以上；

“黑珍珠”餐厅门店数量在过去三年迎来了高速增长。

2021年3月26日，美团、大众点评在“世界运河之都”扬州举行颁奖盛典，发布2021年度“黑珍珠餐厅指南”，用国人的标准品鉴源自世界的食材，再通过榜单向世界输出中国的味道。在扬州，有3家餐饮企业头顶“黑珍珠”桂冠：冶春茶社、趣园茶社（长春路店）、扬州宴（瘦西湖店）。从2018年开始，这3家餐企连续3年上榜“黑珍珠餐厅指南”。2019年开始，趣园茶社连续两年入榜“黑珍珠”二钻餐厅。此外，由扬州人主理的南京香格里拉江南灶中餐厅和北京淮扬府（安定门店）也分别获评“黑珍珠”二钻和“黑珍珠”一钻。现场，扬州市人民政府与美团签署战略合作协议，宣布双方通过打造新型智能城市，共襄扬州“好地方”建设盛举，提升“世界美食之都”全球影响力。在2021年度“黑珍珠餐厅指南”入围名单中，有来自全球27座城市的783家餐厅。扬州有4家餐厅提名候选，分别是冶春（珍园店）、冶春茶社、趣园茶社、扬州宴（瘦西湖店），均为经营淮扬菜的代表餐厅。2021年，扬州迎来外地“黑珍珠”餐厅落户，市民朋友坐在家门口也能享受到正宗的粤菜、川菜“黑珍珠”餐厅美味。另外，全国以淮扬菜为主打的一钻及以上餐厅共有11家。

2023年度“黑珍珠餐厅指南”在北京发布，并在美团App和大众点评App上线，扬州人主理的4家餐厅上榜。其中：扬州本地餐饮企业共有2家商户上榜，分别为已连续6年上榜的“黑珍珠”二钻餐厅趣园茶社（长春路店），以及一家新上榜一钻餐厅“山·餐厅”；北京和南京各有1家扬州人主理的淮扬菜餐厅上榜，分别为北京淮扬府（安定门店）和南京香格里拉江南灶中餐厅，这两家餐厅均连续6年上榜。

此外，中国淮扬菜大师、扬州大学教授周晓燕连续6年受邀作为“黑珍珠餐厅指南”理事，扬州大学茶道教师周爱东连续两年作为“黑珍珠餐厅指南”特邀顾问，为2023年度“黑珍珠餐厅指南”的评选与发布提供全方位的建议和意见。周晓燕介绍，2023年扬州入榜餐厅数量与去年持平，扬州是世界美食之都，也是淮扬菜的发源地，“关于淮扬菜，扬州的很多餐厅都做得很好，我们鼓励本土餐饮企业不断创新、做好服务、提升产品品质，争取未来有更多的品质餐厅入榜”。

2. “九月森林”西式点肴青睐

2011年该公司创立，不到10年工夫即在扬州城区布局19家门店，在周边县级市、区布局7家门店，在镇江布局10家门店。靠持续创新，2020年公司销售总量近8 000万元，纳税达200多万元，吸纳就业420人，并获得“江苏省农业科技型企业”“扬州市知名商标”等一系列荣誉称号。一个小作坊做成了一家小公司，下一步公司准备投资1.5亿元，发展成一个大型的现代化食品企业。

（1）品质为王，技术至上。做出一片可口的面包，涉及热学、分子学、营养学等诸多学科；卖出一片可口的面包，则涉及心理学、营销学、环境学等诸多学科。这家公司坚持不用香精，只用动物奶酪；不用普通面粉，只用定制面粉——从营养、新鲜、安全等多个维度把好质量关，请用户挑刺，让市场评判，由社会认可。为了技术创新，公司与扬州大学、新加坡国立大学建立了产、学、研一体化机构，与扬州市农业科学院共建了程顺和院士工作站，添置了世界上最先进的烘焙设备和化验设备。公司的任何一款产品都是根据世界新潮产品理念和本土市场需求，用心研发，精心制作，倾心销售，让每一片面包成为“品质为王、技术至上”创新哲学的生动诠释。

（2）供给侧改革，艺术引领花式。细分市场后的年轻人是面包销售的主力军，三口之家是消费的“铁三角”。公司抓住三口之家、年轻人的胃，加大供给侧改革的力度，用艺术引领，用创新设计若干造型千姿百态、感观新鲜亮眼、口感香甜可口的新品，根据季节的变化、流行的时尚、本土的口味，开发出了岩烧蜜蜂蛋糕、烤甜甜圈、招牌手撕包、枫糖牛角等爆款产品。这些产品一经推出，顾客即络绎不绝，其中有不少成为畅销不衰的经典产品。如冰乳酪，月销售近8万只。公司把面包当艺术来做，带来的是小面包大市场、新产品好口碑。技术、艺术嫁接，别开生面，寻常的东西被做出了不平常的效果。

（3）掌握主动，学术保障。目前“九月森林”虽说是小公司，但它的雄心不小，壮怀激越，立志做中国最好的面包。公司以构建新发展格局，扩大国内消费作为战略基点；以技术和学术为保障，用艺术升华，用学术保障。同时，公司还设立食品工程技术研究中心、院士工作站、烘焙食品研究院、研究生工作站等技术机构，让多学科的研发人员为做精一片面包探讨学术、探索规律，摸行情、探外情、知下情，先人一拍掌握面包市场的行情变化，快人一步研发面包新品，让公司的面包产品始终走在改革创新的前列。

（三）军团化出击

1. 百润餐饮“团膳”的新突破

江苏百润餐饮股份有限公司作为团膳企业，主要服务于企事业单位的食堂和美食广场。不管走到哪里，狮子头、盐水鹅、大煮干丝、扬州包子、扬州炒饭、红扒鱼头等经典淮扬菜一直是一个必不可少的档口，目前该企业分布于广东、上海、湖北、河南、新疆等省市，在扬州本地可满足5万~8万人同时用餐，在省外则能满足10万余人同时用餐。“扬州城市文化底蕴深厚，我们强大的饮食文化背景影响深远，通常只要提到是扬州来的企业，大多数企事业单位会留下比较好的印象。”公司负责人如此说道。

2. 注目欧美“慢餐饮”的机遇

在欧美国家，人们更喜欢分餐制，随着“慢餐饮”时代的到来，淮扬菜的国际化发展迎来了新的机遇。扬州人在西欧、北美弘扬中国菜并充分注意当地习惯，欧美正逐渐形成注目扬州菜的气候。

1983年，扬州人程正昌在幽谷拱廊商厦（Glendale Galleria Mall）开办了第一家熊猫快餐店，这是美国的一家经营美国化中式快餐的连锁餐厅，是熊猫餐饮集团的子公司。如何使扬州美食之都成为世界品牌？熊猫快餐的经营理念、创办的经验值得扬州餐饮业研究。

程正昌和他的“熊猫快餐”是淮扬菜的骄傲，也是扬州侨界的骄傲，更是中国人的骄傲。

（1）统一标识。一个数学硕士，将美国加州某购物商场内的一家小餐馆发展成了一个拥有820家连锁店的中式快餐帝国。美国已有35个州标上了他的“熊猫”标识，而他的目标就是让“熊猫”占领剩下的15个州。在美国不少城市的街道边，都可以看到一座淡黄色墙壁的尖顶小房子，一眼看过去，窗明几净，房子边框是鲜艳的红色，正门口挂着一个圆形标志，白底中间一个大红圆点，圆点上一只大熊猫憨态可掬，熊猫头顶环绕着一行英文字“PANDA EXPRESS”。这就是目前美国规模最大的中式快餐连锁企业——熊猫快餐。

（2）总部位置。熊猫快餐的总部位于美国加州洛杉矶县柔似蜜市（Rosemead）。

（3）规模效应。熊猫快餐的增长数字：1999年营业额达2.24亿美元；2000年营业额达2.54亿美元；2001年营业额达3.45亿美元；2001年，在《全国餐馆新闻》杂志“全美餐饮界百强连锁店”排名第九十七名；2001年，单店营业额成长率为8.2%，在《全国餐馆新闻》杂志“全美餐饮界百强连锁店”排名第一，单店营业总额约为90万美元；2001年，所有分店总营业额成长率在《全国餐馆新闻》杂志“全美餐饮界百强连锁店”排名第四；熊猫快餐每年服务全美顾客达2100万人次。

（4）地点选择。熊猫快餐连锁店从1983年创办开始就选择了以购物中心为主的布点策略，虽然最初的生意机会是偶然送上门的，却成为时代造英雄的一个必然开端。当年一家大型购物中心的开发商主动来找程正昌，问他是否愿意在购物中心内把聚丰园开成一家中式快餐店，程正昌琢磨了一段时间后，答应了开发商的要求。在给快餐店起名时，他想到了中国的国宝、在美国也是人见人爱的熊猫，于是第一家熊猫快餐店就此开张了。自此以后，熊猫快餐店在大型购物中心的美食街屡屡获得成功，为购物疲乏而到美食街小憩的消费者提供高品质的中式快餐。

（5）店内装修。经过程正昌的精心设计，餐馆布置简洁雅致，中西合璧，十分有特色。店堂的装修是传统的中式风格，店内轻轻回荡的却是美国的流行音乐。食客到了这里，不仅有宾至如归的感觉，还能享受到实惠。

（6）口味特色。熊猫快餐无论是菜式还是服务，都充分体现了中西合璧的特色。程正昌认为，既然是中式快餐，首先就要保留中餐的传统特色。同时，熊猫快餐的菜在口味上又做了调整，偏重美国人最喜欢的甜酸味，再略带一点辣，这样就既满足了美国人吃中餐的愿望，又充分照顾了他们的饮食习惯，因此熊猫快餐的菜品大受美国人的欢迎，甚至培养出了一批熊猫快餐迷。不少食客对它情有独钟，还在网上探讨熊猫快餐各式菜品的做法。

（7）管理经验。

① 风格统一，自主品牌。熊猫快餐每开一家分店，都是同样的招牌，同样的装修，同样的菜式，同样的服务，形成了规模效应、品牌效应。由于这种方式最为美国人所熟悉，不少美国人都将熊猫快餐和美国本土品牌“麦当劳”“汉堡王”等相提并论。

② 统一加工，统一配送。熊猫快餐在管理上充分吸收了西方的先进经验，提供从原料选择到生产加工的一系列服务。熊猫快餐菜品的原料都由加工商预先完成，再由配送公司送到各个分店。其菜肴烹调也完全是标准化的，所有调料都按配方事先备好，盛放在固定的桶内，随用随取。

③ 现代经营，强化体系。熊猫快餐经营者认为，社会大环境、管理能力与人才是企业发展的关键因素。一是建立起现代配餐配送体系，原料加工由供应商完成，中央工厂直送料包，配送由运输公司承担，美国发达的运输网络为熊猫快餐的配送体系提供了基础条件，这样解除了店堂内的更多劳动，不仅减小了店堂厨房的压力，也节约了店堂厨房的面积，最大化地保证了中餐的品质标准。二是电子计算机与收款机广泛应用，总部与各地分部实行联网，结账、收款等全部采用美国通行的信息化方式，十分便捷。三是强化培训和现场督导功能，注重企业管理系统的完善，有力保证了300多家店的规范和企业经营的稳定发展。

④ 快、热结合，讲求实用。熊猫快餐紧抓年轻主流消费，兼顾老少

需求。

熊猫快餐是快和热的结合，菜品现场制作以手工为主，讲求实用性和本地化。其菜品系列丰富，每个店有 17～20 个品种，每月创新 2 个品种，特色品种全年保留，如主打品种陈皮鸡占营业额的 30%。调料中不用味精，现场炒菜采用统一的复合调味料（将多种配料预先调好放在一个容器内），以达到标准统一。现场制作全部沿用中餐传统的明火炒菜的方法，以保证菜品的原味和特色。厨师将菜炒好后，装入一尺见方的餐盘内，放在前台保温销售，每盘量不大，卖完后再炒。由于供应对象以美国人为主，有的菜品在保留中餐核心口味的基础上进行了味道上的调整，以满足美国人的口味，所以，熊猫快餐的菜品大多受到客人的好评。

⑤ 注重效益，实际实效。熊猫企业发展到 2013 年为止没有负债，只有 1983 年有一次 50 万美元的贷款记录。解决发展资金问题，主要是开一家店要保证赢利，用利润去发展，30 万～50 万美元投资的门店，争取能在 3 年内收回投资，不造成负担。熊猫快餐为加盟商提供全方位服务，协助其成功开店。熊猫快餐不采取特许连锁经营形式，认为这需要环境和自身条件的成熟。对跨国经营，熊猫快餐采取稳步渐进的态度，认为美国市场对熊猫企业仍未饱和，应首先立足美国本土，减少异国投资风险。

（8）捐赠公益。熊猫快餐有每开一家分店都会向当地社区团体捐赠的惯例，即每家新店开业时都会将当日营业额的 20%捐赠给所在社区的非营利机构，以支持社区建设。通过捐款及热心参与社区公益活动，熊猫集团下属的餐厅在当地社区树立起了良好的公众形象，深得人心。同时，发送捐款新闻稿也使熊猫管理公司及其新开分店常常获得当地报界关注，在社区主要媒体上的曝光度十分频繁，从而极大加深了消费者对熊猫快餐的印象。这种一箭双雕的市场行销法，既巧妙又实惠。

（四）美食节的影响

2023 年，商务部联合多个部委组织开展“中华美食荟”活动，扬州中国早茶文化节荣膺其列。

该节日由中国饭店协会与扬州市人民政府共同举办。2019 年 10 月，扬州成功获批世界美食之都；2020 年，中国饭店协会与扬州市签署战略合作协议，明确中国早茶文化节永久落户扬州，现已连续举办了 4 届。

扬州早茶历史悠久，早茶、早餐作为餐饮业态的重要组成部分，一直是扬州城市烟火气和人情味的重要体现。进入新时代，扬州将早茶作为挖掘消费潜力的着力点和推动地标美食文化高质量发展的重要途径。运用地标美食弘扬中华美食文化，保护传统烹饪技艺和地方特色名菜、名点、名小吃和特色食品，在推动地方特色食材、人才、技艺、基地、美食街区、美食小镇、美食城市等美食产业链融合发展，促进乡村振兴，增加就业和满足人民美好生活的需要等多方面具有重要意义，既是推动“绿水青山就是金山银山”转化的重要载体，也是服务美好生活的重要抓手。

第五届中国早茶文化节规模空前，同期举办“2023 中国扬州淮扬菜美食节”，旨在通过一系列促消费的活动带动江苏消费市场强劲复苏，通过地标美食建立健全早茶、早餐品牌，促进产品发展，为饭店餐饮业、预制菜食材企业、地标美食企业搭建国内外交流合作平台，为餐饮业下一步高质量、产业化发展打下基础。

中国饭店协会副会长宋小溪认为，扬州对于早茶文化的挖掘及对早茶宴席的开发，在全国独树一帜，也走在全国前列，让八方食客对这座历史名城产生了无限向往。这不仅提升了扬州早茶文化的美誉度和影响力，也提高了整个餐饮界和消费者对中国早餐文化的重视度。

1. 群众节日，服务大众

早茶文化节按照“中华美食荟”活动“政府引导、市场运作，以点带面、突出特色，群众参与、惠民利企，节约绿色、安全健康”的原则，现场举办茶点展示展销和老字号市集，全国近 30 家知名中西茶点企业、近 30 家知名老字号及非遗美食企业开展技艺展示、制作品鉴、包装食品展销。杭州楼外楼、南京奇芳阁、上海南翔小笼、北京陈亨卤煮、长沙易裕和米粉、哈尔滨老都一处等餐饮展位吸引了大量游客与市民驻足品鉴、拍照打卡，现场烹饪的早餐小吃更是供不应求。

开幕式现场活动丰富、干货满满、新品多多。在中国早茶品鉴周重点企业展示区、早茶（早餐）地标美食企业展示区、非遗美食和老字号市集、特邀知名茶点企业展示区，60 多家品牌餐饮矩阵组成中国早茶最美味市集，共同开启了一场“好地方”舌尖上的狂欢。

美食展区五彩缤纷，香气扑鼻，吸引了不少市民游客前来打卡。一对从北京来扬的情侣，摆出爱心手势，以主席台为背景，留下了在扬州的甜蜜瞬间。“能够打卡这个活动，我们感到十分荣幸。”女孩笑着说。来自重庆的钢琴老师小刘一边忙着录像，一边说：“我是跟着旅游团来扬州旅游的，本来是昨天返程，听说中国早茶文化节今天开幕，特意多留了一天，想来看看扬州最地道的早茶。”商务部原副部长张志刚在致辞时说：“中国早茶文化节在扬州举办了 5

届，这不仅是扬州的盛会，也是一场群众的节日。”

开幕式之后，5 月 25 日—31 日举办的中国早茶品鉴周，由扬州趣园、冶春、富春、中国淮扬菜博物馆体验馆分别联合广州酒家、澳门凯旋门大酒店、上海绿波廊、苏州王四酒家等 4 个全国早茶名店名厨，强强联手，为市民和游客提供一场为期一周的早茶美食盛宴。除了扬州市区，美食节同步启动高邮地标美食节、仪征地方名宴评选展销、江都第二十三届邵伯湖旅游龙虾节、广陵“夜泊运河湾”奇趣美食节、景区扬州夏日美食节、扬州市经济开发区意大利美食节等 8 场系列活动，以多种形式提振餐饮信心，促进地方消费与乡村振兴。

2. 地标美食，精美绝伦

第五届中国早茶文化节着力宣传扬州早茶，首发 23 项中国早茶（早餐）地标美食及代表性企业、代表性传承人目录，发布扬州美食地图、扬州早茶地图、中国扬州美食 IP 形象绣虎，评选 54 家扬州“世界美食之都”示范店，活动现场累计集中签约多个食品项目，为推动扬州早茶品牌化、特色化、产业化发展，持续擦亮扬州“世界美食之都”名片发挥了积极作用。现扬州早茶企业布点我国台北市，以及新加坡，亮相迪拜世博会。扬州包子年产量达 8 亿只，远销欧洲、美国、日本等 20 多个国家和地区，向世界展示了来自东方的扬州味道。

扬州举办的美食节已经实现了文商、县市、政企等多个维度的联动，进一步深化了“美食+文化+消费”的模式。扬州深度挖掘地方特色美食，特别是扬州茶点的味道底蕴和技艺传承，通过展览展销、技艺展示、文艺表演等方式，充分展现扬州美食独有的魅力。在美食节开幕式发布第五届中国早茶文化节暨“2023 中国扬州淮扬菜美食节”系列促消费活动共计 8 场，遍布 8 个县（市、区）、功能区，时间持续到 2023 年 7 月，充分展示了扬州各地不同的特色风味，形成了“各地有主题、月月有活动、全年可持续”的餐饮消费氛围。

此外，在扬州中国早茶品鉴周，扬州餐饮名店分别联合广州、澳门、上海、苏州等城市的早茶名店名厨，面向市民和游客提供特色早茶品鉴活动。

3. 尽显才艺，绝活亮眼

至2022年，扬州全市有面点从业人员2.64万人，被授予面点技术职称1万人。2022年度，扬州实现餐饮业营业额196亿元、增长6%，增幅居全省第一名。

名大厨竞相表演绝技，尤其是新秀推陈出新，口味成“寻味”亮点。美食市集上，各种新口味人气火爆。食客买到了一碗螺蛳馅馄饨，品尝后赞叹：“先喝了一口高汤，顿觉超级鲜美；再吃一只馄饨，发现里面竟然藏了一颗完整的螺肉，Q弹，鲜嫩中带着嚼劲。”总经理周海燕说：“螺蛳是江都有名的特色食材，味道鲜美，长青国际酒店将它创新运用到馄饨馅中，现场火爆，根本不够卖。”扬大蜂场的山楂蜜饮也饱受好评，这款饮品是针对年轻人的消费需求而推出的创新产品，是扬大蜂场花三年时间试验选出一款产自河北的铁山楂，再与扬大蜂场所产蜂蜜配制而成。绿豆生椰冷萃是Tims咖啡刚上新的初夏限定款，一口下去就喝到了夏天的味道。来自常州的网红亲嘴蒜展台前围着不少年轻人，亲嘴蒜咸鲜微甜、清甜爽脆，吃完嘴里还没有异味。

4. 预制早茶，大有前景

在早茶节老字号市集展区，一款淮扬风味的预制菜宝应湖老鸡煲出摊不久即被抢购一空。宝应湖老鸡煲是江苏省地标美食，原料精选400天本地散养老母鸡，鸡肉质地结实，零防腐剂、零添加剂，还原鸡汤本来的味道，开袋后加热即可，食用方便。

早茶文化节还进行美食理论探讨。2023年，江苏省委一号文件提出要鼓励发展预制菜等新型食品加工业，该问题成为早茶文化节的热门话题。中国饭店协会预制菜协会副理事长俞宝明表示：“有一些人总认为预制菜不如现场人工做的好吃，实际上是一个很大的误解。”预制菜减少了厨房工作量，通过成熟的烹饪技艺，能够最大限度地还原出食材风味。早茶美食要走向更广大的国内外市场，加快培育预制菜产业是一条重要路径。如今，扬州速冻包子、山东德州扒鸡、苏州鹿苑叫花鸡、南通长来伴今猪头肉等预制菜吸引了众多消费者。扬州大学旅游烹饪学院教授夏启泉认为，要做出受市场欢迎的预制菜，必须做到实验室与厨房、厨师的结合，科研和产业的结合。如果一种食材经过预制处理后，能够还原出70%的原生态现场制作的风味，就是一道良好的预制菜产品，从这一点看，扬州不少早茶品种适合进行预制菜的开发，大有市场前景。

5. 包容百家，万象纷呈

早茶文化节活动丰富多彩。一周时间内，全国茶点展示展销、老字号市集、中国早茶品鉴周、促消费系列活动等精彩纷呈。扬州邀请全国知名早茶名店名厨加盟，一显身手。中国饭店协会发布《2023 中国地标美食（早茶、早餐类）精选集》名录与视频，广东点都德的“招牌虾饺皇”、成都饮服集团的“龙抄手”、上海豫园南翔馒头店的“南翔小笼馒头”、扬州富春饮服集团的“富春双绝”、苏州黄天源的“苏式糕点”、昆明建新园的“过桥米线”、哈尔滨华梅西餐厅的“沙一克”等 22 个地标美食产品荣膺入册，展现出中国博大精深的地域特色美食风俗与丰富多彩的早餐早茶饮食文化。

6. 影响深远，媒体力促

中国早茶文化节连续举办的初衷是助推扬州早茶产业化发展，通过举办早茶文化节，促进行业交流合作，进一步补齐短板，推动扬州早茶产业高质量发展。目前，中国早茶文化节是扬州美食品牌最重要的推广平台之一，在全省乃至全国都有广泛的影响力，为持续擦亮扬州“世界美食之都”名片发挥了积极作用。

节日前后，扬州有关方面加大小红书、抖音等新媒体的宣传力度，邀请近 40 名小红书博主、抖音达人等，形成网红矩阵。活动期间在扬拍摄分享早茶文化节视频图文，提高扬州早茶品牌的知晓度和影响力。

如今早茶文化节已成为扬州早茶品牌的重要展示窗口，扬州餐饮界在考虑如何以点带面，全面提升扬州早茶在全省乃至全国的知名度和影响力，助推扬州早茶品牌化发展。如冶春、扬城一味、富春等本土餐饮企业实现全国连锁布局；扬州宴、趣园茶社荣膺“黑珍珠”一钻、二钻餐厅，“富春茶点制作技艺”被列入联合国教科文组织人类非物质文化遗产代表作名录。

扬州将充分利用早茶文化节这个平台，进一步丰富扬州早茶内涵，重点推进美食产业集聚和项目建设，打响美食文化旅游品牌，打造一批淮扬美食名店、名菜、名节，提升一批特色美食街区和餐饮商圈，加强与世界各地创意城市的交流合作，不断丰富扬州“世界美食之都”品牌的内涵，不断扩大扬州美食的知名度和影响力，助推扬州早茶的国际化发展，让海内外朋友更多关注扬州美食、了解扬州美食、投资扬州美食，推动扬州特色早茶产品走向全球。扬州早茶，这张城市名片未来会更加闪亮。

7. 校企合作，大有作为

2023 年 12 月 15 日，扬州早茶现代产业学院及研究院项目在江苏旅游职业学院启动，通过校企合作，助推扬州早茶产业发展。

扬州市原副市长、扬州市旅游协会会长王玉新，江苏旅游职业学院党委书记田浩、校长林刚，以及富春、冶春、共和春、趣园、怡园等扬州早茶代表性企业负责人共同为扬州早茶现代产业学院及研究院揭牌。

江苏旅游职业学院校长林刚介绍，成立扬州早茶现代产业学院及研究院，旨在进一步挖掘、传承和弘扬扬州早茶文化，通过与“三春两园”等知名企业、行业协会等共建扬州早茶产业学院及研究院，致力专业化人才培养、产品技术研发平台建设、早茶文化研究推广，最终服务扬州本土经济，推动扬州早茶产业发展。他们将探索以专业群为基础的政、校、行、企多元人才培养模式，确保岗位对接、课程衔接、产教连接，将现代产业学院建设成为多元协同育人的基地，加快培养扬州早茶技艺大师，持续提升早茶产业从业人员素质，形成源源不断的人才梯队。

林刚介绍，他们还将以研究院为基础，联动广东及其他地方的早茶企业，南北合作、南北辉映，更好地传承扬州早茶、中国早茶，将中国早茶推向世界。他们还将成立中国早茶产教融合共同体，共同唱好中国早茶“好声音”。

扬州市旅游协会会长王玉新表示，高校应当成为人才培养和产业研究的基地。“一是珍惜‘世界美食之都’的品牌，依托早茶来拓展扬州包括早茶在内的餐饮文化；二是要聚焦早茶，培养与之相适应的人才，进而拓展我们整个休闲文化；三是要跳出早茶，通过早茶文化、早茶人才的培养，创新我们的服务业，培养适应文旅发展的各类人才。”他表示，扬州早茶现代产业学院及研究院的成立，是顺应现实的需要。

二、扬州烹饪人才培养

为了更好地继承和发展烹饪技艺，从 20 世纪 50 年代起，扬州在全国率先创建烹饪学科。经过几十年发展，各种类型的烹饪院校遍及扬州，既有对在职厨师的专业培训，也有对在校学生进行的系统文化知识、专业理论知识及基本技能的传授，为社会培养了各个层次的烹饪人才，更多的青年学生选择烹饪营养、烹饪技能、餐饮服务等专业，接受较高的文化教育，提高烹饪理论水平和实践操作技能，这对挖掘烹饪文化遗产、新时代

烹饪科学现代化、发展烹饪事业十分有益。这些人才遍布中国各大城市，驻外使领馆，以及中南海、人民大会堂等企事业单位。

扬州已成为全国烹饪教育最为发达的城市之一，拥有烹饪院校7所，烹饪专业教师400余人，形成了一支产学教研相结合的师资队伍。据不完全统计，自20世纪70年代至今，扬州向全社会培训和输送中高级厨师达10多万人次。扬州市烹饪餐饮行业协会致力实现教育的规模化、层次化、适配性，形成了美食人才的培养框架。

（一）扬州大学旅游烹饪学院

“旅游烹饪学院·食品科学与工程学院”是扬州大学下属的一个特色鲜明的学院。学院设旅游管理、烹饪与营养教育、食品卫生与营养学、食品科学与工程、食品质量与安全、酒店管理等6个本科专业，全方位立体地培养食品制作、食品营养、餐饮服务与管理的人才，包括本科、硕士研究生、博士研究生等3个层次。

学院烹饪与营养教育专业是全国烹饪高等教育中办学历史最长、办学水平一直处于国内领先地位的首批国家级一流本科专业建设点、省级品牌专业；旅游管理专业包括餐饮服务、管理与研究，是江苏省内高校同类专业中较早设立、有厚实办学基础和丰富办学经验的校级特色专业；食品科学与工程专业为校级品牌专业和重点建设学科；食品卫生与营养学专业、食品质量与安全专业是国内开办较早的专业。

学院拥有食品科学与工程一级学科博士点、食品科学与工程博士后流动站，食品科学与工程、旅游管理、营养与食品卫生学等3个硕士点，拥有生物与医药工程硕士（食品工程领域）、农业硕士（食品加工与安全领域）两个专业学位授权点，拥有教育硕士职业技术教育旅游服务方向硕士点、旅游管理同等学力申请硕士学位授权点。食品科学与工程学科在2020年软科世界一流学科排名中位列前150名。

学院拥有一支力量比较雄厚、结构比较合理、素质优良的师资队伍。现有教职工145人，其中专任教师117人。有教授（研究员）18人、副教授47人；博、硕士生导师74人，享受国务院政府特殊津贴2人。2名教师入选江苏省“333工程”培养对象，1名教师入选江苏省“六大人才高峰”培养对象，6 名教师入选江苏省“青蓝工程”，3 名教师入选江苏省“双创计划”，1 名教师入选国家旅游业青年专家培养计划，18 名教师入选扬州市“绿扬金凤计划”，1 名教师入选学校“教学名师”培育计划，2 名教师入选学校“拔尖人才”成长计划，22 名教师入选学校人才工程计划。

学院注重“双师型”师资队伍建设，有国家级烹饪大师 15 人，教师中有多人在国内外烹饪大赛中获奖，如在第八届中国烹饪世界大赛中，学院代表队获得了团体总分第一的好成绩。

学院办学条件优良，拥有国内领先、国际一流的教学及实验设备，并建立了一批稳定的专业实习基地，为培养宽基础、高素质、有特长、能力强的优秀人才提供了坚强的物质基础。

学院拥有 3 个省级实践中心（食品工程实践教育中心、营养与烹饪科学实验教学中心、现代酒店与旅游管理实践教育中心），设有江苏省乳品生物技术与安全控制重点实验室、江苏扬州现代乳业加工服务中心、江苏省烹饪研究所、扬州大学焙烤食品技术中心、农产品加工及贮藏工程研究中心、旅游文化研究所、中国—东盟教育培训中心、海外惠侨工程·中餐繁荣基地、扬州大学全国重点建设职教师资培训基地、中国非遗传承人群研培基地、江苏省淮扬菜产业化工程中心、国家职业技能鉴定所等教育、科研机构，主办《美食研究》（核心期刊），为学院的快速发展、办学水平和质量的不断提高奠定了坚实的基础。

学院注重校企合作，先后与益海嘉里金龙鱼食品集团股份有限公司、江苏小厨娘餐饮管理有限公司、上海本优机械有限公司、山东天博食品配料有限公司、联合利华公司等企业合作，加强国际合作和交流，先后与美国、日本、加拿大、澳大利亚、泰国、意大利、新西兰、韩国、朝鲜等多个国家和地区建立了稳定的合作关系，面向国外招收本科留学生、硕士研究生、博士研究生及短期研修生。师生先后赴日本、新加坡等国及全国各地举办美食节，受到国内外食品、餐饮同行的赞誉。

多年来，学院为职业院校及中国酒店业、旅游业、食品加工业、食品安全与监管行业、餐饮业、企事业单位后勤管理、科研院所等单位输送了大批师资力量及高级技术与管理人才，其中一批毕业生已成为行业内的技术骨干和领导力量。

（二）江苏旅游职业学院烹饪科技学院

江苏旅游职业学院坐落于中国历史文化名城扬州，是一所省属全日制公办普通高等专科学校，也是一所特色鲜明的旅游类高职院校。学校创办于1959年，前身为扬州市饮食公司烹饪学校，先后更名为“扬州市烹饪学校”“扬州市商业学校”“扬州市商业技工学校”“江苏省扬州商业技工学校”“江苏省扬州商业学校”“江苏省扬州商务高等职业学校”，2017年升格为江苏旅游职业学院。其下属烹饪科技学院系我国优秀烹饪人才的摇篮，为淮扬菜的传承和弘扬做出了重要贡献。

1. 学院概况

烹饪科技学院是江苏旅游职业学院的龙头学院，学院已有65年办学历史，围绕学校“质量立校、特色兴校、创新强校”的发展理念，紧扣立德树人根本任务，坚持以提升教学质量为中心，办出烹饪专业优势和特色，做强烹饪工艺与营养专业群，致力服务和推广中餐文化，体现传统技艺传承与现代科技创新相结合的办学思路。

2. 专业建设

学院以烹饪工艺与营养专业为核心，以中西面点工艺、西餐工艺专业为骨干，以营养配餐、餐饮管理专业为支撑，以党建引领学院高质量发展，充分发挥全国样板支部和全省标杆院系培育创建的辐射效能，为餐旅行业提供人才支撑。其中烹调工艺与营养专业为江苏省示范专业、首批国家改革示范校重点建设专业。

3. 师资队伍

学院师资力量雄厚，现有专业老师92人，其中博士5名、硕士56名，具有教授职称4人、副教授职称17人，烹饪专业高级技师18人、技师28人。培育“数字餐饮营养膳食”等2个教学团队；获批江苏省烹饪工匠“双师型”教学团队、入选“青蓝工程”优秀教学团队各1个；组建“数字餐饮与营养膳食”等4支科研团队。此外，学院与行业紧密连接，聘请5位烹饪行业领军人物为学院建设指导老师，聘请32名淮扬菜企业大师名匠参与日常管理及教学工作，成立2个校企合作大师工作室；引进12名企业技术能手进校园参与专业教学，极大地丰富了教学内容。

4. 科研成果

学院先后出版26套教材，其中苏爱国、徐军、李增、许磊等分别主编的《烹饪原料与加工工艺》《烹饪工艺美术》《菜品设计与制作》《特殊人群食疗与保健》等系教育部中等职业教育“十二五”国家规划立项教材；苏爱国、钱小丽、许磊等分别主编的《中国饮食保健学》《烹饪原料

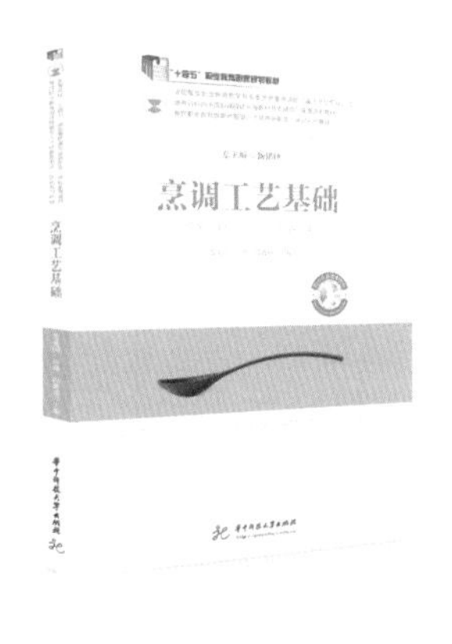

学》系“十三五”重点教材；苏爱国、许磊主编的《烹调工艺基础》系教育部“十四五”职业教育国家规划教材；闵二虎主编的《中国名菜》系人社部“十四五”职业教育国家规划教材学院教师申报并顺利结题课题 50 项，发表论文 200 余篇。

5. 各类大赛

烹饪科技学院高度重视职业院校技能大赛，教师在省级技能大赛中荣获 18 枚奖牌，在市级技能大赛中荣获 19 枚奖牌。与此同时，学院教师带领学生在各级技能大赛中摘金夺银，在全国职业院校技能大赛中荣获 28 枚奖牌，在省级技能大赛中荣获 30 枚奖牌，在市级技能大赛中荣获 38 枚奖牌。教师积极参加各类教学竞赛，4 人在省级“两课”教研“五课”评比中获评示范课；4 名教师在省级信息化教学大赛中获得奖项，其中 1 人获得一等奖；4 名教师在省级微课大赛中荣获三等奖；5 个教师团队在省级教学大赛中荣获一等奖 1 项、二等奖 2 项、三等奖 3 项。

获奖证书

江苏省代表队

在2023年全国职业院校技能大赛高职组“烹饪”比赛中荣获团体一等奖。

学校名称：江苏旅游职业学院

选手姓名：李新悦,何逸凡,秦泽勤,朱佳威

指导教师：吴雷,闵二虎

全国职业院校技能大赛组织委员会

二〇二三年　七月

编号:202301654

6. 实训基地

学院具有齐备的硬件设施，拥有总占地面积 291 423 平方米的实训基地，建筑面积 12 227 平方米，设备总值 5 411.82 万元，实训工位 980 个。迄今学院已经连续 5 年承办全国职业院校技能大赛，基地现为淮扬菜公共实训基地、淮扬菜非物质文化遗产传承基地、江苏省高水平示范实训基地、江苏省职工职业技能竞赛基地。学院拥有烹饪基础实训室、中餐实训室、西餐实训室、中西面点实训室、食艺实训室、淮扬菜大师工作室、烹饪营养实训室、烹饪理化实训室等 30 个实验实训室。依托学校平台，学院打造校内实训基地 40 个，与餐饮龙头企业万豪、富春等共建混合所有制生产性实训基地 160 个。

7. 校企合作

学院具有先进的管理理念，并与企业深度合作。先后与希尔顿酒店集团挂牌“烹饪专业教学实践基地”，成立希尔顿酒店人才培训中心；与万豪酒店联合建成现代厨艺与旅宿产业学院；立足扬州早茶，联合“三春两园”打造扬州早茶现代产业学院；与扬城一味等企业共建25个实训基地，建立馨园餐厅、真香定律生产性实训基地；与法国亚洲餐饮联合总会共建淮扬美食传承与创新国际化教学实训基地，完成实践培训28 481人次。学院助力企业产品研发，与国内多家著名企业开展烹饪专业产、学、研一体化的全方位合作。

学院自成立以来累计向社会输送了3万多名烹饪专业学生，培训的烹饪学员也有1万多名，他们的足迹遍布全国30个省、市、自治区和海外46个国家和地区，多方位展示淮扬菜的魅力。

8. 学院荣誉

随着扬州成为世界美食之都，烹饪科技学院迎来了新的发展机遇，先后荣获江苏省职业院校技能大赛先进单位、高技能人才摇篮奖、中餐烹饪科技进步奖，成为中国—东盟“宝石王杯”国际技能大赛执委会主任单位、洲际酒店集团英才培养学院、国家主题酒店与特色旅游产业技术创新战略联盟常务理事单位、第七届HOTELEX“明日之星”中国国际烹饪职业技能联赛优秀组织单位、扬州炒饭国际烹饪研究院、中国烹饪协会第七届理事会理事单位。学院将进一步传承和发展淮扬美食，走出国门，走向世界，使淮扬美食屹立于世界美食之林，同时不断培养一批又一批高素质技能型人才，传承大国工匠精神，为淮扬菜的海外推广贡献力量。

（三）江海职业技术学院

江海职业技术学院位于中国历史文化名城江苏省扬州市，1999年由民革江苏省委、扬州市委牵头，经江苏省人民政府批准筹建。2004 年经江苏省政府批准、教育部备案，正式成为具有独立颁发专科文凭资格的民办全日制高职院校。

该校人文旅游学院一直探索校企合作、工学结合的人才培养模式，经历了顶岗实习、订单培养、工学交替等多种实现形式，为餐饮行业培养了大量的技能型实用人才，为江苏的旅游发展做出了巨大的贡献。学院与金陵集团率先合作了 4 年，进行双主体办学的实践，以现代学徒制作为高职院校深化产教融合、推行知行合一、全面提升技术技能人才培养的重要举措，得到了政府和院校的高度重视，拓展了职业教育生存与发展空间。

（四）江苏省扬州旅游商贸学校

江苏省扬州旅游商贸学校是一所全日制中等职业学校，前身可追溯到明清时期三大书院之一的梅花书院。1980 年在扬州大市率先开设职业高中班，1995 年经国家教委批准定名为江苏省扬州职业高级中学，2008 年搬迁至扬州教育学院旧址，同时更名为“江苏省扬州旅游商贸学校”。

烹饪专业是学校多年来重点建设的品牌专业之一，目前在校生近 700 人，在编教师 26 人，“双师”型教师占比 100%。学校创新并实践了专业对接企业、团队对接项目、学生对接岗位的“三对接”校企合作人才培养模式，为扬州市及周边地区技能人才培养发挥了重要的作用。

学校烹饪专业国内实训就业基地遍布北京、上海、深圳、广州、南京等各大城市，学校还在国外和日本国际交流饭店协会、韩国永进专门大学、意大利阿·莫诺职业学院联合办学，学生毕业就业率达 98%以上。自 20 世纪 80 年代初创办职业教育以来，学校已向海内外输送中级技术人才 20000 多名。近 10 年来，学校成功向中南海、人民大会堂、钓鱼台国宾馆、奥林匹克组委会、生态环境部、发展与改革委员会、中国东方航空公司等高层机构或高端企业输送优秀毕业生近 500 名，近 1 000 名学生赴日本、意大利、新加坡、韩国半工半读、实习或劳务输出。

2021 年，学校烹饪实训条件再次升级，建筑面积 8 000 多平方米的新烹饪实训大楼投入使用，内有先进的实训操作、教学演示、模拟生产经营、对外培训等设施设备，安全性、实用性强，信息化、智能化程度高，是目前国内领先的综合性现代化实训教学基地。此外，为了帮助学生贴近行业需要，学校还建有烹饪专业综合性酒店实训基地。

学校烹饪专业还依托国家级周晓燕烹饪大师工作室，省市级非遗传承人陈恩德、陈春松大师工作室，以及江苏省职业教育王爱红烹饪名师工作室，借助高校、行业协会、全国中职烹饪专业教学校际联盟等平台，通过传、帮、带，促进教师快速成长，打造以年轻教师为基础、以中青年教师为中坚、以骨干教师为核心、以名优教师为领军的梯形烹饪师资队伍。

在教育部门主办的职业院校烹饪技能大赛中，学校学生共获国赛金牌 10 枚、国赛银牌 5 枚、省赛金牌 26 枚（其中 11 次为一等奖第一名）。在职业院校教学大赛中，学校教师获国赛金牌 1 枚、省赛金牌 5 枚、银牌 3 枚。烹饪专业教师主持市级以上课题 11 项，获得江苏省教学成果二等奖 1 次；参编教材近 20 本，发表论文近百篇。

本着传承创新淮扬菜的愿景，学校与扬州市文化广电和旅游局合力打造文化旅游新亮点，通过打造“淮扬菜可视化工程”项目，让更多的国内外友人认识并体验淮扬菜。截至目前，学校开发完成了汉语和法语两版《国际游客淮扬美食品鉴与服务指南》，出版了书籍《淮扬面点大观》（上下册），制作了 32 个淮扬菜品鉴视频，举办了 6 次“正宗淮扬美食”公益品鉴会，在“淮扬美食书场”公众号直播 32 次，以此传承发扬淮扬菜。

（五）扬州生活科技学校

扬州生活科技学校坐落在风景秀丽的历史名城扬州市中心，与扬州市政府、扬州市人大为邻，东接文化古迹文昌阁，北临名胜景点瘦西湖，是以培养生活科技管理和生活技术人才的省属全日制重点中等专业学校。

校园环境优美，绿树成荫，师资力量雄厚，教学设备先进，设有计算机网络中心、语音室、电教室及烹饪、摄影、电子等专业的现代化标准实验和实习室。学校现开设有五大类近 20 个专业，并设有高技、中技等各类学历教育，有在校生 2 800 多人。学校面向全国招生，在办学过程中积极倡导“以学生为本”的思想，大力拓宽学生的升学和就业渠道，现已开办高职班和技师班，潜心培养烹饪专业技能人才，为淮扬菜的传承和弘扬做出了积极的贡献。

（六）扬州英才烹饪技工学校

扬州市英才烹饪技工学校创办于1993年，系江苏省劳动厅、江苏省计经委联合批准成立的全国首家民办技工学校。

学校坐落在蜀岗之上，南眺瘦西湖，东邻大明寺，北接江阳工业园，环境幽静，交通便捷，教学设备、生活设施齐全，是学生成人成长的摇篮。

建校十多年来，学校遵循“服务社会，培育英才”的办学宗旨，培养毕业生4 000余人。这些毕业生遍布大江南北，部分学生还远赴美，英、德、日、新加坡等国工作、创业，深受用人单位欢迎。

学校拥有一支文化水平高、业务能力强、技艺功底深的师资队伍。坚持名师执教，实施封闭式管理和小班教学，重视文化课基础学习，强化技能训练。学校坚持与企业挂钩，使每个学生既掌握较扎实的理论知识，又具有较强的实践能力和适应能力。

学校以烹饪、餐旅为骨干专业，该专业由当代“御厨”挂帅，荟萃了烹饪界国家级大师，省级和市级名师，坚持科、教、研结合的教学模式，培养了一大批具有一定文化水平和烹饪理论知识及烹调技能的淮扬菜传承人。

为认真贯彻全国职教工作会议精神，学校发挥自身优势，与兄弟学校及企业联合办学，共享教育教学资源，做到招生即招工，招工即招生，学校在开办面向高中毕业生一年制烹饪强化班的同时，为让每个贫困家庭的孩子享有接受职业打桩教育的权利，又增设了一年制和二年制的半工半读技工班，将他们培养成才，并提供良好的就业机会。

学校还常年举办高级、中级、初级烹调师和面点师培训班，以淮扬菜的制作为主，兼学川、粤、鲁菜肴的制作。学校要求学员一专多能，开拓创新，适应社会。

（七）扬州中瑞酒店职业学院

扬州中瑞酒店职业学院是经江苏省人民政府批准、教育部备案、纳入国家统一招生计划、面向全国招生的，具有独立颁发学历文凭的全日制普通高等院校。学院由富力地产集团董事长张力先生创办，采用酒店教育世界排名第一的瑞士洛桑酒店管理学院的培养模式。

目前学校已建成有现代化气息的教学楼、报告厅、教学酒店、图书馆、体育馆、食堂、教师和学生公寓等。教学设备先进齐全，生活配套完善便利，校园环境优美雅静，安防设施标准完备。学院拥有标准语音实训室、专业调酒实训室、茶艺实训室、中餐服务实训室、西餐服务实训室、管事部实训室、自助服务实训室，以及按四星级、五星级标准建设的客房实训室等特色鲜明、功能齐全的专业教学资源，完全能够满足酒店管理类各专业理论和实践教学的需要。

1. 专业的办学背景

瑞士洛桑酒店管理学院创建于1893年，是世界上第一所酒店管理学院，至今名列全球酒店管理院校首位，是酒店教育领域的“哈佛”。扬州中瑞酒店职业学院全面引进瑞士洛桑酒店管理学院的教学理念、管理模式和人才培养方案，共享瑞士洛桑酒店管理学院在全球的教学、实习、就业等资源平台。

学院是瑞士洛桑酒店管理学院目前在中国专科层次的唯一合作院校，同时也是瑞士酒店协会的合作院校。学院学生学习期满，成绩合格者，除获得由中国教育部电子学籍备案的大专学历证书，还可获得由瑞士酒店协会颁发且为欧盟认可的专业文凭。瑞士酒店协会的文凭意义非凡，它代表了酒店教育领域的最高品质。得益于两个瑞士权威机构在酒店和教育领域的卓越贡献及地位，扬州中瑞酒店职业学院学生可获得最新的专业教学资源、完善的技能培训和实习就业机会。

2. 师资队伍

学院师资力量雄厚，“双师”型教师、研究生以上学历教师、副教授以上职称教师、专兼职教师等结构合理。学院聘请了来自国际知名酒店及著名高校的一批精英，以及中高层管理人员充实教师与管理人员队伍。按照与瑞士洛桑酒店管理学院的协议规定，学院教师必须接受洛桑酒店管理学院的专业培训，合格者方能任教。同时学院定期安排教师到酒店挂职或兼职锻炼，以更新和提升教师的实践技能，了解业界最新信息，让教学与业界实现零距离对接。

3. 专业设置

学院目前有酒店管理、西餐工艺、计算机网络技术、软件技术等与餐饮相关的专业，面向全国招生。

学院紧密围绕旅游酒店行业对人才的需求办学，以培养应用型高级专门人才为目标，以酒店管理专业为特色，不断探索应用型人才培养模式，为高速发展的酒店服务行业培养具有国际化视野和专业技能的高素质应用型人才。学院全面引进瑞士洛桑酒店管理学院的教学理念、管理模式和人才培养方案，并且分享其全球认证学院的资源。

三、扬州美食创新

“世界美食之都”的内涵究竟是什么？如何将传统优势转化为现实优势，将资源优势转化为产业优势，将文化优势转化为效益优势，这是我们必须面对的问题。我们不能坐在飞机上怀念“细雨骑驴入剑门”的诗情画意，而应以文化为基，以服务为魂，以效益为果，寻求“晴空一鹤排云上，便引诗情到碧霄”文化与生活相融相合的高地。冶春在这方面做出了一定的尝试，以下详述之。

（一）挖掘历史，充分发挥传统老店的文化优势

传承不离宗，创新不守旧。置身美境，品尝美肴。

冶春面临的这条河，是旧时扬州古城的护城河。城墙未拆前，扬州人依河置景，随势造形，形成了绿杨城郭美景。

多年来，冶春对其周边的自然景观、人文景观守正创新，走出了扬州餐饮“置身美境，品尝美肴”之路，使自身特色彰显，为他处难以效仿。

1. 康乾遗存，盛世重光

冶春将天宁寺、西御花园作为自身的背景，并将御码头包容其中。康熙、乾隆二帝6次南巡，每次都在天宁寺西园的行宫内居住。乾隆十八年(1753)，扬州盐商于天宁寺西园为乾皇帝兴建行宫，三年而成。行宫殿宇鳞列，馆阁连甍，宏丽非凡。又在行宫前扩建御码头，供乾隆皇帝上下龙舟之用。而曹雪芹的祖父曹寅曾在此4次接驾，并曾在西园奉命刊刻《全唐诗》。他的孙子曹雪芹写黛玉进京的船是经过扬州码头的，而电视剧《红楼梦》中的林黛玉确实是从御码头乘船去荣国府的，这给满带皇家之气的御码头抹上了一层胭脂色，使它更有光彩。

2. 复建码头，以旧还旧

历史上，乾隆皇帝游瘦西湖于此登船。经多年以旧还旧的修缮，御码头旧貌新颜。今天的御码头为青石所砌，驳岸精美，虽是旧物，依然伟岸。几十级青石台阶虽略有破损，却以它的沧桑诉说着当年的气派。高岸上有座四方碑亭，亭中石碑镌刻有“御马头”三个擘窠大字，雄浑雅健。现在这里是著名的乾隆水上游览线的起点。这里风平浪静，数艘辉煌的“乾隆号”画舫静泊阶下，观光游客上船前总要对青石碑瞄上一眼，争论“马头”的写法是否搞错。其实古人善骑马，车水马龙方成马头，只是后

来人们为了与“马头”区分，将“马”加了“石”字旁，这样也更切合码头的材质特点。

3. 彰显冶春得天独厚的水系

向东看，天宁门桥，寺前沿堤两岸甃石为清代石壁，壁立千仞，历200年坚固如初；砖砌拱桥，桥东西上下各有一层白石围栏，随势造景，弯曲自如；河岸上有成片的女贞、松柏、梧桐、槐树，古木屈曲，浓荫遮天，与喧嚣的马路完全隔开，营造出一片人工静域。昔日商贾从这里出发，沿着大运河北上经商贸易，带动了一方繁华。

向南看是北水关桥，透过桥孔，一弯曲水向南逶迤，这是小秦淮，难得的“烟火”水巷，“两岸花柳全依水，一路楼台直到山”。小秦淮是扬州古城唯一存留的南北方向内城河，为纵贯古城南北的“水轴”。清初王士祯《红桥游记》载：“出镇淮门，循小秦淮折而北，陂岸起伏多态，竹木蓊郁，清流映带。”赵之璧在《平山堂图志》中所云小秦淮为旧城小东门外夹河，指出了小秦淮河的源流。小秦淮经历了从自然河道到护城河的演变，是明、清两代扬州古城兴衰的见证。所幸的是这里保存着最原始朴素、原汁原味的历史遗存，小东门桥、务本桥、水关桥、埂子街、钞关、愿生寺、龙头关、董仲舒祠堂，为明清时期官商行旅往来的干道，远近知名，弥足珍贵。沿河人家，在码头上淘米洗菜、汰衣洗裳，真是小桥流水人家。

向西看，红桥、北门桥、问月桥、吊桥，四桥次第展开，水在此又分叉，只见船篙轻点，扁舟傍岸，两个船码头之间游人如织。从这里可达瘦西湖，瘦西湖可与杭州西湖媲美，“人天美景不胜收”。

三座桥之间的“丁”字形水网地带，水面虽不大，但活跃异常，似乎扬州城的活水都从此分配，古城的活力都由此不断补充。端坐水绘阁，可以欣赏“南北画桥翠烟中”。

该河是扬州的标志，朱自清概括得好：“下船的地方便是护城河，曼衍开去，曲曲折折，直到平山堂”“有七八里河道，还有许多杈杈丫丫的支流。这条河其实也没有顶大的好处，只是曲折而有些幽静，和别处不同。”从便门到西园曲水，楼台亭阁、假山叠石、佳竹奇木汇集于一线，傍湖风貌楚楚动人。

2022年4月1日，北护城河无人驾驶游船成功运营亮相。首批投入使用的无人驾驶游船共7艘，达到L4无人驾驶级别，2艘大船每艘限乘8

人，5 艘小船每艘限乘 6 人，均采用纯电动力驱动，增加特色服务设施，使人感受到游船的舒适度并获得体验感。结合扬州历史文化和瘦西湖特色 IP，5 艘游船的外观设计都注入了历史文化典故之魂：虹桥修禊、四相簪花、廿桥邀月、绿野泛舟、无双飞琼，说好扬州故事，演绎扬州文化。该游览线具备自主游览观光功能，未来还将形成多元化沉浸式的游玩体验，通过水上露营 BBQ、欢唱 KTV、悠闲下午茶、科技探索、桌游剧本杀、求婚大作战、姐妹狂欢趴等多场景娱乐休闲沉浸式的新产品，给游客提供直观、亲水的全方位感知及全新的游船体验。

冶春面河临水，绿柳垂阴，桃花灼灼，不仅有茶楼酒市，由此向西还可与瘦西湖相连，确实是游玩娱乐、休闲品肴的好去处。

（二）招贤纳士、知人善任，勇立餐饮潮头

冶春品牌集结了一批有经验、有能力的国家级烹饪大师和服务大师等实干型人才，他们秉承传统技艺，倡导现代经营方式，致力把传统餐饮做大做强。

餐饮要发展，人才是关键，冶春两条腿走路，一方面招贤纳士，另一方面加强自身人才的培养，对人才不拘一格，知人善任，淬炼出一支热爱餐饮事业、敢于担当、善于创新的中青年骨干队伍，使冶春勇立餐饮潮头。

在扬州，凡经典景区，最繁华的位置，必有冶春门店。全国的大城市也有冶春门店，而且遐迩闻名。

（三）打造品牌，以国际视野，扩大老店的海内外影响

冶春餐饮股份有限公司总经理、党支部书记陈军，多次荣获省、市优秀工作者和劳动模范等荣誉，并被中烹协、中饭协评为行业突出人物、优秀企业家，是扬州餐饮行业改革创新的领头雁。

陈军十分注重扬州饮食文化的传承与中西方饮食文化的融合，对扬州

的早茶文化和饮食风俗有较深的研究和拓展，在冶春园再现了扬州版的《清明上河图》饮食风情文化，尤其是将红楼文化与淮扬美食进行了有机结合和创新，其组织研制开发的红楼早宴与扬州八怪宴分别被中国烹饪协会、中国饭店协会评为“中国名宴”。

在传承好地方餐饮文化的同时，陈军带领冶春走出国门，向全世界宣传推介“世界美食之都”扬州。

国际中餐精英，风味冶春雅集。百年冶春，以国际化视野，致力打造品牌。2017 年 11 月 13 日傍晚，来自世界各地参加 2017 年中餐国际化发展大会的嘉宾来到冶春御马头店餐英别墅参加“风味冶春”品鉴活动。中国烹饪协会副会长边疆、美国中餐联盟主席朱天活、法国国际烹饪协会主席陈建斌、德国中餐协会会长胡允庆、奥地利维也纳餐饮协会会长彼得·道卡克（Peter Dobcak）、孟加拉国–中国人民友好协会秘书长舒曼（Shuman）、扬子江集团总经理蔡余良，以及 100 多位来自美国、法国、德国、奥地利等多个国家中餐联盟、协会的嘉宾出席了本次活动。“夜市千灯照碧云”，嘉宾们踏着黄昏，一路欣赏冶春园古色古香的景色，来到了戏台前，欣赏精心准备的扬剧传统折子戏。来宾们纷纷被吸引，一一拍照留念。

冶春一直致力于饮食文化的传承，积极和国内外中餐名店名家交流。此次大会，将冶春独具淮扬特色的菜点送到了世界中餐界的行家和专家面前，推广了“冶春”品牌，推动了冶春“走出去”的战略进程，对冶春的国际化发展起到了助推作用。

（四）彰显特色，文化寻根，弘扬古城传统

冶春以传统为基石，以文化为特色，不断丰富自身的品牌内涵。其旗下品牌门店特色鲜明，魅力独具。

1. 冶春诗社

扬州是诗城，人文荟萃；

冶春是诗社，修禊雅集。

冶即冶游，冶春原址本为花社，临近城边，绿柳依水，是百姓春日踏青赏花首选。康熙元年（1662）春，王士祯（号渔洋山人）扬州推官与扬州诸名士修禊于西园曲水，借晋王羲之《兰亭集序》中行曲水以流觞

之意，赏花、饮茶、赋诗。文人皆慕名而来，在此击钵赋诗，游宴不息。两年后，再次在此雅集，一气呵成作《冶春绝句》20首，其中流传最广的一首是：

红桥飞跨水当中，一字栏杆九曲红。
日午画船桥下过，衣香人影太匆匆。

诗美，事雅，众人皆和韵作诗，“江楼齐唱冶春词”。人们即在一箭之地的今冶春所在地（此处也是湖之曲处，且有花社、茶社）增其旧制，演绎出“红桥”“香影廊”“水绘阁”，俗称“后冶春园”，这些地方与冶春诗社一样成为人们的向往之地。几年后，卢雅雨任两淮盐运使，他效法前贤，主持红桥修禊，文人雅士以被邀为幸，郑板桥、袁枚等都留下诗词多首。人们又据此修建了纪念景观。

为满足游客“把根留住”的需求，今人又因势造景，在南岸建滨水碑亭，立诗碑记胜，以旧还旧。“冶春诗社”的渊源是历史上孔尚任曾主持冶春诗社并题字和诗：“酒旆时遮看竹路，画船多系种花门。”现字已不存，今人集字成碑，与“冶春诗社赋”的诗条石上下辉映。河上虹桥将诸景连缀，高低错落，相互掩映，恰到好处、点到人心。

坐在冶春，细数景点，有史公祠、御马头、天宁寺、芦萝村、水绘阁、香影廊、丰市层楼、问月山房、北水关桥诸景。有人说，这些景点名如词牌，单名称就能引发人的诗情画意。这些景点的匾额文化底蕴深厚。“文革”时期，人们自觉以石灰将石额的字粉起，阴霾过后，稍加清洗，原貌显现，笔触依然，“冶春”二字是王景琦先生的楷书，雄壮雅健；“北水关桥”是孙龙父先生的章草，古朴雄浑；“餐英别墅”为书家包契常所书，王字的遗风；“香影廊”是隶书，为重宁寺僧海云所书，颇得《西岳华山碑》的精髓；“水绘阁”石额是北碑风格，跋饶有趣味：“城北附郭昔有雉堞、春云之胜，盔茗主人筑阁水滨，索额于余，因袭冒巢民旧称归之。世璟。”说明建造者为“盔茗主人”，题额者为“世璟”。瞿世璟（1860—?），字梅阁，国学生，曾任两淮新兴盐场大使，定居扬州。他是中国共产党早期主要领导人之一瞿秋白的堂大伯父。题跋潇洒飘逸，铁画银钩，可能是瞿世璟遗存于世的唯一作品。一方方匾额，一个个故事，引动人们赏析流连。

2. 冶春茶社

冶春茶社是扬州人喝茶吃点心的最佳选择，冶春早茶已是扬州餐饮中早茶的标杆。《扬州画舫录》载：“北郊酒肆，自醉白园始，康熙间如野园、冶春社、七贤居、且停车之类，皆在虹桥。”“康熙间，虹桥茶肆名冶春社，孔东塘为之题榜”。冶春的百年建园史让人为之驻足，其点心更是自树一帜。冶春点心制作精巧，形美皮薄，馅心多样，并能应时而变、传承创新，而且其品牌早点早已远涉重洋，蜚声海外。

品牌的生命力当是古代文化与现代文明的交相辉映。扬州人爱喝茶，讲究茶肆的静、雅、趣，追求和谐优美的喝茶氛围，冶春把园林之美、茶肆之美巧妙糅合，玩中有吃，吃中有玩。食客来到茶社，或依窗而坐，或凭栏远眺，或近赏花木，再品着香茗，何等悠闲自在？

冶春及其周边的建筑耐人寻味，冶春、天宁寺，其旧建筑的布局与轮廓都没有变，在财力允许时又增其旧制，进行了复建和新建，而小秦淮河不止一次地进行过疏浚，并修整了驳岸。最可贵的是扬州人的尚古传统，他们珍惜自己城市的历史，宠爱先辈留下的遗迹，对历史上的景观趋之若鹜，不仅渴望了解其来龙去脉，追根溯源，还喜欢如数家珍般向游人介绍扬州的一草一木、一房一石。而对这里现存的古典园林，政府部门均修旧如旧，河两旁不建高楼，不修索道，保持着扬州古城的原有风貌，真是山河永存，民众之功。

冶春临水草榭，别具情趣。曲径与湖水之间是水绘阁和香影廊，阁与廊之间又有曲栏勾连。这些建筑皆沿湖而筑，虽不算宏大，却极富层次。南部临水处茅屋草顶，阳光一照，满顶金黄，与碧水绿杨相映成趣。房内花隔为断，方格支窗，临水处，又有美人靠椅，阁与廊一半建于水上，人坐其间，如同凫在湖上一般。

文豪朱自清先生在《扬州的夏日》中这样描写：“北门外一带，叫做下街，茶馆最多，往往一面临河。船行过时，茶客与乘客可以随便招呼说话。船上人若高兴时，也可以向茶馆要一壶茶，或一两种小笼点心，在河中喝着，吃着，谈着。”这种场景今天已经被冶春完美地复制再现了。

3. 冶春花社

扬州是美食之都，要繁荣美食，必然就要满足不同阶层人士的舌尖需求。清代康、乾二帝南巡带来各方美食促进了扬州餐饮的兼收包容；官宦权贵讲究“食不厌精，脍不厌细”，扬州菜逐步走向繁华；两淮盐商集中于扬州，其对奢侈生活的追求推动了扬州美食的丰富和创新；文人墨客雅集扬州，诗文书画酬唱，提升了扬州菜系的文化品位；扬州市民安于生活、乐于交流，普及了扬州美食，使粗料细做渐成时尚。

扬州美食是立体的，它以菜肴、面点、菜点、糕点等为主体，以街头巷尾的零担为补充，以茶坊酒肆、庵观寺院饮食为陪衬的多层次食品结构，被合称为“维扬风味”。其色、香、味、形的和谐配合，花色品种的丰富多彩，名厨技师的各显神通，操作技术的争奇斗艳，为美食家所惊叹。

维扬美食是与时俱进的，它因时而进、因人而做、因事而变，冶春也不例外。

冶春南园小苎萝村地处冶春河对岸。苎萝村原为西施家乡，汉代赵晔《吴越春秋·勾践阴谋外传》有载，苎萝村现在还有西施庙、浣纱台、日思庵等旧迹。李白有诗云：“西施越溪女，出自苎萝山。秀色掩今古，荷花羞玉颜。浣纱弄碧水，自与清波闲。”过去小苎萝村是游船停靠之所，当地村民皆以撑船为业，而撑游船者多为船娘。这些船娘长得漂亮，言谈不俗，因此人们常把她们比作西施，而村名亦成了“小苎萝村”。复原的虹桥将冶春北园与冶春南园连成一片，再现了历史盛景。正是：苎萝山上赞溪女，绿杨城边说船娘。

“冶春花社”由皇家园林的仪门导引，金勾彩绘，富丽堂皇，如领起前奏，明确地界定，突出地强调，将花木园林、亭台楼阁、流水假山连点成线，连线成片，使小景变大，趣味盎然。这里精心打造了十二花景，春有“烟雨樱霞”“仙琼无双”“红芳翠蔓”，玉堂富贵，玉琼无双；夏有“花对薇郎”“鸾禧绣球”“莲卧清波”，红芳翠蔓，分外妖娆；秋有“银杏金装”“秋叶霜红”“东篱陶菊”，桂月桐风，秋烟萧枫；冬有“云鹤风松”“岁寒丹红”“傲雪红妆”，艳寒香冷、疏影暗香。可谓春、夏、秋、冬山光异趣，阴晴雨露花影多姿。说不尽的鲜花着锦，万紫千红。

关情榭，纪念郑板桥。郑燮字克柔，号板桥，曾画《墨竹图》并题诗明志，榭遂以诗名：

衙斋卧听萧萧竹，疑是民间疾苦声。
些小吾曹州县吏，一枝一叶总关情。

茅屋一间，新篁数竿，雪白纸窗，微浸绿色，此时独坐其中，一盏雨前茶，一方端砚石，一张宣州纸，几笔折枝花。朋友来至，风声竹响，愈喧愈静。

板桥善对联，多有茶酒名联流传。《扬州画舫录》载，他曾在冶春题联：

从来名士能评水，
自古高僧爱斗茶。

闲酌馆，这里可满足青年一代的聚会、休闲需求。明代张昱有联曰：

酒馆湖船旧有名，
玉杯时得肆闲情。

冶春在这里深入打造“早茶晚酒午咖啡”的经营模式，瞄准年轻消费者的需求，开设小酒馆，以精酿啤酒为特色，以果酒、清酒为辅助，把流行的奶茶、蛋糕、蛋挞、铁板烧作为增项，以饮带食，经营各类煎炸烧烤等小吃，展陈百姓喜爱的特色小吃，如串串烧、麻辣烫、徽州饼、火烧、洋糖发糕等。既有民间的，也有私房的；既适应市场，又满足大众。实施早7点至凌晨不间断营业，将经营范围从早茶向中晚正餐、午茶夜宵完全延伸。同时，围绕非遗文化、民俗文化下功夫，开展正月十五闹元宵、五月初五品粽香、六月六捏花饺、七月七尝巧果、八月十五打月饼，以及唱扬剧、划旱船等一系列的传统民俗活动，展现扬州版《清明上河图》的美食民俗文化。并且围绕文化做足文章，定期组织“红桥修禊”、汉服游园等，重现历史上冶春的诗酒花茶胜景，让美景、美文、美食在冶春交相辉映，使新的冶春园不仅成为扬州美食的新亮点，更成为具有时尚范、烟火气与历史感相融合的城市地标。冶春赋予非遗文化新的时代内涵，弘扬崇文尚德、开明开放、创新创造、仁爱爱人的当代扬州精神，树立开放、创新、精致、优雅的扬州形象。

(五) 名宴挂帅，以“世界唯一”立于世界美食之林

1. 建丰市层楼，彰满汉全席

该楼虽为后建，却源自故宫原图，匾额则是依乾隆皇帝旧题复原。康熙、乾隆二帝在扬州驻跸时建天宁寺行宫，该处行宫有大宫门、二宫门、前殿、寝殿、右宫门、戏台、前殿、垂花门、西殿、内殿、御花园，门前左右为朝房及茶膳房，两旁为护卫房。又在天宁门至北门沿河北岸建河房，仿照京师长连短连、廊下房及前门荷包棚、帽子棚做法建造，称之为“买卖街”，并令各方商贾辇运珍异，随营为市，该景即“丰市层楼”。

旧时这里还是皇帝南巡时供应六司百官吃喝的大厨房，其所备菜肴即“满汉全席”，至今在《扬州画舫录》上还载有该席的食谱。如今的丰市层楼即为著名的餐饮之处，与旧例甚为相合。但今日的冶春并不沉湎于昔日的奢华，而是与时俱进，杨柳枝新翻。

2. 倾淮扬珍馐，现红楼盛宴

冶春主体建筑漱红堂的匾额是冯其庸拈笔挥翰题写，“红”是《红楼梦》，“漱”取意“漱石枕流”，隐居之意，意即只有身临其境，沉浸其中，才能在品味佳肴时“都云作者痴”，“我解其中意”。

扬州红楼宴从20世纪70年代创始至今，40年弹指一瞬，“创业艰难百战多”，红学家冯其庸、李希凡等多次来扬，扬州的丁章华、蒋华、黄进德、潘宝明也位列其中，经过反复研讨，一致认定红楼菜是淮扬菜。专家首先整体把握，曹雪芹在南京、苏州、扬州度过了他的少年时光。根据明末清初饮食习俗和典故，根据曹雪芹祖父曹寅在扬州接驾，红学界专家论定，《红楼梦》中“菜目都是曹雪芹少年时代在南方亲验的知识。由《红楼梦》可以看出曹雪芹不但知道这些名目，吃过这些东西，而且他还会做其中某些菜”。（吴恩裕）一系列活动终于使以“清淡、味雅、养生”为宗旨的中国名宴——红楼宴得以重现。冯其庸深情赞美道：

天下珍馐属扬州，三套鸭子烩鱼头。

红楼昨天开夜宴，馋煞九州饕餮侯。

冶春集团的红楼宴是靠实的，经过专家学者和艺师的共同努力，冶春红楼宴终于成为中国烹饪的一朵奇葩，在北京、广州、上海、香港、澳门引起轰动，在西欧、北美、新加坡、日本、澳大利亚飘香溢彩，不仅为扬州餐饮，而且为中国烹饪传统文化与现代文明相结合开拓了一条新路。王世襄在《忆江南》中赞道：“扬州好，盛宴有红楼，满室陈置皆雅丽，终宵饮馔皆珍馐，此是食之尤。”

不负先生所期，今日冶春已成为弘扬《红楼梦》文化的重要场所，红楼宴东渐西传，已成为世界性的维扬美食品牌。

为了彰显红楼宴的“红楼”特色，冶春在建筑及外部环境方面也下足了功夫，尽可能整饬外景，复原大观园精华。红楼所在地是开放式院落，太湖石材质的万卷映月假山、激流飞瀑，涧谷幽深，翼然飞亭，用抄手游廊围合，并采用皇家园林的做法，金勾彩绘，如廊中横枋的枋心、包袱皆为苏式彩绘，构图生动活泼，鲜花馥郁、山水逶迤、五彩斑斓。诸如宝黛扫花读西厢雕塑（春）、湘云醉眠芍药裀（夏）、宝钗赏菊藕香榭（秋）、妙玉赏梅芦雪庵（冬）等景观，冶春均依照《红楼梦》书中隐性的大观园进行了显性复原，“假作真时真亦假，无为有处有还无”。

冶春尤其注重红楼内环境的营造，楹联为证：

馔玉炊金红楼宴

烟花明月绿扬城

上联从清代明义为《红楼梦》所题的“馔玉炊金未几春，王孙瘦损骨嶙峋。青蛾红粉归何处，惭愧当年石季伦”绝句取意；下联从“烟花三月下扬州”“二十四桥明月夜”“绿杨城郭是扬州”取意。

红楼宴主厅：凤仪龙吟厅，首钗元妃是贾家的凤凰，元妃省亲是全书的华彩乐章。四中厅：沁芳阁，宝玉所题，大观园第一景；藕香榭，惜春住所；秋爽斋，探春住所；稻香村，李纨住所——从景观、人物到诗歌、绘画立体表现红楼的深厚文化。

冶春利用数十年研发“红楼宴”的经验做精“红楼”系列宴，全方位推出红楼早宴和红楼正餐，打造可食、可视、可品的冶春红楼美食文化“大观园”。现在的冶春连接“两古一湖”、毗邻市中心，已成为最具代表性的体验“世界美食之都”扬州饮食文化的标杆之地。

可喜的是，冶春并未停步，为适应扬州中国大运河博物馆的开馆，隋炀帝陵的面世，冶春正紧锣密鼓进行研发运河宴，挖掘125千米运河两旁的乡镇美食，使之登堂入室。

（六）强强联合，吸取“盒马鲜生”的经验

2022年9月20日，扬州扬子江文旅投资发展集团党委书记、董事长蔡余良，党委副书记刘惠谦，率集团营销部、运营部、冶春食品公司、冶春餐饮公司等相关部门和单位赴盒马鲜生总部进行深度考察，并与阿里巴巴副总裁、盒马鲜生创始人兼CEO侯毅，3R事业部、3R工坊、冻品采购、NB采购、标品采购等部门负责人进行了会晤。双方就当前新零售市场发展趋势、老字号品牌的复刻及双方合作的模式展开交流，在冶春开设盒马工坊店，冶春冻品、预制菜等产品进驻盒马鲜生门店等方面达成共识，以实现强强联合、资源共享和优势互补。

此次会晤建立在双方一年来的业务沟通和产品合作的良好基础上。扬子江集团作为扬州本土国有淮扬菜企业，不仅以淮扬菜面点非遗绝技、精湛刀工展示了传统餐饮经典的一面，还通过狮子头、包子、炒饭的预制食品表达了集团研发创新、产品转型、深入新零售的意图和决心。

此次考察，集团不仅深入了解了盒马鲜生的基本情况、发展历程、产品结构、品类管理、战略规划及发展成果，还探索了传统品牌和传统食品如何巧妙搭配盒马鲜生“体验式+沉浸感+互联网”的新零售模式。未来，集团计划在做优传统餐饮的同时，也争取在面点类新品、预制菜、3R 产品等方面取得突破，为下一步的合作打好基础。

（七）走出中国，让世界认识扬州美食，体验中国文化

走出去，让世界认识扬州；走上国际舞台，成为中华味道。2021 年 10 月 1 日至 2022 年 3 月 31 日，世界博览会在阿联酋迪拜举行。这是一项由主办国政府组织或政府委托有关部门举办的有较大影响和悠久历史的国际性博览活动，有 190 个国家、50 多个国际组织参加了此次盛会。中国馆面积有 5300 平方米，其中餐厅面积 538 平方米，餐厅即由冶春负责运营管理。冶春借此机会向来自世界各地的游客推广中华美食文化，展现“扬州冶春、中国味道、世界美食”。

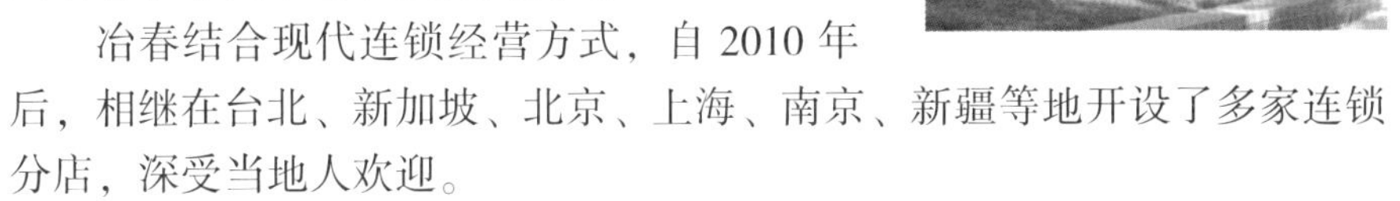

冶春结合现代连锁经营方式，自 2010 年后，相继在台北、新加坡、北京、上海、南京、新疆等地开设了多家连锁分店，深受当地人欢迎。

2024 年，冶春又连开 5 家分店：深圳首店，位于深圳市南山区深创投广场，以旗舰店模式经营，经营面积近 400 平方米，致力将“世界美食之都”扬州的美食带到全国新经济中心；无锡荡口店，这是冶春在无锡开设的第二家分店；瘦西湖凫庄店、仪征黎明店和竹西店。5 家冶春门店总面积约 2500 平方米，3 家分店在景区，1 家在酒店内，1 家在商业综合体内，可谓多业态开花。

绵绵 300 多年，冶春实现了从花社、诗社到茶社的华丽转身，集美食、园林、民俗、文学于一体，风情万种，雅趣横生，更以美景、美文和美食而东渐西传，誉满五洲，闻名四海。

冶春不仅为上层的美食家服务，还主动沉下去，为更多的大众服务。继冶春北京高铁南站店、北京世园会店、上海华师大店陆续开业以来，冶春在一线城市上海又开设了一家门店，并在外卖平台上线，顾客可以通过外卖点单品尝冶春美食。冶春的厨师还根据时令季节，对食材及其制法定期进行更新。同时，冶春逐步在 CBD 中央商务区写字楼里开设去厨师化的快捷店，以供应“早餐+午套餐”为主，在中高端社区开设冶春红楼驿

站，以供应“点心+熟食+套餐”为主，多方位展示冶春美食的魅力。

四、扬州美食文化交流

美食因交流而多彩，美食因互鉴而丰富。

在淮扬菜系的生成与发展过程中，厨师、平民、商贾、文人、帝王以不同的身份和角色，共同打造了“淮扬菜系”这一品牌，也共同造就了扬州这一中国淮扬菜之乡的文化丰碑。在历史文化名城中，没有哪个城市能像扬州这样占尽地缘优势，在水运占主导地位的古代，横跨东西的长江、贯通南北的运河在扬州交汇，人和物乃至文化皆可由扬州南来北往、东渐西传。扬州具有可以生成一方菜系的文化土壤，具有能吸引全社会各阶层来这里共同打造淮扬菜系文化品牌的独特魅力。而且历经战乱，尽管经济受到冲击，但扬州美食事业从未停止过发展。可以说，淮扬菜系能成为一种文化事象，能成为一个品牌，这是历史的积淀，是社会各阶层共同努力的结果。

（一）历史上扬州美食海纳百川、东渐西传

扬州美食善于海纳百川，吸收全国各地美食的丰富营养，也无私奉献，东渐西传。古往今来，定居或造访扬州的文人墨客、达官贵人都为扬州美食的民间层面方面传播不遗余力。政府层面，隋炀帝三幸江都，带来了北方的厨师及烹饪技术，使南北饮食在扬州相会；明代朱元璋南京登基，曾将扬州美肴列为宫廷御膳，朱棣迁都北京，扬州菜顺理成章在京师生根；清代康、乾二帝南巡带来各方美食，在扬州开设满汉全席，刺激了扬州餐饮的吸收包容，促进了淮扬菜系的成熟。

一方面，鉴真将扬州美食传向东国，伊秉绶将扬州炒面、炒饭传往南国；另一方面，唐时，胡食大量涌入扬州，丰富了扬州美食的内容。“商胡离别下扬州”，诗圣杜甫一语道破了唐代扬州繁华的根本原因。唐代开明政策下，扬州成为天下商贾云集之地。胡人给扬州带来了有形的胡物，为传统生活吹来一股新鲜的风。胡食在当时的扬州十分普遍，甚至有酿造美酒“三勒浆”出售者。胡人在扬州有卖胡饼的，鉴真东渡携带的食物中即有胡饼；有开饮食店的，有关记载中提到的“胡饭”，有如今天的所谓西餐。从古到今，扬州美食文化都是包容而不崇拜，抉择而不唾弃，既无私地把自己成熟的美食文化输向天涯海角，又无餍地汲取五洲四海美食文化的丰富营养。

在我国，清真食品有南北之分，扬州的清真食品在风格上属于南派一路，其历史悠久，风味独特而且正宗。清真菜强调活口生禽吃时现宰，所以菜肴洁净、鲜美，且绝对免酒。其以烹制淡水鱼虾、海货、家禽见长。就其类型，大致有家常菜、市肆菜、院菜（又称“教席菜”，是清真寺重大节日款待到寺参加宗教活动的穆斯林所置办的食物），一般制办院菜的费用来自穆斯林自愿资助。

明清时，扬州经营清真菜已成风习。先是小商贩不断增加，走街串巷，街头设摊，之后逐渐发展出鸡鸭熟食、牛羊肉、面饼、茶社、茶食、饭菜馆、牛羊屠宰、豆制品业等行业，其中鸡鸭熟食业与饭馆业最为有名。清末民初，扬州清真食肆的生意非常红火，大小店铺多达五六十家。位于东圈门的林源兴鸡鸭店，创办于1901年，该店制作的油鸡白嫩酥鲜，板鸭香鲜醇厚，熏鸭金黄不焦，皮脆肉嫩。该店老板为清真厨行出身，不仅自己有独门绝技，而且善带徒，不少技精成才者在本地和外埠开店，如上海林懋兴、苏州林源兴都是继承自扬州林源兴，“林源兴”遂成为一方清真美食的标志。扬州的清真饭馆业在20世纪20—30年代最为兴盛，其中又以天兴馆最出色。该店擅长制作鱼翅、鱼皮烩成的大菜，流传至今的原焖鱼翅、芙蓉鸡鱼翅、原焖鸡酥圆、鱼肚什锦、扒烧牛筋、清烩拆骨鸭舌掌、清炒美人肝、炒双脆、羊方藏鱼、挂炉烤鸭等维扬名菜，都源于该店。可谓个性鲜明，经济实惠，对于拓展扬州菜肴的丰度、广度功不可没。

（二）1949年后扬州美食对外的影响不断扩大

1949年后，扬州美食的拓展侧重社会效益。其实扬州人从来没有不重视美食拓展，我们自豪于开国第一宴都是扬州菜；得意于国宴均用扬州菜，各国的元首都钟情扬州食品。扬州厨师曾多次为各国元首做菜，英国女王来华访问，扬州籍厨师为其在人民大会堂制作柴把鸭子和金糕香型冷菜，尼克松、希拉克、金日成、西哈努克等外国元首来中国或来扬州，无不称赞扬州菜点的精美。

从1949年到改革开放前，东京、巴黎、伦敦、纽约等世界名城都有扬州菜馆开设，但范围小，诸多因素制约了扬州美食的技艺输出、服务输出，扬州厨师也很难组团出国展示技艺。

这一时期，由于人口流动的局限性，个人即使去国内其他城市经营扬州美食难度也很大，扬州厨师或美食经营者要单打独斗几乎是天方夜谭。

可贵的是，扬州从未放弃过对美食技艺的探索与传承。

（三）改革开放后扬州美食融入世界

改革开放后，扬州美食迎来了加速发展的春天。一方面是制度的改革，户籍制度和经济制度的变革鼓励大众创业、万众创新。另一方面是职业教育的发展，扬州烹饪教育改变了传统师带徒的模式，更注重理论与实践的结合，为社会培养输送了大量烹饪技艺、餐饮服务及管理人才。这些人才进入名店、央企、国企，进入驻外机构，他们有理论、有思想、有目标，且掌握现代人工智能技术，经实践磨炼后，充满活力，形成了扬州美食传播的群体出击，开拓出了扬州美食传播的新天地。

1. 为驻外机构掌勺

1982 年开始，扬州烹饪大师应联合国邀请，为世界各地的高级官员掌勺。

2. 赴大都市表演技艺

扬州还有更多的餐饮老字号、新力量带着淮扬美食和淮扬菜烹饪技艺走出去“会友”，以更加包容和谦和的心态在他乡、他国友好落地，不仅拓展了业务，同时也扩大了扬州“世界美食之都”这块金字招牌的影响力。业内人士坦言，“世界美食之都”和“淮扬菜之乡”成为不少餐饮企业走出扬州发展的加分项。

1987 年，扬州在日本东京闹市口银座开设中国扬州富春茶社，一批批厨师漂洋过海，赴日本献艺，带去了鉴真大师故乡的经典美食，让淮扬菜香飘东国，使扬州菜在日本扩大影响。

扬州还多次组团，次第赴华盛顿、纽约作精彩表演，受到美方的高度赞扬。1997 年 6 月 17 日，在法国巴黎市中心的明星酒家，中国技能工人访法观摩表演团举行中式烹饪、中式面点、刺绣三项技能表演，富春茶社总经理徐永珍作为江苏省唯一代表、表演团唯一的面点师进行表演。周围是 300 名观众，她为了满足人们的要求，从原先计划只做 5 种面点增加到 10 种，草原玉兔、千层油糕、小鸡归巢、双麻酥饼，名称动听，造型逼真，做工精细。她如一名魔术师，一块块普通面团经她之手，都成了艺术品。礼仪仪式结束后，温文尔雅的中外来宾面对香脆的面点竟一下子抛开了绅士风度，将面点一抢而空。

3. 吸引国际友人来扬州品尝佳肴

扬州美食吸引海内外前来扬州品尝佳肴。国际名人盛赞扬州菜肴，仅一道菜，就使他们惊叹不已。如富春的文思豆腐。国际著名华语诗人杨炼曾几度偕欧美诗人来富春品尝淮扬菜，他对外国诗人介绍说：“扬州菜就像莫扎特的小提琴协奏曲一样，高雅、清新，富有魅力。”看到名厨现场表演刀工，众人惊叹不已。德国著名诗人丁·萨托琉斯形容文思豆腐极像花芯，杨炼说这是豆腐的痕迹，英国著名诗人肖恩·奥布莱恩则认为是豆腐的基因。英国著名女诗人帕蒂小声说：“我都不敢呼吸了，这么细一吹就会断的。”英国著名诗人 W. N. 赫伯特题写：“富春是扬州一道可食用的风景，我想长住在这里。”英国女诗人波丽·克拉克也写道：“谢谢你们的美食和友谊，这真是一次特别的访问。”

世界华文诗坛超现实主义代表人物洛夫先生曾与北京大学教授谢冕先生联袂品味富春美食。洛夫先生看着精美的菜肴说："诗人是醒着做梦的人，今天是醒着吃梦中的菜。这么细的豆腐丝，穿针还真不费事！"谢冕教授指着烫干丝夸道："扬州刀工了得，这是富春厨师作的诗！"两位诗翁还端着文思豆腐合影留念。

4. 接受外厨来扬州游学

近年来，日本不断组织烹饪代表团到扬州访问、进修，系统地学习淮扬菜烹饪技艺。扬州大学也接受朝鲜厨师团来扬学习烹饪技艺。

5. 举办美食节

美食是扬州对外交往的闪亮名片，在"世界美食之都"申报过程中，扬州举办了首届中国早茶文化节、运河美食嘉年华、中餐国际化大会、世界中餐名厨扬州行、中外丝路城市美食展览会等活动，扩大了扬州美食和扬州城市的影响力。入选"世界美食之都"后，扬州进一步打造新美食展示窗口、美食节庆会展、美食文化传播等，发挥美食文化在国际文化交流中的独特作用，以美食为媒，开展舌尖上的交流，持续扩大扬州的国际知名度和影响力。

6. 传播和推广扬州美食文化

扬州美食在海外的传播和推广也经历了一个过程。1988 年时，旅日淮扬菜大师居长龙和家人刚去日本，之前当地消费者只知道上海料理、粤菜料理、北京料理，对淮扬菜还非常陌生。他就在日本厚木、静冈、东京等城市相继开了 4 家中餐店，分别叫"扬州厨房"和"楼兰餐厅"，一直坚持做淮扬菜，还培养了 3 名日本籍淮扬菜厨师。日本消费者饮食清淡，注重低糖低油。淮扬菜进入日本市场后，本土化改良的关键在于调味，像松鼠鳜鱼、干烧虾仁、大煮干丝等在当地就很受欢迎，淮扬菜厨师在日本炒出的菜，看不出油才算成功。居长龙深有体会："淮扬菜进入日本市场，要在中国元素的基础上，结合日本消费者的需求，刀法和调味略有变化，但淮扬菜烹饪理念不能丢。"

今天的扬州利用"大运河"这一世界级品牌，加强对"世界美食之都"扬州的宣传，尤其是用运河品牌美食文化主题活动来推进扬州美食文化传播。具体做法有：通过多种媒体对"世界美食之都"及运河饮食文化的宣传，构建和传播扬州美食文化的形象；通过建设淮扬菜博物馆、淮扬菜展示体验馆、淮扬美食书场等形式，加强对运河饮食文化的传播；利用大运河遗产保护管理城市联盟和世界运河合作组织等平台，推介扬州运河美食，传播扬州美食文化；以"一带一路"国家为着力点，通过参加国外美食文化活动等，讲好运河饮食文化的扬州故事。

7.“五都荟萃”展现扬州美食之味

2023年10月21日，在“澳门之味巡礼——五都荟萃”美食嘉年华活动举办期间，作为“世界美食之都”“中国淮扬菜之乡”的扬州，在澳门路氹金光大道公园举办了由扬州市邗江区旅游协会主办的邗江专场推介，广邀各路宾朋走进扬州邗江，赏古城水乡风景，品淮扬精致美食，感受古城文化。

邗江此次参展的各类美食无不代表了扬州的最好技艺、最高水平和最高境界，是扬州美食文化的浓缩掠影。展品既有邗江特产裔家牛肉、黄珏老鹅、风鸡、风鹅等，又有扬州狮子头、宝应湖老鸡煲、清水大闸蟹等。展品全部由邗江旅游协会组织，这次专场推介还有一个诗意的名字——“绿扬珍献”。

江苏旅游职业学院学生全国烹饪大赛金牌团队还现场为嘉宾展示了淮扬名菜文思豆腐、扬州名点月牙蒸饺的制作过程。江苏旅游职业学院副校长周丽介绍，此次学院的淮扬菜制作传承与创新团队，为推介活动特别设计了“盛世龙腾”的主题展台，作为澳门与扬州友谊的见证，赠送给了澳门代表、澳门新口岸区工商联会会长胡达忠。

“澳门之味巡礼——五都荟萃”美食嘉年华活动的平台，对加强世界各个美食之都城市之间的交流合作意义巨大，产生了极好的效果。

（四）新时代扬州美食实业对外拓展

1. 扬州师傅走出国门

不同于旧时“走西口”“闯关东”“下南洋”的谋生，要抛家弃业，充满凄苦，在海外经常是“老乡见老乡，两眼泪汪汪”，扬州美食师傅走出国门开设餐厅是理直气壮地创业，到海外各显神通地发展。时代不同了，扬州厨师在海外见面是“老乡见老乡，满脸喜洋洋”，开始了弘扬中国菜、弘扬淮扬菜的新纪元。

伴随着中国经济实力和文化影响力的提升，中餐国际化处于上升的机遇期，世界各地如东京、巴黎、伦敦、纽约等名城都有扬州菜馆，扬州美食行销五大洲的几十个国家和地区。扬州还在国内外整体推出扬州菜肴，“红楼宴”在新加坡、我国香港地区等地露面后，引起轰动，被称为“扬州美食文化的极致”。

2. 扬州老字号品牌影响持续

扬城餐饮品牌众多，包括“冶春”“富春”等老字号。目前冶春在境内外门店共35家，最远的门店开到了新加坡。

富春在省内外共有门店16家，其中有一半分布在南京、合肥、盐城等城市。

3. 扬州美食新生力量崭露头角

扬州美食的新生力量如东园小馆、吴家粥铺、星伦多、虹料理、江苏扬城一味、淮扬府、老土灶、必香居、熙春、狮子楼、淮食、大牌冒菜、游园京梦、竹外桃花、百润等多个餐饮品牌都在省内外有布点。

东园旗下三个子品牌，分别是星伦多、东园小馆、虹料理，目前共有300多家门店。其中，东园小馆主要分布在扬州、泰州、苏州、常州、无锡、南通、南京等城市，以淮扬传统小吃为主；虹料理分布在扬州、杭州、苏州、南京等地，是扬州餐饮人尝试经营的日式料理；星伦多作为海鲜自助品牌，融合了来自世界各地的食材，同时也不忘淮扬菜的“初心”，其分布在上海、江苏、安徽、浙江、湖北等地，并正在向西南、华南的省市发展。

大牌冒菜是扬州年轻一代餐饮人创立的餐饮品牌，目前包括直营店和加盟店在内已经开设了500多家，最远开到了多伦多、澳门地区。

吴家粥铺由江都姑娘吴春香创立，17年来，在江苏、安徽、上海、浙江等地开设了60多家分店。

老土灶在江苏省内有12家门店，省外则在安徽天长开设了1家分店。

吴不同餐饮，从狮子楼大酒店起步，在南京开设了“淮食·厚园”（淮扬精品菜馆），在北京还有两家团膳店等。

2021年，扬州宴、趣园、7吃8吧阳光餐厅等几个餐饮品牌分别在外地开店。

4. 扬州“文化+美食”组合出击

2021年以来，扬州“世界美食之都”和“中国淮扬菜之乡”的招牌产生了叠加效应，成为扬州餐饮企业走出去的加分项。

甘肃兰州景扬楼掌门人屈桐旭认为：“上次去扬州学习，我们带回了三套鸭、八宝葫芦鸭等淮扬传统菜肴，作为一家在兰州做淮扬菜的餐饮企业，扬州被评为‘世界美食之都’后，我与有荣焉。一方面，这是对淮扬菜发源地的一种认可；另一方面，这也是对淮扬菜品质的一种背书。”

淮扬菜餐厅游园京梦虽然起源于北京，但是创始人是扬州人，在北京和西安开设的门店以新派淮扬菜的呈现方式深受食客欢迎。餐厅常年排队，目前已经是西安当地排名第一的淮扬菜餐厅，其大部分食材均来自扬州，包括螃蟹、水芹、慈姑、菱角、虾仁、鸡、鸭、鹅等。游园京梦和竹外桃花一样都是淮扬府旗下子品牌，目前主要的客户群是在北京、西安生活的扬州人，以及慕名来打卡正宗淮扬菜的食客。淮扬府的经营者表示：“不过，我们也会用淮扬烹饪技法来烹调当地的好食材，这是淮扬菜走出扬州在一个城市和地区产生影响力的关键之一。这是一种友好的方式，可以让当地食客迅速理解和接受淮扬菜。我们可以展示淮扬菜，也会以美食会友，主动认同当地的风味。”

2020 年 8 月 18 日下午，“江苏淮扬美食 · 陕北横山优品”西安店授牌暨品鉴活动在西安 SKP 商场举办，来自扬州的中国烹饪大师陶晓东、洛扬等出席了该活动，他们展现“世界美食之都”扬州的餐饮实力，将来自陕北横山的优质土特产研发成淮扬风味的高档菜品，让“土味”秒变创意融合菜，用创意为当地帮扶，这也是苏陕协作的另一种形式。

对此，不少餐饮业内人士坦言，淮扬菜想要走得更远，需要以更加包容和谦和的心态再出发，同时修炼内功，不拒绝分子料理等新型烹饪手法，用独特的技艺和巧思接受更多的食材，使之友好落地，让更多食客爱上扬州，为“世界美食之都”扬州的建设添砖加瓦。

（五）淮扬菜集聚区与国际餐饮市场深度融合

2009 年初，商务部颁布《全国餐饮业发展规划纲要 2009—2013》（简作《纲要》），提出在对传统菜系改良、创新的基础上，重点建设五大餐饮集聚区。“淮扬菜”作为扬州的城市名片也名列其中，其范围涵盖了江苏、浙江、安徽和上海。《纲要》同时还提出了重点建设淮扬风味菜、上海本帮菜、浙菜、徽菜创新基地，建设中餐工业化生产基地的发展规划，充分说明了淮扬菜在全国的影响及其丰厚的文化底蕴，对淮扬菜发展产生了至关重要的推动作用。

餐饮业作为我国国民经济发展的重要产业融入国际餐饮市场，是每个肩负振兴中国经济重任的有志之士发自内心的希求。世界经济发展战略证明，餐饮业早已成为发达国家对外进行资本和品牌输出的载体，中国的餐饮市场早在 20 世纪 80 年代中叶即已受到了来自发达国家餐饮巨舰的猛烈冲击。这表明，市场全球化已使餐饮业的竞争从区际扩展到国际，中国餐饮业的竞争就已不再是单纯的国内竞争。餐饮业是我国经济在国际经济舞台上最敏感的晴雨表，国际竞争的硝烟往往最先在这个行业泛起。其应对策略是经营的拓展与餐饮品牌的铸造。

随着餐饮集团、餐饮业跨国公司的涌现及迅速成长，为争夺全球市场份额展开的竞争日趋白热化。拓展淮扬菜集聚区餐饮经营规模，优化餐饮管理方式与服务手段，是淮扬菜集聚区与国际市场相融合的重要一环。

1. 入乡随俗，显现特色

外国人很喜欢中国菜，但是在海外经营中餐一般须注意以下几个方面。

第一，西方人烹调菜品讲究清淡，对注重营养搭配、色调淡雅、偏重本味的菜点特别喜爱。

第二，西方人吃菜前通常先喝汤润口，因此菜肴制作需略施汤汁（沙司），即使是炒菜也需要多加汤汁。

第三，西方人的口味以甜酸、微辣为主体，麻婆豆腐、鱼香肉丝、宫保鸡丁，西方人十分爱吃。

第四，酥香菜品备受西方食客欢迎，如扬州春卷、香酥鸡、松鼠鱼等，只要尝过的外国人无不称赞不已。

2. 运用现代科学技术武装自己

简化现行的作业流程，缩短作业时间，提高工作效率，充分发挥信息技术在餐饮业中的作用，不仅可用于菜品价格、账目等方面的管理，对于淮扬食品的标准化、个性化，找到传统风味与现在流行的需求的平衡点，对其他菜系择善而从、为我所用也有重要作用。现代科学技术对于扬州餐饮业进一步扩大集团化、连锁式经营，实现生产、经营、管理的科学化提供了有力的保障。

3. 研究淮扬美食的特许经营

扬州已有不少餐饮企业走出去，不仅在北上广深，而且在西欧北美、一衣带水，但这些餐饮企业的规模还不大，这就需要研究淮扬美食的特许经营，可以将我们已拥有的具有知识产权性质的名称、注册商标、成熟定型技术、客源开发预订系统和物资供应系统等无形资产的使用权，转让给相关企业，以获取经济效益。它是直营连锁经营发展到一定阶段后产生的更为高级的商业业态，这种经营模式在许多发达国家都有其运作成功的典范，如美国的麦当劳、肯德基、可口可乐等其实都是终端消费系统，都是以统一性替代个性，以单一性替代多样性，如肯德基的鸡块、炸薯条、柠檬等都是一样样的开摆，任人选着吃。而中国菜喜欢综合，荤菜、素菜切碎了拌在一起炒，还嫌粘不到一块，还要勾芡粉，这样味才出得来。有人戏说，这好比中西方的不同交往方式，美国人和人交往，先是拉开距离，然后选择，所以缺点是孤独；而中国人是先混在一起，然后区别，所以弊端是搅成一团，人与人之间的关系容易流于琐碎。

餐饮企业经营在国际与国内有着许多共同遵循的规范，如《商业特许经营道德规范》《商业特许经营管理办法》等。在我国，特许经营模式率先在餐饮业发起，且普及率最高，在一定程度上已有了在国际市场上拓展经营规模的经验和实力。尽管像冶春这样的企业集团已经“走出去”，但淮扬菜集聚区在这方面还不够强势，相关政府部门、企业家和相关专家必须对此高度重视。

4. 经营品牌成为淮扬菜发扬光大的重要战略

经营品牌应作为淮扬菜餐饮业发扬光大的重要战略步骤，这是历史赋予淮扬菜集聚区餐饮行业同仁的共同使命，也是现今国际餐饮市场竞争对淮扬菜集聚区餐饮业同仁提出的挑战。历史给了扬州一个光照四海、独具特色的文化品牌，这就是“世界美食之都”，其在淮扬菜系城市中尚属首例。历史为今天的扬州打造了一个无与伦比的文化丰碑，这就是“中国淮扬菜之乡”。扬州拥有的“世界美食之都”这一文化财富使其自立于当今世界美食之林。淮扬菜系生成于扬州，美食之都定位于扬州，这是历史的机遇、时代的赐予。有人说，淮扬菜的经营并没有出现像川菜、粤菜甚至湘鄂风味、晋豫风味那样的火爆场面。这表明，淮扬菜集聚区餐饮业还缺少品牌的经营意识与得力手段，业内人士特别是企业家必须予以高度重视。

5. 保持淮扬菜的民族特色与区域个性

强化淮扬菜餐饮业在国际市场上的竞争力，既要学习西方先进的经营理念和经营模式，还要充分体现淮扬菜集聚区饮食文化的独特魅力。在继承和发展淮扬菜集聚区优秀饮食文化的基础上，结合实际，发挥扬州美食文化久蓄而成的内在力量。淮扬菜的基本特征是具有中和之美，尤其是最近几年，摒弃山上的奇珍，改变重油重色，远离麻辣烫已成为健康饮食的遵循，而高档的国宴、高层次的餐会，使用的还是淮扬菜。中国淮扬菜基本表现形态和特征具有浓厚的美学色彩，其基本表现就是“本味”，这正是中华民族在饮食活动中的个性反映。“中”者，折中、守中，就是要在两个极端之间找出中心，保持平衡，通过折中，求得稳定，从而使矛盾在平和中转化。“和”者，和谐、平和，就是通过协调的手段求得矛盾双方的共处，这是中庸之道的核心。放到美食文化中，就是根据原料自身的风味个性进行配伍，使之形成和谐至妙的本味整体，使食者在回味中获得中正平和的审美体验。扬州美食所选原料平朴易得，依时而用，不以名贵取胜，不以烈味张扬；烹制方法以炖、焖、烩、焐、蒸见长，所得之味怀本求真；调味方法力求以原料自身的天然之味为本，通过平衡与整合，使原料原味间的冲突在平和中转化为至美之味——“本味”。这一切正是淮扬菜本味治膳的基础，也是显现中和的前因。与之相比，其他风味集聚区的菜品在这方面尚不可及。如辣文化餐饮集聚区因地处水网，菜品以辛辣调味品彰显个性；粤菜餐饮集聚区因靠近海边、山麓，以生猛海鲜、山上的野味彰显个性；京鲁菜的满汉全席、火锅、烧烤适合北方偏冷的环境，有些仅可以进行皇室地位的炫耀，驼峰、熊掌等食材难以为继，而油腻太重又与健康相违，自然难以向南方普及。这几种菜系其取胜之势皆在平和守中之外。

淮扬菜餐饮业有着几千年的文化积淀，精深博大而独具魅力，是许多发达国家的餐饮业无法比拟的。既然中国经济要与世界接轨，进入国际经济大循环，那么，餐饮业自然也应不例外地融入其中。世界上任何一种文化，首先是民族的，然后才是世界的。应该看到，淮扬菜在全世界的地位一直很高，西方人对淮扬菜的烹饪技艺一直青睐，这一点从未变过。如果盲目地用机械化、标准化彻底取代手工操作，淮扬菜的烹调也就很可能失去她应有的“中和”之美，扬州美食文化也可能因此而失去其特色。只有将手工烹饪与现代烹饪、悟性烹饪与量化烹饪进行有机的结合，最终确保淮扬菜集聚区菜点的个性风味和文化特色，淮扬菜的餐饮业在国际餐饮市场的竞争中才能健康发展。因此，淮扬菜切不可在自身已有的优势上突发奇想，紧随西方烹饪的行姿而邯郸学步，失去原有的优势。只有坚持中国烹饪以“味”为核心的发展之路，保持淮扬菜烹饪的“美”性特征，同时虚心学习西方先进的经营理念与经营模式，淮扬菜餐饮业在国际餐饮市场的激烈竞争中才有胜利的保障。

（六）扬州成为海外中餐繁荣基地发展联盟永久秘书处

中餐业在海外历史悠久，已成为海外华侨华人生存发展、安身立命的重要手段和支柱性行业。2014年，国侨办推出“中餐繁荣计划”，作为“海外惠侨工程”八大计划之一，并于2016年1月在扬州大学设立了我国第一个海外中餐繁荣基地。该基地通过学历教育、技术培训、业务交流、在线授课、学术研究等，支持海外侨胞中餐事业发展。

2018年，扬州大学和四川旅游学院、福建商学院、顺德职业技术学院、广州华商职业学院5家中餐繁荣基地发起成立了“海外惠侨工程·中餐繁荣基地联盟”，并将扬州大学作为永久秘书处。5年来，联盟成员单位互学互鉴、协同联动，开展了一系列富有成效的合作，联盟对海外中餐繁荣发展的示范效应和引领效应充分彰显，初步形成了一套系统的、可推广的海外惠侨工程“江苏模式”。

2023年5月18日，第六届海外中餐繁荣基地发展联盟年会在扬州举行，江苏省委统战部副部长徐东海和扬州大学党委副书记周如军共同为“中餐双语教材策源地”揭牌。

扬州大学中餐繁荣基地主任孟祥忍说：“中餐业是华侨华人在海外从事最多的行业之一，但许多人之前并未受过良好的培训。中餐双语教材策源地的建设是海外中餐教育和海外中餐产业发展不可或缺的一环，对于推动海外中餐文化的传承和发展，培养中餐人才、提高中餐人才的技术水平、推动海外中餐产业的发展和壮大等具有重要意义和作用。”

“中餐繁荣计划”事关侨胞切身利益，实施9年来成效显著，深受华侨华人的欢迎，已成为惠及海外侨胞、弘扬中华优秀文化的响亮品牌。周如军在联盟年会上说：“6年多来，扬州大学中餐繁荣基地坚持以促进中外友好交流、传播中华美食为己任，秉持‘以食为本、以食为缘、以食为媒、以食为桥’的发展理念，从培训模式、培训内容、师资队伍、规范管理等方面积极探索和实践，构建形成了系统完备的中餐繁荣培训体系，为落实高校统一战线同心教育工作要求、繁荣海外中餐文化做出了重要贡献。”

扬州市侨办副主任李越平在联盟年会上表示："中餐繁荣工作要有侨的味道，'中餐有侨味，联盟担使命'。'海外惠侨工程·中餐繁荣基地联盟'要充分发挥好具体策划组织协调作用，致力打造中餐繁荣工作品牌，推动中餐繁荣工作实现与联盟成员单位所在城市名片、城市地位的高度匹配。"

这一天，国内5家中餐繁荣基地聚首扬州，秉持"以食为本、以食为缘、以食为媒、以食为桥"的建设理念召开联盟年会，专题研讨中餐繁荣基地建设、中餐教材编写等工作，研究审议并通过了联盟《扬州宣言》。

《扬州宣言》提出，联盟以资源共享、联盟共长为宗旨，打破原有学校壁垒，实现融合共建，优势互补，促进"海外惠侨工程·中餐繁荣基地联盟"各项事业的高质量发展。这是加强中餐文化传承和发展，推进中餐产业转型升级提出的具体行动计划和目标，也是我们对未来中餐产业发展的规划和展望。《扬州宣言》的通过，标志着扬州在中餐传承和发展的道路上迈出了坚实的一步，同时也意味着扬州将为中华美食的传承和发展做出更为积极的贡献。

五、扬州美食博物场馆

为了展示和弘扬美食文化，作为"世界美食之都"的扬州市开辟了两处美食文化展示场馆：世界美食之都展示馆和中国淮扬菜博物馆。

（一）世界美食之都博物馆

世界美食之都展示馆位于扬州市长春路的"三把刀"文化街区，由淮扬菜文化展示馆、淮扬菜体验馆、淮扬菜文创馆这三个馆重新改造而成。

展示馆入口处是一座古色古香的文化地标，上面设计有扬州"世界美食之都"的标志，让市民、游客一眼就能感受到"世界美食之都"扬州的魅力。

主展厅将传统非遗与现代时尚相融合，并且进行了文化造景，在入口左侧运用竹简的造型，体现淮扬菜源远流长的文化；右侧运用屏风的造型，体现中国的美食文化、用餐礼仪，展现美食大国的风范。

（二）中国淮扬菜博物馆

中国淮扬菜博物馆位于扬州市康山文化园内，原为清光绪年间卢姓盐商住宅，其总建筑面积 7 084 平方米，由主馆展示区和副馆体验区两部分组成。主馆展示区位于康山文化园 6 号楼，面积 2 800 平方米。副馆体验区位于卢氏古宅，面积 4 284 平方米。

中国淮扬菜博物馆通过实物、资料的展示，现代布展技术的运用，全面展现扬州作为淮扬菜集聚区中心、发源地和核心区的不可撼动的地位，其收藏了淮扬菜系发展的各个时期、各个阶段的代表性食器、物品，可谓精品荟萃。同时，博物馆以再现历史的手法，彰显了古往今来“吃在扬州”的魅力和风采。

博物馆展示区共分三个部分，第一部分为“饮食德和，根在扬州”，博大精深的历史、丰厚独特的文化内涵，揭示了淮扬菜的源流沿革、技艺特点；第二部分为“玉盘珍馐，惠风和畅”，如时空穿越般再现历史场景，反映了淮扬菜与帝王、盐商、文人、百姓的关系；第三部分为“挹古扬今，再展辉煌”，重点展示淮扬菜在当代的传承创新，展陈扬州烹饪教育、烹饪研究、烹饪交流、烹饪比赛的丰硕成果。博物馆史料翔实，展品丰富，场景逼真，广泛地采用雕塑、面塑、钢塑、木刻等艺术手法，并充分运用了声、光、电控及三维影像和信息技术，形象地再现了淮扬菜与扬州的历史渊源，体现了扬州在淮扬菜发展史上不可替代的地位。

中国淮扬菜博物馆进行了提档升级和改造提升。提档升级后的中国淮扬菜博物馆已形成了一个集扬州传统文化、淮扬名宴体验、旅游休闲互动于一体的综合性文旅业态，实现了淮扬菜博物馆、康山文化园街区与卢氏盐商餐厅的整体融合，提升了片区的人气、知名度与美誉度。此次改造致力弘扬传统文化、传承烹饪技艺、创新非遗活动，打造“文旅+非遗+旅游”的新业态。

中国淮扬菜博物馆的亮点之一是在庆云堂以菜模的方式完整展现了一桌“开国第一宴”。宴席的菜单出自《北京市志》商业卷。据载，当时宴席选定以淮扬风味菜点为主，要求菜品质朴、清鲜、醇和，这为国宴的精练简约定下了基调。当时的北京饭店以西餐为主，而玉华台饭店是北京最著名的淮扬菜馆，为此，从玉华台选调朱殿荣、王杜昆、杨启荣、王斌、孙久富、景德旺、李世忠等 9 位淮扬名厨进北京饭店，并由朱殿荣担任国

宴总厨师长。

亮点之二是再现清初扬州满汉席，展现淮扬菜魅力。

博物馆展出的清初扬州满汉席菜模由扬州烹饪界进行整体设计，具体有席前侍奉贡品香茗、六茶点、六干果、四仙果、食艺欣赏、攒盘、调味小菜、珍品海味、红白烧烤、江淮珍品、满汉热炒、山野素蔬、满汉细点、甜品、时菜花盘、席后品茗等。其中三十六道菜点包括攒盘凤尾大虾、凫卵双黄、玫瑰牛肉、金钱香菇、美味翠瓜、珊瑚雪卷、牡丹酥蜇、水晶肘花；调味小菜宝塔菜、满族芥菜、香腐乳、卤虾豇豆；珍品海味金丝官燕、黄焖飞龙、红扒驼峰、金钱紫鲍、清汤鱼翅；红白烧烤烤乳猪、烤全羊、网包鲥鱼、挂炉鸭；江淮珍品鸡笋粥、西施乳、牡丹鱼（熘）；满汉热炒梅花鹿肉、玉带虾仁；山野素蔬文思豆腐、扇面蒿秆；满汉细点梅花包子、空心饽饽、什锦火烧、枇杷酥、绉纱馄饨、八珍糕；甜品津枣蛤士蟆；时菜花盘万年长青等。背景音乐为《春江花月夜》。席间“满”与“汉”的菜点交替出现，在宴席铺陈、餐具使用、艺乐馨幽、像生雕塑、进馔程式等方面立体展现了淮扬菜的魅力。

六、扬州烹饪行业协会

（一）扬州市烹饪餐饮行业协会

扬州市烹饪餐饮行业协会（简称“扬州烹协”）是社会团体法人。1984 年 12 月，扬州市烹饪学会成立，后更名为“扬州市烹饪协会”。2019 年更名为“扬州市烹饪餐饮行业协会”。协会坚持创新思路、创新活动，贴近企业，贴近实际，敏感性强，号召力大，善于用高视角、大手笔策划具有前瞻性和开拓性的中国餐饮项目。2017 年荣获中国烹饪协会颁发的中国餐饮 30 年卓越社团奖。2015 年、2020 年，协会被扬州市民政局评定为 AAAA 级社会组织。

1. 凝聚人才

协会拥有团体会员 80 个、个人会员 300 多人。

改革开放初期，扬州市饮食业以国营、集体所有制为主，在 2000 年前后，餐饮企业进行股份制改制，有的由自然人担任法人，还有的由外商投股，中外合资。至此，扬州餐饮行业多种所有制并存的新格局基本形成。截至目前，扬州规模最大的餐饮企业当属民营餐饮企业，它们已成为扬州餐饮的主流，其规模是传统饭店的几倍。此外，扬州还有规模不等的快餐业和多处大排档聚集区。从 2000 年开始，扬州餐饮进入快速发展阶段。在规模餐饮发展、多种体制并存的背景下，行业迫切要求协会能凝聚人心，交流经验，协会配合政府开展了一系列工作，受到行业内的认可，为行业发展添砖加瓦、献计献策。

2. 培养厨师队伍

扬州有着丰富的烹饪资源。自古扬州厨师布艺四方，名师辈出，从宋至清，许多文人赋诗赞美扬州厨艺，从侧面反映了扬州厨师的人文、人格与技术魅力。虽然当代扬州烹饪人才层出不穷，但是传统的传帮带仍是重要的烹饪人才培养方式。协会通过组织参观学习、培训、讲座、比赛等活动，以老带新，以新促老，形成了人才梯队。目前扬州有餐饮店 1 500 多家，从事餐饮职业厨师 800 余人。扬州烹协致力提高厨师、厨艺、厨德，提高了队伍的整体素质。相关数据显示，每年扬州向全国各地及 130 多个国家地区输送数以万计的厨师。

3. 整理典籍

扬州烹协编写出版了多部饮食文化研究书籍，其中，《中国淮扬菜》获 1999—2000 年度江苏省哲学社会科学优秀成果三等奖，《吃在扬州：百家扬州饮食文选》获第三届中国出版政府奖。

2013 年，受江苏省委宣传部书面委托，扬州烹协牵头编辑的《淮扬菜》被列为《符号江苏・口袋本》首辑首册。

4. 行业调研

2012 年，国家粮食局组织实施全国部分城镇及乡村粮油消费环节损失浪费情况调查。扬州烹协做了大量耐心细致的工作。2013 年 4 月 19 日，国家粮食局专程致函扬州烹协，表示衷心感谢。

5. 制定规范

2000 年以后，扬州烹协与相关部门为规范和指导餐饮行业行为，促进饮食业更好的发展，在饮食业行业规范方面做了大量的工作，主要包括技术规范与服务规范的制定。

（1）技术规范。2015 年，经扬州市质量技术监督局备案注册，出台发布《扬州炒饭新标准》，主持制定《淮扬菜通用规范》。该标准具有一定强制性，对于推进中餐标准化、品质可控化有一定积极意义。此外，扬州市质量技术监督局联合扬州烹协发布了扬州“三头宴”和其他传统菜品如扬州盐水鹅、芙蓉鱼片、酥焙鲫鱼等的地方标准。

（2）服务规范。2007 年，扬州烹协同扬州市工商、物价、卫生、消协等相关部门联合颁布《扬州市餐饮行业消费争议解决办法（试行）》，并主持制定了《扬州公筷服务规范》等标准。这些举措对提升服务人员整体素质和饮食业服务标准有很大的积极意义。

6. 扩大衍生产业

扬州烹协始终注意扩大衍生产业。随着扬州饮食产业的快速发展，和餐饮相关的日常百货行业也日渐兴盛，如酒店用具业、厨房用具业等，近年还衍生出一些新兴服务产业，如市场预测、厨师中介、酒店设计等。无论是传统产业还是新兴产业，其兴起与发展均能带动扬州当地经济的发展和繁荣。

7. 公益宣传

扬州烹协积极参与公益活动，大力倡导餐饮消费“光盘行动”。

8. 国际交流

（1）整体宣传。先前，扬州饮食业的对外宣传只是对个别著名菜品的宣传，如三丁包、具有“中华名小吃”称号的千层油糕等。自 2001 年扬州被中国烹饪协会正式命名为全国第一个“菜系之乡”开始，扬州烹协逐渐加强了对扬州饮食文化的整体宣传，使全国乃至世界对扬州美食有了新的认识。

（2）美食节宣传。扬州烹协多次举办美食节，邀请海内外宾客来扬。近年来，又组织近百家饭店、名企展示展销名宴、名菜、名点和各类特色小吃，举行瓜雕灯会等活动。其中，在红园举行的淮扬食品雕刻瓜灯灯会展出美食相关作品近百件。

（3）海外交流。每年扬州烹协的专家、学者都会积极参与国内外学术交流和赛事评判，去海外多个国家与地区举办美食节，足迹遍布全国各大重要城市及欧美、日韩、东南亚等数十个国家地区。

（二）扬州市淮扬菜厨师协会

扬州市淮扬菜厨师协会成立于 2019 年 8 月 24 日，位于扬州市长春路 1 号趣园茶社内，设有常务理事会、秘书处、理事会、监事等机构，有会员 280 名（理事 82 名，普通会员 198 名），其中会长 1 名、荣誉会长 1 名、常务副会长 7 名、副会长 8 名、监事长 1 名、监事 2 名。

协会秉持服务理念，是由扬州市从事淮扬菜研究的人员、从业厨师及相关业务单位自愿组成的行业性、非营利性社会组织。加入协会的会员来源广泛，人才力量雄厚。除本土淮扬菜从业者外，还有省内其他地市、外省市和旅居国外的淮扬菜从业者，都是自愿加入或同行推荐加入。协会只接纳个人会员，不接收团体会员或企业会员，尊重从业者个人的意愿，并承诺不收取任何费用。有了这个平台，大家能更好地集思广益，交流经验。

协会的业务范围包括教学与推广、服务与交友、献计与参谋等。

1. 教学与推广

协会致力实现教育的规模化、层次化、适配性，形成了美食人才的培养框架。

协会深知，当代扬州的烹饪人才如雨后春笋般层出不穷，得益于一代代的淮扬菜工匠注重传承。扬州有餐饮店1500多家，从事餐饮职业厨师万余人。协会根据每季的菜品变化，及时组织开展厨师长沙龙，以及青年骨干、明日之星等座谈、传授、讲座活动，让会员的季节性换菜有思路、有路径。这个活动的开展受到了会员的热烈欢迎。协会还组织参观学习、培训、讲座、比赛等活动，以老带新，以新促老，形成人才梯队。

协会厚植淮扬菜的社会基础，率先开办“免费学义务教”经典淮扬菜教学推广活动，每周末由协会内资深厨师向市民、游客等各界人士现场教学淮扬菜，不收取任何费用，旨在宣传推广淮扬菜的技艺和扬州饮食文化。协会的每次活动都人流如织，据统计，截至目前，协会已传授传统经典淮扬菜1 200多道，来协会参观学习者已近2万多人次。

协会还开展了“三进”活动，把淮扬菜的非遗制作程序和方法进企业、进学校、进社区。自成立起的4年里，协会做专场报告26场，进社区15个，进学校互动6次。协会通过“三进”活动，让生活在扬州的人更深地了解扬州、体验扬州、品味扬州。

协会还与扬州大学合作，4年来共为全国烹饪旅游类国培班、省培班、外省委培班开展淮扬菜专场推广16次，近1 000人，得到了全国各地老师的点赞。

2. 服务与交友

协会成立的目的是服务广大淮扬菜从业者，成为厨师的知心朋友、温暖的家，促进交流协作和技艺传授，为培养厨艺大师克尽绵力。协会经常与海内外人士进行厨艺交流，扩大扬州美食的影响，既受到本地厨师的欢迎，也获得了兄弟省、市同行的关注。

协会地处扬州“三把刀”街区，有3个展示窗口。4年来窗口接待了全国各地若干批次前来参观交流的客人，几乎每周都有接待任务，很好地发挥了窗口的宣传作用，让参观的客人看扬州、听扬州、品扬州，受到扬州市上级部门的好评。

协会广交海内外朋友，来扬交流的同行协会也络绎不绝。如为“世界美食之都”建设而来交流的福州、泉州、台州、徐州、济南、儋州等城市的协会，泰州、南通、淮安等城市的协会也专程前来调研扬州早茶。山西和安徽两省的同行还特邀协会的专家围绕地方特色体验经济做专题报告。

3. 献计与参谋

为建设好扬州这一“世界美食之都”，积极配合政府进行各种工作，做好政府的帮手与参谋，实实在在为家乡餐饮发展服务，协会积极参与社会各类研学活动、社会实践活动、暑期爱心托管活动。截至目前，协会共承担旅游部门的研学活动10次、大学生社会实践4次、暑假委托班活动4次，这些活动的承担和组织，不仅体现了协会的作用，更扩大了淮扬菜的影响力，真正为擦亮扬州“世界美食之都”金字招牌做实事。

协会还多次举办美食节、早茶文化节、“黑珍珠”颁奖礼、凤凰网颁奖礼，邀请海内外宾客来扬。近年来，协会组织近百家饭店、名企展示展销名宴、名菜、名点和各类特色小吃，并多次组织厨师交流团队去香港地区、澳门地区、上海、重庆、杭州、广州进行交流。在宣传扬州、推广扬州的同时，协会会员也学到了很多东西，增长了才干。

（三）扬州市餐饮商会

扬州市餐饮商会于2013年10月30日成立，注册地位于扬州市扬子江中路757号，法定代表人为陈华香，隶属扬州市工商业联合会。其宗旨是凝心聚力谋发展，继往开来共提升。经营范围包括宣传教育、沟通联系、行业交流、会员服务、会员维权。

2022年12月29日，该会第三届会员大会在扬州迎宾馆万芳园国际会议厅召开。会议审议并通过了《商会聘请名誉会长、荣誉会长及顾问的议案》《扬州市餐饮商会章程》，审议并无记名投票表决《扬州市餐饮商会会费收取标准》，审议《扬州市餐饮商会选举办法》和商会理事及领导班子成员候选名单。

主要参考文献

[1] 李斗. 扬州画舫录 [M]. 南京：江苏凤凰文艺出版社，2017.

[2] 袁枚. 随园食单 [M]. 苏州：古吴轩出版社，2021.

[3] 童岳荐. 调鼎集 [M]. 闫兴潘，点校. 杭州：浙江人民美术出版社，2024.

[4] 陈恩德，周彤. 淮扬面点大观 [M]. 上海：学林出版社，2019.

[5] 丁应林. 宴会设计与管理 [M]. 北京：中国纺织出版社，2008.

[6] 朱云龙，吕新河. 中国冷盘工艺 [M]. 北京：中国纺织出版社，2021.

[7] 周晓燕. 烹调工艺学 [M]. 北京：中国纺织出版社，2008.

[8] 徐永珍. 中国淮扬菜·淮扬面点与小吃 [M]. 南京：江苏科学技术出版社，2001.

[9] 聂凤乔. 食养拾慧录 [M]. 桂林：广西师范大学出版社，2007.

[10] 陶文台. 江苏名馔古今谈 [M]. 南京：江苏人民出版社，1981.

[11] 邱庞同. 中国面点史 [M]. 青岛：青岛出版社，2010.

[12] 邱庞同. 中国菜肴史 [M]. 青岛：青岛出版社，2010.

[13] 刘广顺. 中国淮扬菜·淮扬传统菜 [M]. 南京：江苏科学技术出版社，2000.

[14] 张厚宝. 中国淮扬菜 [M]. 南京：江苏科学技术出版社，2000.

[15] 马健鹰. 中国饮食文化史 [M]. 上海：复旦大学出版社，2011.

[16] 潘宝明，朱安平. 江苏旅游文化 [M]. 北京：中国轻工业出版社，2003.

[17] 潘宝明. 中国旅游文化 [M]. 北京：中国旅游出版社，2005.

[18] 潘宝明. 扬州名胜大观 [M]. 苏州：苏州大学出版社，2017.

[19] 范世宏. 世界运河之都 [M]. 苏州：苏州大学出版社，2021.

[20] 潘宝明，朱安平，潘远孝，等. 红楼梦花鸟园艺文化解析 [M]. 南京：东南大学出版社，2009.

[21] 北京民族饭店菜谱编写组. 淮扬菜谱 [M]. 北京：中国旅游出版社，1985.

[22] 李维冰，周爱东. 扬州食话 [M]. 苏州：苏州大学出版社，2001.

[23] 董德安. 维扬风味面点五百种 [M]. 南京：江苏科学技术出版

社，1988.
[24] 章仪明. 中国维扬菜［M］. 北京：轻工业出版社，1990.
[25] 陈春松. 中国扬州菜［M］. 北京：中国轻工业出版社，1992.
[26] 章仪明. 淮扬饮食文化史［M］. 青岛：青岛出版社，1995.
[27] 朱元豪. 中国淮扬菜新风集［M］. 北京：文化艺术出版社，2009.
[28] 王玉新. 吃在扬州［M］. 南京：江苏科学技术出版社，2012.
[29] 孟祥忍. 淮扬百年：扬州烹饪技艺非遗传承人口述史［M］. 北京：中国轻工业出版社，2021.